Python
程序设计
入门到实战

何敏煌 著

清华大学出版社
北京

内 容 简 介

Python 语言是目前市面上最受欢迎的程序设计语言之一，除了功能强大之外，还有快速上手、随时可扩充、社群支持等特性。本书以 16 章的篇幅快速介绍 Python 语言的精要，包括程序设计的重要性以及由来、Python 语言的基础知识、程序设计环境的安装与设置、软件包管理与在线资源、jupyter 的使用、数据类型、表达式、函数、程序控制流程、与数据库的操作、提取网页数据、Firebase 数据库、Facebook Graph API、Matplotlib、pillow、Django、云端开发 Cloud9 以及 Git 版本控制技巧等内容。

本书的结构与叙述风格更加"亲民"，以精选的日常问题为主线，让读者分析和学习这些日常问题的解决方法，既适合想学习 Python 程序设计的初学者自学，也适合使用 Python 语言开发网络应用的专业人员参考，同时还可作为大专院校和培训机构的教材。

本书为博硕文化股份有限公司授权出版发行的中文简体字版本

北京市版权局著作权合同登记号：图字 01-2016-8551

本书封面贴有清华大学出版社防伪标签，无标签者不得销售

版权所有，侵权必究。侵权举报电话：010-62782989　13701121933

图书在版编目（CIP）数据

Python 程序设计入门到实战 / 何敏煌著. — 北京：清华大学出版社，2017（2017.8 重印）
ISBN 978-7-302-45596-7

Ⅰ. ①P… Ⅱ. ①何… Ⅲ. ①软件工具－程序设计 Ⅳ. ①TP311.56

中国版本图书馆 CIP 数据核字（2016）第 283899 号

责任编辑：夏毓彦
封面设计：王　翔
责任校对：闫秀华
责任印制：杨　艳

出版发行：清华大学出版社
　　　　　网　　址：http://www.tup.com.cn, http://www.wqbook.com
　　　　　地　　址：北京清华大学学研大厦 A 座　　邮　　编：100084
　　　　　社 总 机：010-62770175　　邮　　购：010-62786544
　　　　　投稿与读者服务：010-62776969, c-service@tup.tsinghua.edu.cn
　　　　　质 量 反 馈：010-62772015, zhiliang@tup.tsinghua.edu.cn
印　刷　者：北京富博印刷有限公司
装　订　者：北京市密云县京文制本装订厂
经　　　销：全国新华书店
开　　　本：190mm×260mm　　印　张：26　　字　数：666 千字
版　　　次：2017 年 1 月第 1 版　　印　次：2017 年 8 月第 3 次印刷
印　　　数：4501～7000
定　　　价：69.00 元

产品编号：072154-01

前 言

Python 从入门到活用的 16 章讲解

笔者从中学时的 Apple II 时代就开始写 BASIC 以及汇编程序，在大学毕业后如愿进入高职的数据处理科教学生 BASIC 程序设计，到现在过了快 20 年的光阴了。从中学一直到大学信息管理系，从 Quick BASIC、汇编语言、C/C++一路教到 Java 语言，教过的学生只有少部分能够真正了解到程序设计的乐趣，并能够灵活地运用程序来解决学业以及工作上所遇到的难题。

其中的一部分原因当然是这些无趣的程序语言所造成的，但是，也有大部分原因是学习者缺乏对"程序设计"的热情。不像笔者在大三的时候，受到启蒙恩师——师大戴建耘教授及何宏发教授的影响，初学 Turbo C，就开始设计计算机辅助教学软件以及计算机象棋程序，让我对开拓计算机的潜能深深着迷，也才会一直走在信息科学研究这一条道路上。然而，这些动辄上万行的程序代码项目，对于非信息本科系的学习者来说，就算是有再大的动机与热情，也只能望程序代码而兴叹。

幸运的是，随着因特网科技的进步，改变了许多信息科技的生态，而程序语言也产生了质变，以 Python 为代表的新时代程序语言，挟着网络的威力，具有快速上手、随时可扩充、社群支持等特性，让写程序的人往往只要短短的几行程序代码，就可以完成许多传统程序语言要上千行程序代码才能搞定的工作，交谈式的接口也让初学者可以更容易通过试误法加深对语言的了解。"容易学习，好上手，不用写一大堆程序代码，就可以马上解决应用问题"是 Python 的重要特性，也是本书写作的原则。

笔者认为，要学会程序设计，最重要的是动机，因此本书不以传统学习程序语言的方式在一开始就全面学习无趣的语法细节，让学习者在语法还没学完就先打瞌睡。相反，我们一开始并不着重于 Python 语言介绍的完整性，而是强调其易用以及实用性。以各种程序应用实例贯穿全书，小心地避开需要想比较久的高深技巧（尽管它可以发挥程序更大的能力，但是对于日后不一定要以程序设计为业的初学者其实是不必要的），着重于马上可执行并看到有趣成果的程序学习，让读者可以保持高度学习动机，运用"做中学"理论学完全书的内容。

因此，本书在第1章了解程序设计的重要性以及由来之后，我们在第2章就开始写计算生日的小程序，第3章安装可以执行的开发环境，第4章就可以使用Python撰写绘制SIN函数图形的程序了。第5章让读者对于如何开始写一个比较正式程序的基本程序有一个充分的了解和练习，这时候就可以在第6章对于Python语言做一个比较完整的介绍。因为已经实际练习过一些有趣的程序实例，在学习语法的时候会更有感觉。

第7章介绍控制程序的方法，一个非常实用的成绩计算程序也就可以毫不费力地完成了。接下来在第8章教读者如何把输入的数据存在档案和数据库中，第9章开始学习如何到网站上去提取数据并加以应用，第10章把提取下来的数据储存到数据库，并学习如何让计算机自动化地执行工作，甚至还可以利用Python程序来控制Firefox浏览器。

在第11章我们会介绍如何以Python程序来建立目前最流行的在线实时数据库Firebase的相关应用，第12章则以Facebook操作和处理照片档案以及中文字词处理当作应用实例，强化学习的成果。第13章则是很多朋友感兴趣的绘图与图像文件处理的介绍。在这一章中，还会有一个批量为图形调整尺寸以及上文字水印的应用程序，非常实用。

第14、15以及16这三章，以如何利用Python开发网站为主线，让读者学习云端开发Cloud9以及Git版本控制技巧，另外，如何把自己开发的网站部署到云端主机（DigitalOcean以及Heroku）也有非常详细的介绍。在这三章中，会让读者开发一个实用的网络数据库应用的短网址转址服务网站，部署上云端主机并立即可用。

全书以实际应用为主线，程序设计内容以实用、易理解为主，并不强调程序设计技巧的运用（所以有些程序片段看起来会比较平铺直叙），尽量让学习者能够在看完程序和解说之后马上动手执行，甚至修改以及新增各种功能。

让初学者能够立刻上手，并能体会程序设计的应用，进而对程序设计产生热情和学习动力是本书写作的主要目的。谁说程序设计一定是计算机工程师的工作？Python应该是每一个现代人手上最好的工具才对！

编　者

改编说明

自从 2004 年以来，Python 程序设计语言的使用率一直呈线性增长，毫无疑问，它已经成为最受欢迎的程序设计语言之一。作为一款纯粹以自由软件方式推广的程序设计语言，Python 的语法简洁清晰，并且可以把丰富和强大的链接库——包含其他语言制作的各种模块——很轻松地链接在一起，所以它又有"胶水"语言的美誉。因为简单易用而且功能强大，所以不仅仅是专业人员在用，而且越来越多的计算机用户也开始使用 Python 提高自己运用计算机的能力。

与传统的教授程序设计语言的教材相比，本书的结构与叙述风格更加"亲民"，为了避免读者在学习程序设计语言中出现常见的从"望而却步"，到"勉为其难"，再到最终"弃学"的窘境。本书从一开始就绕开了"枯燥乏味"的程序设计语言的语法，程序设计过程要注意的"琐碎"事项更没有把重心放在展示程序设计技巧方面。纵观全书，各个章节都是以精选的日常问题为主线，让读者分析和学习这些日常问题的解决方法，在饶有兴趣的"实战"中轻轻松松就学会了运用强大的 Python 语言来"解决"实际问题。作者精心选择的这些日常问题范例及其解决方案，大多数都和今天流行的网络应用息息相关——例如网页的设计、网页程序与数据库的连接和运用以及网站的上线部署等，让读者直接体验"实战"的经验和掌握"实战"必备的技能。

一些知名大学已经采用 Python 语言来教授计算机程序设计课程了，对于采用以其他语言来教授程序设计课程的大专院校，本书有助于学生拓展自己的程序设计"实战"能力。对于有意转向使用 Python 语言来开发网络应用，甚至是开发和部署完整的网站系统的专业人员来说，本书可以作为学习 Python 路途中的"导航仪"。因此，本书既适合用于教学和培训，也适合于读者自学。

最后加一点说明：

因为涉及知识产权的问题，本书提供下载的范例程序（下载网址为 http://pan.baidu.com/s/1hsHeJPy，注意数字及字母大小写，如果下载有问题，请电子邮件联系 booksaga@126.com，邮件主题为"Python 程序设计入门到实战范例程序"）文件夹中的 Font 子目录是空的，读者在测试和运行本书中与字体引用有关的范例程序之前，需要自行购买付费的或者下载免费的字体文件，把它们复制到自己计算机中范例程序所在文件夹下的 \font\ 目录下。

如果是在 Windows 环境中测试和运行与字体有关的 Python 范例程序，也可以使用 Windows 系统自带的字体（字体文件一般存放在系统盘的 \WINDOWS\Fonts 文件夹中），只要把所需的字体文件复制到范例程序所在文件夹下的 \font\ 目录下即可。在本书的范例程序中，对于英文和中文字体的引用，我们分别使用了 Windows 自带的这两种字体：timesbd.ttf（Times New Roman 粗体-英文）和 msyhbd.ttc（微软雅黑粗体-简体中文），请读者参考范例程序中对于这些字体文件引用的语句，根据需要将其中对字体文件的引用改成自己实际引用的字体文件。

最后祝大家学习顺利，早日成为 Python 领域的技术"大腕"！

资深架构师　赵军

2016 年 11 月

目 录

第1章 程序设计所需要的基础知识 1
    1-1 什么是程序设计语言 2
    1-2 程序设计的重要性 4
    1-3 最受欢迎的程序设计语言 5
    1-4 学习程序设计需要知道的逻辑概念 6
    1-5 本书的结构及内容说明 9

第2章 快速了解 Python 程序设计语言 11
    2-1 Python 简介 12
        2-1-1 Python 的历史沿革 12
        2-1-2 深受欢迎的 Python 程序设计语言 12
        2-1-3 Python 程序设计基本元素 13
        2-1-4 Python 程序易用性示范 17
    2-2 学习 Python 的重要性 19
    2-3 Python 2 和 Python 3 的差异 20
    2-4 Python 的应用领域 21
    2-5 习 题 22

第3章 Python 程序设计环境的安装与设置 23
    3-1 马上使用 Python 编写程序 24
        3-1-1 Windows 用户 24
        3-1-2 Mac OS 及 Linux 用户 24
        3-1-3 在交互式界面中测试你的 Python 25
    3-2 安装 Python 3.x 窗口环境 27
        3-2-1 Windows 的 IDLE 窗口环境 27
        3-2-2 Microsoft Python Tools for Visual Studio 32
        3-2-3 Mac OS 的 IDLE 窗口环境 34

3-3　简单且易上手的 iPython Notebook 以及 jupyter 38
    3-3-1　安装 jupyter 38
    3-3-2　在命令提示符中执行 iPython 40
    3-3-3　执行浏览器版本的 iPython Notebook 42
3-4　程序代码编辑器的介绍 46
    3-4-1　Notepad++ 的安装与应用 46
    3-4-2　TextWrangler 的安装与应用 50
3-5　在 Linux 虚拟机中运行 Python 52
    3-5-1　安装 VMWare Workstation Player 52
    3-5-2　创建 Ubuntu 14 Workstation 虚拟机 54
    3-5-3　在 Ubuntu 16 Workstation 中运行 Python 60
3-6　习　题 62

第 4 章　Python 软件包管理与在线资源 63

4-1　Python 软件包管理工具 64
    4-1-1　easy_install 的安装与使用 64
    4-1-2　pip 安装与使用 65
4-2　Python 虚拟环境的设置 66
    4-2-1　在 Mac OS 中安装 Virtualenv 66
    4-2-2　在 Windows 中安装 Virtualenv 67
4-3　高级软件包安装实践 68
    4-3-1　Anaconda 软件包介绍 68
    4-3-2　在 Windows 中安装 Anaconda、NumPy 以及 Matplotlib 69
    4-3-3　在 Mac OS 中安装 Anaconda、NumPy 以及 Matplotlib 72
    4-3-4　使用 Matplotlib 绘制精美数学图形 75
4-4　Python 的在线资源与支持 77
    4-4-1　PyPI 网站介绍 77
    4-4-2　在 PyPI 中寻找可以用来产生数独题目的软件包 79
    4-4-3　运用找到的软件包设计程序 81
4-5　习　题 81

第 5 章　开始设计 Python 程序 82

5-1　jupyter 的介绍与使用 83
    5-1-1　iPython 运行环境的介绍 83
    5-1-2　Python 2 中文编码的设置 84

  5-1-3 iPython Notebook 的介绍与使用 86
5-2 程序的构想与实现 89
  5-2-1 理清问题的需求 89
  5-2-2 定义要存储的数据及其相关类型 90
  5-2-3 设计算法与绘制流程图 91
  5-2-4 动手编写程序 92
  5-2-5 简易调试方法 95
5-3 猜数字游戏 95
  5-3-1 问题需求 95
  5-3-2 定义要存储的数据及其相关的类型 95
  5-3-3 设计算法与绘制流程图 96
  5-3-4 完成程序 97
5-4 习　题 98

第 6 章　Python 程序设计语言速览 99

6-1 常数、变量和数据类型 100
  6-1-1 常数和变量的差异 100
  6-1-2 变量的命名原则 102
  6-1-3 程序设计语言的保留字 103
  6-1-4 基本数据类型 103
6-2 Python 表达式 106
  6-2-1 算术表达式 106
  6-2-2 关系表达式 107
  6-2-3 逻辑表达式 108
6-3 列表 list、元组 tuple、字典 dict 与集合 set 类型 109
  6-3-1 list 列表与 tuple 元组 109
  6-3-2 list 的操作应用 111
  6-3-3 dict 字典 113
  6-3-4 set 集合 115
  6-3-5 查看两个变量是否为同一个内存地址 115
6-4 内建函数和自定义函数 117
  6-4-1 内建函数 117
  6-4-2 自定义函数 119
  6-4-3 import 与自定义模块 122
6-5 单词出现频率的统计程序 123

6-6 习题 124

第 7 章 程序控制流程 125

7-1 判断语句的应用 126
7-1-1 if/elif/else 126
7-1-2 嵌套 if/elif/else 127
7-1-3 单行的 if/else 语句 128

7-2 循环语句 128
7-2-1 基本循环语句 128
7-2-2 嵌套循环 130
7-2-3 break 和 continue 的运用 131
7-2-4 迭代器 132

7-3 例外处理 134
7-3-1 例外处理的基本概念 134
7-3-2 try/except 135
7-3-3 处理不同的例外种类 136

7-4 程序流程控制的应用 137
7-5 习题 142

第 8 章 文件、数据文件与数据库的操作 143

8-1 文件与目录的操作 144
8-1-1 os.path 144
8-1-2 glob 145
8-1-3 os.walk 146
8-1-4 os.system 和 shutil 148

8-2 数据文件的操作 149
8-2-1 文本文件的读取与写入 149
8-2-2 文本文件的应用 154
8-2-3 读取 JSON 格式的数据 158

8-3 Python 与数据库 161
8-3-1 安装 Firefox 的 SQLite Manager 附加组件 162
8-3-2 创建简易数据库 164
8-3-3 Python 存取数据库的方法 167

8-4 数据库应用程序 168
8-5 习题 173

目 录

第 9 章 Python 提取网站数据——基础篇 174

- 9-1 因特网程序设计基础 175
  - 9-1-1 因特网与 URL 175
  - 9-1-2 解析网址 178
  - 9-1-3 提取网页数据 182
  - 9-1-4 使用正则表达式提取网页内的电子邮件账号 183
- 9-2 网页分析与应用 186
  - 9-2-1 HTML 网页格式简介 186
  - 9-2-2 安装 BeautifulSoup 190
  - 9-2-3 使用 BeautifulSoup 提取信息 192
  - 9-2-4 进一步分析网页的内容 195
- 9-3 网络应用程序 198
  - 9-3-1 将数据存储为文件 198
  - 9-3-2 以网页的形式整理数据 200
  - 9-3-3 在本地建立网页应用 203
- 9-4 习 题 205

第 10 章 Python 网页数据提取的实践 206

- 10-1 把网页数据存储到数据库中 207
  - 10-1-1 网页数据的运用模式 207
  - 10-1-2 把数据存储到 SQLite 208
  - 10-1-3 把数据导入到网络 MySQL 数据库中 213
  - 10-1-4 编写本地程序读取网络 MySQL 数据库中的数据 217
  - 10-1-5 使用 PHP 建立信息提供网站 219
- 10-2 自动提取数据 221
  - 10-2-1 检测网页内容是否曾经更新 222
  - 10-2-2 Windows 自动化设置 226
  - 10-2-3 Mac OS 自动化设置 230
- 10-3 通过 Python 操作浏览器 230
  - 10-3-1 安装 Selenium 231
  - 10-3-2 使用 Selenium 操作 Firefox 233
  - 10-3-3 通过 Selenium 读取网页信息 235
  - 10-3-4 登录会员网站的方法 237
- 10-4 习 题 240

第 11 章 Firebase 在线实时数据库操作实践 241

11-1 Firebase 数据库简介 242
11-1-1 NoSQL 数据库概念 242
11-1-2 注册 Firebase 账号 242
11-1-3 连接 Firebase 和 Python 245

11-2 Python 存取 Firebase 数据库的实例 247
11-2-1 Firebase 网络数据库的操作 247
11-2-2 使用 Python 写入 Firebase 数据库 249
11-2-3 使用 Python 读取 Firebase 数据库 252
11-2-4 整合范例 254

11-3 网页连接 Firebase 数据库 258
11-3-1 Firebase Hosting 免费主机空间的设置 258
11-3-2 使用 JavaScript 读取 Firebase 数据库 261
11-3-3 Firebase 网页设计 262

11-4 Firebase 数据库的安全验证 265
11-4-1 Firebase 安全性的设置 265
11-4-2 Email/Password 机制 266
11-4-3 Python 端的设置 268
11-4-4 将具有用户验证功能的数据写入程序 269

11-5 习 题 271

第 12 章 Python 应用实例 272

12-1 Facebook Graph API 的介绍与使用 273
12-1-1 安装 facebook-sdk 273
12-1-2 Facebook Graph 简介 273
12-1-3 Python 程序存取 Facebook 设置 279
12-1-4 通过 Python "发表" 文章 281
12-1-5 使用程序帮忙"点赞" 283
12-1-6 下载在 Facebook 中的照片 283

12-2 照片文件的管理 285
12-2-1 照片文件的分析 285
12-2-2 找出重复的照片文件 287
12-2-3 将照片文件重新编号 290

12-3 找出网络中最常被使用的中文词 291
12-3-1 搜集新闻文章 291

	12-3-2	安装中文分词模块 jieba	292
	12-3-3	找出文章中最常被使用的词汇	292
12-4	习 题		294

第 13 章　Python 绘图与图像处理 ... 295

- 13-1 Matplotlib 的安装与使用 ... 296
  - 13-1-1 Matplotlib 介绍 ... 296
  - 13-1-2 使用 Matplotlib 画图 ... 297
  - 13-1-3 统计图的绘制 ... 300
  - 13-1-4 数学函数图形的绘制 ... 306
- 13-2 pillow 的安装与使用 ... 309
  - 13-2-1 pillow 简介 ... 310
  - 13-2-2 读取图像文件的信息 ... 310
  - 13-2-3 简易图像文件处理 ... 311
- 13-3 批量处理图像文件 ... 314
  - 13-3-1 为自己的照片加上专属标志以及批量调整照片尺寸 ... 314
  - 13-3-2 中文字体的处理与应用 ... 316
  - 13-3-3 为图像文件加入水印功能 ... 319
- 13-4 习 题 ... 321

第 14 章　用 Python 打造特色网站 ... 322

- 14-1 使用 Python 编写一个网站程序 ... 323
  - 14-1-1 网站原理 ... 323
  - 14-1-2 网站程序的输入与输出 ... 324
  - 14-1-3 使用 Python 编写的网站框架 ... 325
- 14-2 Django 简介 ... 328
  - 14-2-1 下载与安装 Django ... 328
  - 14-2-2 Django 目录及重要配置文件解说 ... 330
  - 14-2-3 前端与后端的搭配 ... 332
  - 14-2-4 建立你的第一个 Django 网站 ... 333
- 14-3 认识 Django Framework 的架构 ... 334
  - 14-3-1 Django 的 MTV 架构 ... 334
  - 14-3-2 URL 的对应方法详解 ... 335
  - 14-3-3 模板的使用 ... 336
  - 14-3-4 使用静态文件夹存取文件 ... 339
- 14-4 Django 与数据库 ... 340

- 14-4-1 在 Django 中使用数据库 341
- 14-4-2 建立模型 342
- 14-4-3 admin 后台管理 343
- 14-4-4 读取数据库中的数据 345
- 14-4-5 短网址转址网站模板的内容 347
- 14-5 习题 350

第 15 章 程序设计所需要的基础知识 351

- 15-1 网站的测试与调整 352
  - 15-1-1 上线前的前置工作 352
  - 15-1-2 网站的部署策略 353
  - 15-1-3 网址的购买和选用 353
- 15-2 网站开发环境的部署 354
  - 15-2-1 利用 ngrok 随时连线你的网站 354
  - 15-2-2 申请 Cloud9 IDE 账号 356
  - 15-2-3 建立 Cloud9 开发环境 357
  - 15-2-4 测试与执行 Django 网站 361
- 15-3 云虚拟机部署方法 365
  - 15-3-1 DigitalOcean 简介 365
  - 15-3-2 创建 Ubuntu 虚拟机 369
  - 15-3-3 安装、设置 Apache 服务器和 Django Framework 373
  - 15-3-4 上传文件和网站上线 374
- 15-4 习题 378

第 16 章 提升 Python 能力的下一步 379

- 16-1 程序代码的版本控制 380
  - 16-1-1 Git 简介 380
  - 16-1-2 Git 实践操作 382
  - 16-1-3 BitBucket 的申请使用 387
  - 16-1-4 整合 BitBucket 和 Cloud9 390
- 16-2 云 APP 主机的部署 392
  - 16-2-1 Heroku 简介 392
  - 16-2-2 创建 Heroku 账号 393
  - 16-2-3 整合 Cloud9 和 Heroku 395
  - 16-2-4 在 Heroku 上部署 Django 网站 396
- 16-3 提升学习的下一步 402

第 1 章

程序设计所需要的基础知识

在学习程序设计之前，有一些小小的概念需要建立，这样在开始学习后才能理解得更清楚，也知道自己究竟是在学习什么！程序设计，说穿了，其实就是在学习和计算机沟通的方式，然后可以通过此方式去叫计算机做些我们想要做的事。想想，如果所有的事情都能够让计算机帮我们做的话，该是一件多么棒的事呢！

1-1 什么是程序设计语言
1-2 程序设计的重要性
1-3 最受欢迎的程序设计语言
1-4 学习程序设计需要知道的逻辑概念
1-5 本书的结构及内容说明

1-1 什么是程序设计语言

人和人之间的沟通需要语言，所以人们想要和计算机沟通，那当然也要使用语言，只不过现在计算机的技术还没有进步到可以完全听懂人类使用的语言，因此想要叫计算机帮我们做事情，只好发明一种比较严谨、语法限制比较多但是比较容易让计算机"理解"的语言，这一类的语言统称为计算机语言。

就像是不同国家民族的人们讲话有各种各样的语言和语法，和计算机沟通用的语言随着不同的应用环境和计算机设备，以及当初设计计算机语言的工程师（发明人）的想法，也有许许多多不同种类的语法格式，每一种的陈述方式有些类似，也有些非常不一样，各有各的名字和用途以及长处和短处，这也是为什么没有一个全世界都统一的计算机语言的原因。各种不同的计算机语言活跃在各自的领域，所以，在学习程序设计语言之前，就如同人类的语言一样，也有非常多的种类可以选择，常见的计算机语言（因为可以用来编写程序，所以又叫作程序设计语言）诸如 Assembly、ASP、Forth、FORTRAN、COBOL、PHP、BASIC、C、C++、C#、Java、Javascript、Pascal、Python、Ruby 等，前前后后在不同年代至少出现过上百种。所有曾经出现过的程序设计语言，在维基百科的这个网页中做了整理：

https://en.wikipedia.org/wiki/List_of_programming_languages

虽说是计算机语言，但是却不像人类那样可以用讲话的方式来说给计算机听（也有，但是不成熟，并未到实用的阶段），这需要另外的技术来实现，而且对于要求高效率执行的程序来说，用说话的方式并不符合实际的用途，所以要让计算机来执行某些我们要求的工作，都必须用写的语言，也就是我们说的"程序"。"程序"，用口语来说可以看作是一个"脚本"，或是一张（工作复杂的话，也可能会有好多张）上面写满了要计算机工作的任务列表，当计算机收到这个"脚本"的时候，会按照上面的指示一件一件地把它们做完，如图 1-1 所示。

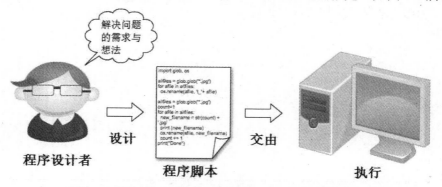

（图 1-1：用计算机语言所写成的脚本要交给计算机去执行）

可以想象成，计算机就是一堆组合在一起具有许多工作能力的电子元器件和电路板（统称为"硬件"）。如果没有特别的指示和要求，它们并不会主动地去解决任何的问题，所有的行为都是需要人们（或更精确一点说，懂得编写程序的人）把所有要计算机做的事项写在一些文件中。在计算机开机的时候读取这些文件，照着文件上的指示去执行特定的工作，而这些可以执行的文件里面存放的，就是之前编写程序的人写出来的程序代码脚本，再经过一层层的翻译之后，就成了可以在计算机的中央处理单元（CPU）中执行的机器语言指令集合。

从非常微观的角度来看，计算机中所有部件的运行都需要不同层级的程序，每一件大小事都要通过计算机工程师所编写好的程序去执行。然而，对初学者来说，如果每一件事都要亲力亲为，那么只有非常厉害的工程师才有足够的能力使用计算机。所幸的是，大部分底层的工作都已由计算机工程师们解决了，计算机用户所接触到的层级，已经到了 Windows 10 / Mac OS X 这一类的高级图形化操作系统以及 Chrome、Edge、Microsoft Office 这一类的应用程序，只要使用鼠标和键盘，就可以开始工作（或进行游戏）了。

如今人们桌面上的个人计算机都是属于通用型的计算机（General Purpose Computer），意思是计算机本身没有特定的应用目的，就是提供计算能力以及硬件资源给用户使用，能够解决什么问题取决于用户执行了什么应用程序：执行了浏览器就可以上网，执行了游戏软件就可以娱乐休闲，执行了会计软件就可以协助处理会计事务，而执行了统计软件则可以协助处理大量的统计数据以及绘出分析结果等。这些程序和应用软件都是通过计算机工程师们的辛苦创作所编写出来的程序，从而实现这样的目标。

有别于通用型的计算机是特定目的型的计算机（Special Purpose Computer）。在任何的机器或设备中（包括在飞机、高铁以及汽车上）使用的计算机都属于这一类的计算机。设计它们的目的就是为了完成某一项特定的工作，在大部分的情况下，一般的用户是接触不到这种计算机的程序设计层面的。

想要学习程序设计的朋友，也可以直接从高级的程序设计语言（比较接近人类思考模式的程序设计语言）入手，在程序开发用的集成开发环境或是可以处理文字的程序编辑器中，把要计算机做的工作事项以特定程序设计语言的语句和语法写出来，然后会有一个负责翻译的程序（当然这个前提是已经安装好了程序的开发系统）把这个写好的程序脚本翻译成计算机看得懂的格式让计算机去执行，如图1-2所示。

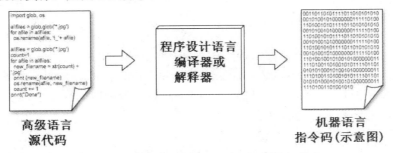

（图1-2：程序要经过翻译过才能够被计算机执行）

这些程序设计语言要写在哪里才有编译器或者解释器可以协助翻译并让计算机去执行呢？传统的程序设计语言，如 Basic 或是 C/C++ 等，因为需要翻译以及交付计算机执行程序的操作多而且复杂，所以要安装特定公司开发的程序设计语言开发环境（如 Microsoft 公司的 Visual Studio）才行；而想要编写 Java 程序则要有 JDK 以及设置好的开发环境，如 Eclipse 等。

但是随着信息科技的演进，进入网络时代之后，可以开发的方式多了许多种类，比如

Javascript 就是一个在浏览器中执行的程序设计语言,几乎所有的图形化操作系统(Windows、Mac OS、Linux 的 X Window)都提供了浏览器,我们只要使用文本编辑器(连记事本这一类的小程序都可以)来编写 Javascript 的脚本,就可以通过浏览器(Internet Explorer、Chrome、Firefox、Safari、Microsoft Edge)来加载执行,省去了建立执行环境的困扰。如果写好的程序要执行的环境没有特别要求,单纯只是要进行运算并显示出结果,或是以网页来作为输出的界面,那么也有许多在线的编译程序可以直接在网页上执行,例如 Cloud9、JSFIDDLE、Ideone、CodeGround 等。

和许多其他的传统程序设计语言相比,本书的主角 Python 则更进一步地直接提供了交互式的界面(想当初很久以前的 BASIC 程序设计语言也是这样),只要安装之后,就可以在它的交互式文字界面中执行以及编写程序。如果你的计算机中执行的操作系统是 Mac OS 或是 Linux,那么连安装都不需要,操作系统默认就内建了 Python 解释程序以及所有相关的模块。在 Mac OS 和 Linux 中很多好用的工具程序都是使用 Python 编写成的。因此,如果你的个人计算机操作系统使用的是 Mac OS 或是 Linux(CentOS、Ubuntu、Fedora 等),那么不用考虑到安装的问题,直接在命令行(终端程序 Terminal)下输入"python",就可以立即使用 Python 程序设计语言来设计程序;如果你的操作系统是 Windows 系列,就需要一些小小的安装步骤,在后面的章节中会介绍详细的安装过程。

1-2 程序设计的重要性

程序设计,简单地说,就是把想要解决的问题加以详细地分析,把要处理的数据抽象化,然后把这些数据转化为计算机中的一些代码存储起来,再根据解决此问题的步骤一步一步地针对这些代码进行必要的运算,再输出结果。只要分析得当,几乎所有分析过的问题都能够被加以处理和解决。最重要的是,因为计算机的计算能力非常强,而且可以每天 24 小时不间断地运行而不会有任何的怨言,等于是只要设计部署得当,计算机可以随时为我们不间断地工作。此项特点在网络时代的今日更显重要。

想象一下,计算机的电源一旦开启,操作系统(不管是 Windows 还是 Mac OS)本身就是一个庞大而复杂、由一大堆程序代码所组成的系统程序组,根据网站 http://www.informationisbeautiful.net/visualizations/million-lines-of-code/ 显示的数据,Windows 7 大约是 4000 万行程序代码,Facebook 则用了约 6100 万行程序代码,Mac OS 10.4 版用了约 8500 万行,而 Google 的所有网络服务加起来,推算一下可能超过 20 亿行程序代码。在操作系统启动完成之后,一般的用户会执行 Office、Photoshop、Acrobat Reader、LINE、Movie Maker 或是浏览器来处理工作上的业务,这些软件都是程序设计师辛苦工作的成果,有了这些系统软件及应用程序,用户只要动动鼠标和键盘就可以开始进行日常的工作了。

因此,要成为一位程序设计师或计算机专业人员,程序设计的能力是非常重要的一项专业技能。但是,对于一般的不是以计算机为主要专业的用户来说,程序设计重要吗?这个问题如果是在以前还没有 Python 这一类快速弹性化的程序设计语言出现之前,回答或许是否定的,但是功能强大且易上手的 Python 问世之后,这个答案是 100%肯定的。原因在于程序执行背后所代表的精髓：个人化和自动化。

　　使用现有的应用程序可以迅速地以鼠标和键盘来操作，以实现用户的想法，但是许多的工作或项目其实隐含着高度的重复性和时间相关性。举例来说，在学生毕业季来临的时候，为了找到心仪的工作，需要每日搜索各大招聘网站和各大公司招募人才的广告，或是正在关注股票投资信息的散户，想要在国内或欧美股市收盘时立刻汇集整理特定类股票或个股的相关成交信息并加以分析，这些工作如果以人工来做的话，工作情况如何呢？除非已购买或已请程序设计师设计编写了客户化的相关程序，否则就需要用户自行在特定的时间通过浏览器去各个相关网站搜索和查看数据，然后把这些数据复制到 Word 或 Excel 等程序中加以整理分析。这其中不只操作重复且步骤烦琐，而且人工执行这些工作时也容易出现疏漏。此外更重要的是，新闻网站会实时更新，而且欧美股市均在北京时间的深夜和凌晨时才开盘或者收盘，人工操作不只精确度不佳，而且人也太过劳累。

　　熟悉计算机系统的用户（强力用户：PowerUser）可以通过操作系统的各种设置达成自动化执行某些程序的目的，但是如果熟悉程序设计的话，所有的这些工作都可以通过适当的程序代码以自动化方式来完成。在 Python 出现之前，这样的程序解决方案不是没有，但是设计起来都非常复杂，不适于一般的计算机用户；在 Python 出现之后，不需要厉害的程序设计师，就算是一般的计算机用户，也可以通过简短的 Python 程序实现上述目标。这也是作者编写本书推广 Python 语言最大的原因——非专业的计算机用户也可以通过简短的程序代码让计算机具有更佳的自动化能力，从而提升计算机用户的工作效率。

1-3　最受欢迎的程序设计语言

　　虽然本书的目的是介绍 Python 程序设计，然而对于程序设计的初学者来说，也有必要知道一下其他在现今计算机界中还非常活跃的程序设计语言。2015 年最受欢迎的程序设计语言，一个比较学术上的统计（数据源 IEEE，网页为 http://spectrum.ieee.org/computing/software/the-2015-top-ten-programming-languages）如下：

1. Java
2. C
3. C++
4. Python
5. C#
6. R
7. PHP
8. JavaScript
9. Ruby
10. Matlab

　　另外一份则是来自于 CodeEval（参考网页的网址为 http://blog.codeeval.com/codeevalblog/2015）：

1. Python
2. Java
3. C++
4. C#
5. Ruby
6. JavaScript
7. C
8. PHP
9. Go
10. Perl

　　C 语言是非常经典的程序设计语言，现今大部分的操作系统底层仍是以 C 语言来编写的，而且其他许多语言如 C++、C#、Java、PHP 也可以看成是它衍生出来的语言，因为承袭了相当多的 C 语言元素和设计精神，如果想要成为程序设计师，以后要以程序设计为业的朋友，C 语言的学习是不可或缺的。

　　在这份列表中，传统的以教学为目的的程序设计语言 BASIC 以及 Pascal 早已不见踪影，BASIC 还可以在微软的集成式开发工具 Visual Studio 中看到，在 Microsoft Office 中的宏指令设计中也是 Visual Basic 的发挥场所，同时在 ASP 中也有 Visual Basic 的影子，但是 Pascal 已完全看不到应用的地方了。

　　PHP 是属于网页后端的程序设计语言，几乎都是在网页服务器中执行，PHP 会这么受欢迎的原因，有很大一部分是因为许多有名的 CMS 系统（如 WordPress、Joomla、Drupal、OpenCart）现在还是由 PHP 所建构而成，不过有一部分系统（如 WordPress）现在也有了转换程序设计语言的预兆，所以 PHP 是否能够持续占据此排行榜就难以预料了。而 JavaScript 则是刚好相反，它是在浏览器中执行的语言，有 Google 公司的 AngularJS 这个 Framework 的支持，以及 NodeJS 后端 Framework 的蹿红，在未来的数年内稳定地留在榜内是绝对没有问题的。目前 JavaScript 的发展，有朝向前后端通吃的趋势，尤其是在前端网站的设计部分，加上 jQuery 以及 Ajax 这两个专业的 Framework，因此学会了 JavaScript，在网站设计上就可以通行无阻了。

　　Ruby 和 Python 这两种程序设计语言目前在网络上都拥有非常活跃的社区和拥护者，不只在前端处理数据，就算当作是后端的网页系统设计语言也各自有 Ruby on Rails 以及 Django Framework 作为其后盾，各大云计算系统（如 Google Cloud Platform、Microsoft Azure、Amazon AWS、Heroku、DigitalOcean、Linode 等）对于这两种程序设计语言以及 Framework 的支持也不敢怠慢。选定这两种语言之一作为学习的对象，日后程序要上线到这些云计算系统成为网络服务就完全无后顾之忧了。

1-4　学习程序设计需要知道的逻辑概念

　　在 1-2 节了解了通过程序设计，可以让生活上的工作事项自动化，提升工作的效率，大幅简化日常事务的工作流程，甚至可以凭借计算机的运算能力解决人工解决不了的问题，提升自己解决问题的能力。那么，如果要学习程序设计，需要知道哪些逻辑概念呢？主要有以下几点：

1. 要会分析问题是什么，要被处理的对象是谁以及预期得到什么结果。
2. 数据抽象化的概念。
3. 设身处地的概念。
4. 输入以及输出的概念。
5. 控制流程的概念。
6. 不要重新发明轮子的基本认识。

在解决问题之前，当然要知道将被解决的问题是什么，以及要解决这个问题需处理的是哪些数据，而处理了这些数据之后，预期要有什么样的结果。传统上，计算机科学领域习惯把解决问题的程序叫作一个系统，而任何一个系统简单来看，就如图 1-3 所示的样子，输入数据，加以处理，然后输出数据。

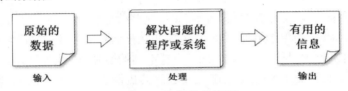

（图 1-3：数据处理模型）

解决问题的第一个步骤就是所谓的"制订系统规格"的任务，明确地知道这个程序或系统要扮演的功能和角色，才有办法真正开始进行计算机科学领域中所说的 SA（System Analysis，系统分析）和 SD（System Design，系统设计）的工作，也就是真正去分析以及设计如何具体有效地解决详述于规格中的问题。因此，初学者要学会程序设计，因为要解决的问题都很小，所以还不用急着学会 SA 和 SD 的方法与技巧，但是第一步一定要会明确理清问题的本质以及要被处理的对象。

抽象化是学会程序设计最重要的概念之一。例如，有一个题目如下：

程序 1-1

请设计一个小学生加法的测验程序，此程序需随机产生两个整数，并使用程序代码计算两数相加的结果，再列出算式询问受测者，接收受测者输入的答案并对比和答案是否相同，按照答对或答错的不同情况给予受测者适当的回应。

按照题目的叙述，事先随机产生两个整数，因为这两个整数在产生之前也不知道会是什么内容，因此要准备 2 个变量（可以看作是用来存放数据的容器），可以叫作 x 和 y，或是叫作 num-x 和 num-y，另外计算出来的解答也要有一个变量来存放，可以叫作 a 或是 answer 或是 num-ans。另外，受测者的输入答案可以叫作 r 或是 reply。

简单地说，能够把问题中描述的数据找出来，然后分别以适当命名的变量或常数（在后面的章节还会详细解释什么是变量以及常数）来代表，以方便接下来的运算，这个过程就是数据的抽象化。只有在所有的数据都被适当地表示在程序中，才有办法处理这些数据。当然，数据不会都这么简单，例如要对从文件中读取出来的所有英文字符串出现的次数进行统计与分析，就需要用更复杂的数据结构（如列表 List 或字典 Dict）来加以表示。

在正确地表示了数据之后，程序设计者在考虑如何处理这些数据时，要把自己当作是被程序指挥的计算机来设想，当接收到数据时，要模拟计算机如何处理这些数据及运算。

如程序 1-1，随机产生整数是由程序调用系统的内建函数来实现，所以是程序（计算机）去调用自己原有的内建函数。而有了分别存放在 x 和 y 中的两个随机整数之后，还要用 answer = x + y 这行指令来计算出正确的答案并先存放着，接下来再去处理受测者的输入，也是使用一个叫作 input() 的内建函数来接收受测者输入的数值，把这个数值存放在变量 r 中，做完对比之后，如果是一样的（answer == r），就输出"回答正确"的信息，否则要告知受测者此题回答错了。在设计程序执行流程的过程中，都是以计算机为中心来设想的。

诚如之前所言，把自己的思考逻辑设想为计算机程序，就会有清楚的输入和输出的概念。把数据输入到计算机程序中处理时，获取要处理数据的操作就叫作"输入"，而要把处理好后的信息显示在屏幕上或是把它写到磁盘文件中就是"输出"的操作。

同样的概念也适用于在程序中和用户互动的代码段。在大部分的时候，因为要解决的问题比较大，所以程序会被分割成许多的代码段，如果这些代码段是可以被重复使用的，就把这些代码段设置为以后可以被调用的名字，将它设置成为一个模块（可以是函数或类的类型）。然而，这些模块每一次执行的时候可能需要处理的是不同的数据，因此模块本身也会设计输入（在此把它叫作接收参数）和输出（把它叫作返回值）的机制以方便每一次的调用。

了解了输入和输出的概念之后，剩下的就是掌握什么是控制流程了。读者可以再回想一下，程序可以简单地看作一个"脚本"，而这个脚本就是要拿给计算机去按部就班地执行指令集合。一开始，指令是一行一行地按照顺序执行，但是并不是每一次执行都是这样的情况，就如程序 1-1 的例子，每一次执行的时候随机产生的整数 x 和 y 并不会都一样，而受测者（执行程序的人）也不是每一次都会答对，答对有答对要执行的代码，答错也有另外响应的代码。此外，逻辑上预期受测者会回答一个整数，但是如果受测者回答的是小数，或是直接按下【Enter】键而没有任何的输入值，程序也要能够应对这种情况才行。

这些就是程序设计人员预先要想好的情况，所有在程序执行中可能会发生的情况，程序设计人员都必须预先想好并写在"脚本"中，告诉计算机遇到什么样的情况就要执行所对应的程序代码，这就是程序的流程控制。几乎所有的程序设计语言都会提供程序控制流程（如 if/else、for/while/for each）给设计程序的人使用。

对于初学者来说，事先想好各种情况，然后设想遇到什么情况要如何处理，再把这些处理的方式用流程控制指令描述出来，只要能够活用流程控制的描述方法，就可以解决大部分的程序问题了。

最后一点，就是不要重新发明轮子。道理很简单，世界上需要解决的问题很多，但是大部分的问题都不会是这个世界有史以来第一次出现的，也就是要解决的问题，其实在世界上的某处已经有人解决过了。对于初学者来说，既然有人解决了，只要直接拿来使用就好了，不需要自己重新再设计一遍。

早期的程序设计语言对于现成的解决方案是以链接库（大部分都是静态链接库）的方式来存储的，为了能够使用这些现有的程序代码，还要经过许多复杂的设置才行，而且这些现有的链接库并没有公开且一致的传播渠道，对于初学者来说，很难实时获得相关的信息。所幸的是，现代的程序设计语言以及操作系统包括 Python、Ruby、JavaScript、Perl 等，都已有在线的安装与更新链接库机制，对于连接到因特网的计算机，通过 brew、pip、gem、npm、apt-get、yum 等指令，只要网络上有的话就都可以马上安装到本地计算机中，且可以立即使用，十分方便。

养成一个习惯，使用程序解决问题之前，先分析以了解要解决的问题是什么，然后想想解决此问题的过程中需要面对哪些情况，每一种情况打算如何处理，处理的方法在网络上有解决方案以及现成的链接库吗？如此，大部分工作上的小问题就都可以迎刃而解了。

1-5　本书的结构及内容说明

任何的学习，都是要通过不断地练习才能够达到熟练的程度。所幸的是，程序设计只要坐在计算机前就可以完成，不需要面对别人的眼光以及汗流浃背，这也是作者为何喜欢计算机相关工作的原因之一。

生活上以及工作上本身就有许多事务可以通过程序来帮我们自动解决，这是本书主要的目的，希望通过 Python 的高弹性与简易性，让读者可以在学习到每一个 Python 的技巧和链接库模块之后马上运用到日常工作流程自动化的实际事务上。作者建议学习 Python 最快最好的方式，就是自己动手设计及执行书中提到的每一个范例程序，并可以触类旁通地想想，如果把某一个地方改成什么内容，会有什么结果？如果要加上什么小功能，那么要如何变更程序的设计等，充分运用这些修改及扩充功能的练习，可以让你更快地掌握 Python 程序设计的相关技能。

本书的第 2 章会快速地为读者导览 Python 程序设计语言的相关话题，以便对于 Python 这个越来越受欢迎的程序设计语言有一个概括性的了解。为什么要选用 Python 以及如何运用交互式界面来创建出马上就可以看到成果的应用程序，将会在本章做一个快速的介绍。

第 3 章会引导读者在自己的计算机中建立可以执行 Python 的环境、体验 Python 高度自由弹性的程序开发环境，只要有计算机，不管使用的是哪一种操作系统，随时随地都能够拥有开始编写程序的环境。

第 4 章则是教读者们如何站在巨人的肩膀上，借助前人的智慧结晶来协助解决个人程序上的问题。前人的智能让我们在编写程序的时候可以用很少的程序代码建立许多有趣好用的程序，在这一章中，会有一些小程序，让你可以马上在自己的计算机上绘制出有趣的函数图形，完成之后你会非常有成就感。

第 5 章开始就是充满挑战的课程。从第一个程序开始，详细解析设计程序的要诀，并开始介绍 Python 的语法以及设计和编写程序的注意事项。此外，对于中文字符串处理会遇到的问题，也会在此章中教读者如何解决。第一个个人挑战的小程序——猜数字游戏程序——让读者体会实现一个完整程序的流程。

第 6 章和第 7 章是非常重要的部分，分别是数据结构和程序控制流程。计算机科学家 Prof. Nikiklaus Wirth 曾说"程序 ＝ 数据结构 ＋ 算法"，所以学会如何表达抽象化的数据以及如何把算法运行的过程描述出来，基本上就会编写出非常多有用的程序。事实上，在这两章中，我们也会完成成绩处理程序，你可以在这个程序中使用菜单和键盘输入的方式，输入各科的成绩以及计算出平均分和总分，是一个非常实用的数据处理小程序。

9

工作中要处理的对象大部分都是以文件或是数据库的形式存储在磁盘驱动器上，如何处理文件和磁盘，以及如何存取数据库是第 8 章的主要内容。把前一章学习到的成绩处理程序再加以拓展，把数据存在电脑本地的磁盘驱动器上，接下来再挑战使用 SQLite 数据库的方式，让程序可以更加成熟，所有曾经输入的数据均得以延续。事实上，学习完本章的内容，读者已可实现非常实用的程序了。

此外，越来越多的人在工作中使用的数据存放在于网络上，第 9 章和第 10 章导引读者通过简单的方式连接到网站以获取需要的数据，并进一步地控制浏览器，以便仿真网络用户的操作方式简化获取非结构化或受保护数据的流程。在这两章中，我们介绍了很多网页数据获取的基础与高级技巧，想要一口气把你感兴趣的网站上的某些数据都下载存储到计算机以及数据库中吗？这两章会教会你所有的功夫。

近来网络实时数据库服务受到网站设计师的青睐，其中近年被 Google 公司收购的 Firebase 的申请与操作，以及 Python 和 JavaScript 的联机方是第 11 章的主要内容。在这一章中，还会教读者制作一个可以反映实时数据的统一发票中奖号码的网站，非常具有实用性。

第 12 章主要的内容聚焦在将前面学习到的技巧应用于解决工作或生活中遇到的问题上。你想要使用 Python 程序帮你登录 Facebook 吗？让 Python 帮你到 Facebook 中"点赞"吗？觉得自己计算机中的照片文件太乱了不知如何整理吗？想要知道某篇文章中哪些词出现的频率最高吗？在这一章中都有详细的解决方案。

同样都是应用问题，第 13 章则是集中在如何处理图像数据、图像文件还有绘制专业的图表上。一些有用的小工具会在此章中介绍，让读者可以马上运用。

第 14 章会教大家如何使用 Python 制作网站，使用 Python 制作网站有两个主要的 Web Framework，其中的佼佼者是 Django，我们会有详细的教学，完成这一章，你就会拥有一个完全使用 Django 制作的实用短网址转址的网站。只要再加以发挥，就可以开站服务了。

有了网站，当然要想办法把它上传到网络主机上，让大家可以欣赏你的点子以及辛苦设计的成果。在第 15 章中会有详细的网站部署教学：ngrok、Cloud9、DigitalOcean 等均有会讲述完整步骤的教学。

要成为一名优秀的程序开发人员，其中所需要的 Git 版本控制概念以及技巧，还有如何以网站直接部署 APP 的方式把网站放上 Heroku，在第 16 章都有详细步骤的介绍。对于学完本书的下一步进修计划，第 16 章的最后作者提出了自己的建议。

到此，相信你已经跃跃欲试了，翻到下一章，我们马上开始学习吧！

第 2 章

快速了解 Python 程序设计语言

作为一个被广泛使用的程序设计语言，不仅在许多的领域都会看到 Python 的身影，甚至在 Mac OS 以及 Linux 中不少好用的工具程序也都是由 Python 编写的，它的多才多艺当然代表着此程序设计语言的博大精深，并非短短几个章程就可以介绍完毕。为了避免读者从一开始就陷入太过于枯燥的语法学习而充满挫折，本书将以精简的方式列出 Python 常用到的功能，然后再以应用问题为中心，让读者们届时再以解题的方式加深、加广对 Python 的学习，以边实践边学习的原则，熟练语法的运用。在此之前，先来快速认识一下什么是 Python 程序设计语言。

2-1　Python 简介
2-2　学习 Python 的重要性
2-3　Python 2 和 Python 3 的差异
2-4　Python 的应用领域
2-5　习　题

2-1 Python 简介

什么是 Python？这是一个什么奇怪的名字？这个在 20 世纪末冒出来的程序设计语言究竟有什么魅力，可以让它在被发明不久之后在 Linux 和 Mac OS 上和 C/C++一样成为内建的程序设计语言之一，并且有许多的操作系统工具程序都是用 Python 编写而成的。在这一章中，就让笔者来告诉你它的来龙去脉。

2-1-1 Python 的历史沿革

Python 这个英文单词是蟒蛇，但是发明人命名的时候却没有这个想法，甚至一开始心里还有些抗拒大家老是把这个语言和"蛇"联想在一起。根据 Python 创作者 Guido van Rossum（作者的个人介绍网页：https://www.python.org/~guido/）的亲身说法（详见 http://python-history.blogspot.tw/2009/01/personal-history-part-1-cwi.html），其实取这个有趣的名字，是源自于他自己喜爱的一个英国 20 世纪 70 年代的电视喜剧节目 Monty Python's Flying Circus。最初版的 Python 大约在 1990 年初面世，而第一个公开发行的版本在 1991 年 2 月 20 日，版号为 0.9.0。Python 在发布之后即受到网络社区的关注，相关的社区以及讨论组如雨后春笋般地接连出现。2000 年 10 月 16 日发布 2.0 版本，2008 年 12 月 3 日发布 3.0 版本。

Python 是一套一般用途的高级语言，就分类上来说它是一个解释型的动态程序设计语言，非常强调程序代码的易学和易读性，所以在程序代码的编写上有比较严格的规范。但是另外一方面，为了兼顾弹性和性能，它的变量被视为容器，用到时才被创建于内存中，具有良好的内存管理功能而不用程序设计者去操心，其变量类型可以在程序中自由地由程序设计者更改，也就使许多的一行程序语句表达程序的效率以及运行程序的性能得以提升。

由于 Python 十分容易上手，且具有描述性语言的能力，往往简单的几行程序代码就可以驱动操作系统以及应用程序的多样化功能，因此有许多的 IT（信息科技）人员也把它当作是一个胶水语言（Glue Language）来使用。

2-1-2 深受欢迎的 Python 程序设计语言

为何 Python 是现代如此重要的程序设计语言呢？读者如果手上正好有 Mac OS 或 Linux 操作系统的计算机，就可以很简单地在这两种操作系统的终端环境（Terminal）之下输入"python–version"这条指令，再按下【Enter】键，就可以马上了解了！这两种操作系统早就内建了 Python 的执行环境，因为有许多这两种操作系统内建的公用程序和组件，就是使用 Python 编写的。意思是说，如果你使用的是这两种操作系统，不用安装，马上可以开始动手设计 Python 程序。

创作者发明这种语言一个重要的动机就是想创造一种可以作为高级程序语言和 Unix-based 操作系统 Shell 语言中间的胶水语言，没想到因为高级易懂、容易上手的特性，以及强大的执行功能和在各个操作系统平台之间的高兼容性及可移植性，让 Python 成为当今业界（只要需要用到计算机的地方）非常受欢迎的语言。从本书后续出现的图例中读者就可以明了其在各大操作系统间展现的高兼容性，因为笔者在家里使用的是 Windows 操作系统，在工作场所使用的是 Linux，外出时使用的是 MacBook Air，本书的原稿以及范例程序代码在这 3 种操作系统中游走毫无问题，所以才会出现书中的屏幕截图有时候是在 Windows 窗口中，有时候则是在 Mac OS 系统中。

再来几个例子，看看 Python 目前在信息产业中受重视的程度。Google Cloud 云服务是企业界经常拿来放置网站以及执行高级运算的地方，他们的 Google APP Engine 提供可部署的程序设计语言，Python 是现阶段 4 种语言（Python、PHP、GO、Java）之一，如图 2-1 所示。

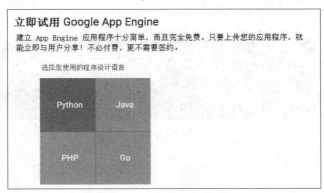

（图 2-1：Google APP Engine 提供可部署的程序设计语言选择）

在微软这个软件界的超级巨人力推的 Microsoft Azure 云计算平台与服务中，Python 语言也名列其中，请参考图 2-2。

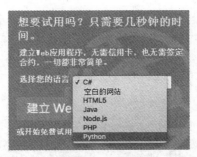

（图 2-2：Microsoft Azure 云服务可以建立 Web 应用程序的程序设计语言）

不同于一般的程序设计语言一开始要准备非常复杂的执行环境，执行 Python 非常容易，如前所述，在 Mac OS 以及 Linux 的操作系统的终端程序（也就是相当于 Windows 的命令提示符）中执行"Python"指令，就会进入 Python 的解释环境，可以执行大部分的 Python 程序。你也可以在任何操作系统中找到集成的 IDE 程序（例如 IDLE、iPython、Microsoft Visual Studio Express），安装完毕之后即可开始设计程序，或是到 https://ideone.com/ 以及 http://pythonfiddle.com/ 之类的网站，以在线方式开始设计 Python 应用程序，非常好上手。

2-1-3　Python 程序设计基本元素

为了方便 Python 程序设计的示范，本小节整理编写 Python 程序的一些基本元素，让初学者可以马上开始做些简单的练习。

最简单马上就可以开始练习 Python 语言的地方，除了在自己的计算机中安装 Python 的解释器之外，也可以直接开启浏览器，连接到 tutorialspoint 网站：http://www.tutorialspoint.com/codingground.htm，如图 2-3 所示。

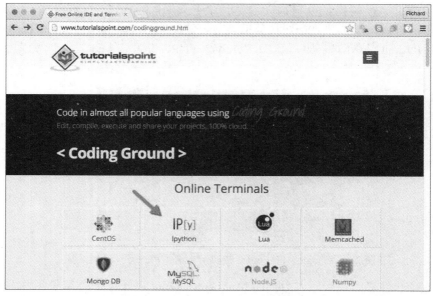

（图 2-3：tutorialspoint 的主网站）

这是一个提供各种程序设计语言在线练习的自学网站，单击箭头所指的 iPython 项目，就会出现可以直接输入 Python 程序的交互式界面，如图 2-4 所示。

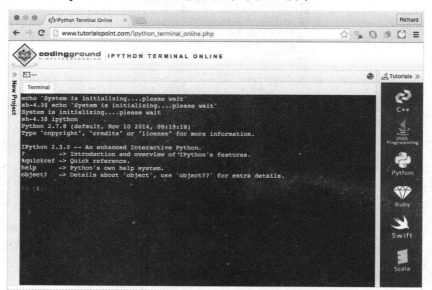

（图 2-4：打开 iPython 之后的屏幕显示界面）

在图 2-4 的屏幕显示界面中，其中的 "In [1]:" 提示字符就是输入 Python 程序和指令的地方。过程如图 2-5 所示。

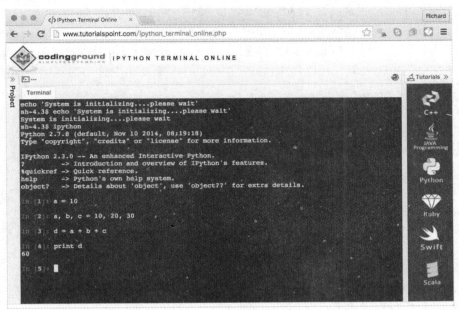

（图 2-5：在 iPython 交互式界面中输入 Python 的语句）

另外一个很受初学者欢迎的是 repl.it，网址为 https://repl.it/languages/python3，屏幕显示界面如图 2-6 所示。

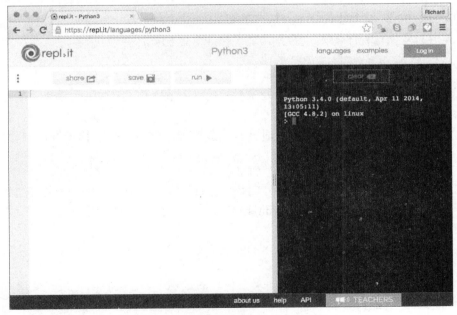

（图 2-6：repl.it 的 Python3 执行界面）

在 repl.it 中，程序是在左侧的编辑区编写，然后再单击"run"按钮，就会在右侧窗口处显示出执行的结果。

如第 1 章的说明，所谓的程序（Program），是由一行行的语句（Statement）所组成。因为 Python 的程序也可以在解释器环境（Shell）下一行一行地输入，所以有时候我们也会把每一行输入的语句称作指令（Command）。因此在执行 Python 程序的时候，可以选择一次执行一行，看完结果之后输入下一行语句再执行，也可以在一个文本文件中编写完全部的程序，然后再一口气加以执行。

Python 是一个解释型的语言，不管是用上述的哪一种方式执行程序，所有输入的程序语句行如果没有特别指定执行的流程和顺序，就会按照顺序依次从第 1 行、第 2 行往下执行，每次只执行一行，遇到问题就会显示错误信息而马上停止。

所有要被拿来运算以及处理的数据都必须存放到"变量"中，而变量是以英文字母和数字以及下划线的组合来命名的。每一个变量除非特别指定，不然都是以一开始给它值的那个数据的类型来决定变量的数据类型。数据类型简单地说就是数据是用来表示哪一种格式（数字、文字、数组等）的类。而等号"="就是一个为变量设置数据值（即赋值）的符号。例如：

```
a = 10
```

就表示把 10 这个数字（显然是整数）存放到一个叫作"a"的变量中，以后除非对变量"a"有任何操作，否则在程序结束之前，a 的内容始终都是 10 这个数字。

如果一次要设置 2 个以上的变量，就用逗号（记得要用英文字符的半角型逗号）分开。一次指定即可，而且左右两边的数目要一样。例如：

```
a, b, c = 10, 20, 30
```

表示把 10、20、30 这 3 个整数分别存放到变量 a、b、c 中。而变量内容的设置，也可以通过询问用户（指的是执行程序的人）的方式来"输入"，例如：

```
age = input("请输入你的年龄：")
```

上面这行语句会在计算机的提示符处先显示出"请输入你的年龄："这个字符串，然后再把用户输入的值放在"age"这个变量中。

变量的内容有了数据之后，就可以通过四则运算等数学算式来进行计算，例如：

```
y = a + ( b * 20) - c * 2
```

计算出来的结果，可以通过 print 来显示出变量的内容（Python 有两个主要的版本，分别是 Python 2 和 Python 3，如果在执行 print 时遇到错误，请试着把后面的括号去除之后再执行一次），例如：

```
print(a, b, c)
```

除了一行一行语句执行下来之外，如果在计算的过程中，有需要因为某些变量内容的不同而调整执行的流程，这种情形叫作"判断（Decision）"，在 Python 中是以 if 和 else 来安排判断之后的程序流向。例如：

```
a, b = 10, 50
```

```
if a > b:
  print("a 比 b 大")
else:
  print("a 小于或等于 b")
```

在上述的例子中，先设置 a 和 b 这两个变量，然后用 if 和 else 来判断二者的大小关系，再根据它们之间的关系来决定要显示出哪一个句子。这里有两个很重要的地方，其一是在 if 和 else 之后加上冒号 "：", 表示接下来缩排的内容是依附于此指令的语句群，而同一个缩排的语句是同一个阶层的指令，必须视为是同一个区块语句群体。意思是说，如果希望在 if 的判断成功之后除了打印出 "a 比 b 大" 这段文字之外，还要再多执行一些操作，那么要跟着执行的语句也要和 print("a 比 b 大")这行语句一样的缩排才行。例如：

```
a, b = 10, 50
if a > b:
  print("a 比 b 大")
  z = b - a
  print(z)
else:
  print("a 小于或等于 b")
```

其他的程序设计细节，请参考本书后续章节的内容。你可能会问，a、b 不是都已经知道结果了吗？为什么还要使用 if/else 来判断呢？如果你把 a 和 b 都使用 input 来输入，那么在程序设计的时候，就不会事先知道要走哪一个分支了：

```
a = input('a=')
if int(a) > 18:
  print('a > 18')
else:
  print('a >= 18')
```

笔者刻意在文字的两侧有时候使用单引号，有时候使用双引号，目的是为了让读者了解，单双引号都可以使用，只要在使用的时候两边能够确保成对出现即可。

2-1-4　Python 程序易用性示范

为了方便初学者了解 Python 描述问题及解决问题的简易性，先来看看一个简单的程序（在你输入程序的编辑环境中如果不能输入中文，就可以先使用英文字符来代替）：

程序 2-1

题目：
请设计一个简单的程序询问用户的年龄，如果年龄大于等于 18 岁就告诉他今年成年了，如果小于 18 岁就告诉他，还差几岁才成年。
程序：
```
age = int(input("你的年龄是: "))
if age >= 18:
  print("恭喜! 你成年了。")
else:
```

```
diff = str(18 - age)
print("要年满18岁才成年,你还差 " + diff + " 岁")
```

运行结果如图 2-7 所示。

(图 2-7:程序 2-1 的运行结果)

非常简单的语法,整个逻辑就算是初学者也是一看就懂。程序首先要求用户输入年龄,然后把它转换成整数放到 age 这个变量中,接着检查 age 的内容,如果超过 18 岁(大于等于),就显示信息 A("恭喜!你成年了。"),如果不到 18 岁,就先计算出差多少岁,放在 diff 变量中,再显示信息 B(在这里使用 format 函数把后面的数据插入到{}中)。

如果你没有任何程序设计的经验,还没有语法的概念,以至于看不懂这些程序语句时不要担心,这只是让读者先对 Python 能够有一个大概的了解,在本书后面的章节会逐步地教大家熟悉这些语法。

如果你曾经学习过其他的程序设计语言,在学习的过程中一定会发现传统的程序设计语言对于变量的类型非常严谨,但使用之前都需要先声明,且一经声明类型就固定了,导致在处理一些日常生活中的数据时变得绑手绑脚,而且也缺乏多样性的类型处理模块,例如在处理日期的时候就很麻烦。但是到了 Python,日期的处理与操作却非常直觉且容易,我们再来看看这个和日期计算有关的有趣例子。

程序 2-2

题目:

让用户输入出生月和日,然后计算出接下来的生日距离今天还有多少天。

程序:

```
import datetime

today = datetime.date.today()
month = int(input("请问你是在哪一个月份出生: "))
```

```
day = int(input("请问你的出生日是几号："))
birthday = datetime.date(today.year, month, day)

if birthday < today:
    birthday = datetime.date(today.year+1, month, day)

diff = birthday - today
if diff.days == 0:
    print("不会吧！今天是你的生日，祝你生日快乐！")
else:
    print("哇！再过 " + str(diff.days) + " 天就是你的生日了！")
```

运行结果一：

请问你是在哪一个月份出生：12
请问你的出生日是几号：25
哇！再过 9 天就是你的生日了！

运行结果二：

请问你是在哪一个月份出生：12
请问你的出生日是几号：16
不会吧！今天是你的生日，祝你生日快乐！

运行结果三：

请问你是在哪一个月份出生：2
请问你的出生日是几号：1
哇！再过 47 天就是你的生日了！

先输入月份以及日期，分别放在 month 和 day 这两个变量中，利用 datetime.date 把年月日组合成一个日子放在变量 birthday 中，然后用"比较大小"的方式检查今年的生日是否已经过了，如果还没有过，就计算今年的生日到今天还有多少天，如果今年的生日已经过了，就计算明年的生日和今天的差距。最后再显示出适当的信息即可。短短的几行程序，既容易懂又相当实用，日期的操作不用特别去管它的数据类型以及结构，直接用加减法来处理就好了。

学会了如何通过 Python 来处理日期，等日后再学会如何用程序来寄信的话，就可以通过此方式把朋友的生日都记录下来,让你的程序可以在朋友生日的当天或前一天就主动帮你寄出信件或个人化信息，你的人际关系就可以因此更进一步发展，而这也是学习程序设计的好处之一！

2-2 学习 Python 的重要性

正如在前面的章节所描述的，Python 除了已经是目前最受欢迎、系统支持度最高的程序设计语言之外，程序设计语言在设计的时候就已顾及"优雅""明确""简单"的原则，只要遵循着一些基本的原则，就算是初学者也可以"写出一手"好程序。

此外，高度的系统可移植性使得各大操作系统纷纷支持 Python 程序的执行，甚至成为内建的系统组件之一，在大部分的操作系统（除了 Windows 外）中，几乎是不用安装就可以马上开始编写 Python 程序，减少了许多初学者的困扰。不像是 Java 或 C 等程序设计语言要安装大型的集成开发环境，或是被环境变量 PATH 等搞到疯掉，只要在终端程序上执行 Python（如果是要执行第 3 版的 Python 则是需要输入 Python 3）指令，进入 Python 的交互式执行环境，在不同的计算机中操作的方式也几乎一样，不用再重新适应新的操作环境。

因此，在本书的后续章节中，一些范例程序的运行结果界面是在 Mac OS 下截取的，有一些则是在 Windows 7/10 中截取的屏幕显示界面，还有一些是在 Linux 下执行的结果界面，这正好表现了 Python 的高度可移植性。同一个程序，在各大操作系统之间几乎可以不用修改程序就可以运行无误。

各位应该有留意到在程序 2-2 中的第一行语句 import，这条语句可以为程序加载所需要的链接库，而这些链接库源于 Python 社区的热情贡献，几乎想得到的应用（图像处理、大数据分析、网页数据获取与操作都有、像人一样操作浏览器或应用程序）都有人准备好了，通过 import 加载之后，只要短短几行指令就可以执行许多传统的程序设计语言要编写几百行甚至上千行的程序。

对初学者而言，除了网络上活跃的社区以及丰富的数据可以随时查阅之外，交互式的解释器接口让你在编写较大程序之前可以在解释器中加以测试，查看自己的想法是否正确，非常适合练习之用。

基于以上的几个原因，选用 Python 作为初学或日后就业用的程序设计语言，或是让工作以及生活上的事务处理自动化（自动找数据、自动寄信、自动过滤文件、自动上 Facebook 点赞、批量整理文件、定期检查相关数字等），都会是你最明确的抉择。

2-3　Python 2 和 Python 3 的差异

对于初次学习 Python 语言的朋友来说，有一个比较恼人的问题就是到底是要学 Python 2 还是 Python 3。主要的原因是 Python 语言在进入第 3 版的时候，基于性能优化等相关问题的考虑，决定不完全向下兼容第 2 版。这使得有一些 Python 第 2 版的程序和链接库模块在第 3 版的时候无法顺利执行。

但是，这还不是令人苦恼的主要原因。最主要的问题点在于，Python 在第 2 版时就非常受欢迎，以至于成为许多系统的组件之一，然而大部分的系统内建的版本还是第 2 版的（笔者的 Mac OS 10.11.1 版的 Python 使用的就是 2.7.10 版， Linux Ubuntu 14.04.3 版使用的是 2.7.6 版），没有更新的主要原因是许多系统组件还是使用这些版本的 Python 写成的，随意更新版本的话会造成一些操作系统的程序无法正常运作。

意思就是说，因为操作系统的关系，Python 2.x 版的程序仍旧可以持续使用很长一段时间。如果要在你的操作系统执行 Python 3.x 版，那么大部分的操作系统都要另外再安装 Python 3 才行（或是执行 python3 试试）。

所幸的是，对于初学者来说，会用到第 2 版和第 3 版的不同地方有限，因此笔者的建议是，如果你的计算机是 Windows 操作系统，反正系统本身本来就没有 Python 了，安装时就选择第 3 版。如果你用的是 Mac 或是 Linux 的操作系统，先检查一下版本，如果是 2.6 版以后就直接使用原有的第 2 版的程序。本书使用到的所有范例，基本上都是以第 3 版写成的，如果你使用第 2 版的 Python 来执行，除非笔者特别注明，大部分的差别只在于 print()这条指令，第 3 版的有括号，而第 2 版（2.6 以前的版本）的没有。本书提供的范例程序会在每一个程序的前面注明该程序是以哪一个版本测试的。

2.6 以前的版本的 print：

```
print "你好吗？我是第 2 版 Python"
```

2.6 以后的版本以及第 3 版的 print：

```
print("你好吗？我是第 3 版的 Pyhton")
```

当然，有一些在 Python 3 中新创的好用功能以及一些新加入的链接库在 Python 2 中并不能正常使用（反过来好像也是），不过这些内容在本书中出现的次数不多，有用到时笔者会特别说明。

所以，该学 2 还是 3 呢？如果你不会安装或不想安装新版的 Python，那么在你的操作系统中的是哪一个就用哪一个（比如我们在第 15 章发布网站时使用的 Cloud9，它默认的 Python 就是 2.7.6 版本的，使用上也不会有问题）；如果没有，就安装 Python 3 的最新版。还是不放心？这里有一篇官方网站发布的文章告诉你 Python 3.0 究竟改了哪些地方：

```
https://docs.python.org/3/whatsnew/3.0.html
```

也可以到官网 http://www.python.org 上看看最新的消息。截至笔者编写本书的时候，Python 的最新版分别是 Python 3.5.1 和 Python 2.7.11。

2-4　Python 的应用领域

Python 的应用领域十分广泛，凡是操作系统工具、网站后台、科学计算、网络数据搜集与分析、大数据分析、图像处理、游戏软件、虚拟机部署与运用、软件测试、自动文件处理等你能想到的应用都可以办到。程序可大可小，可以是短短的几行程序，通过解释器完成（例如找出硬盘中所有重复的图像文件并加以分类整理，或是为所有的图像文件加上水印等），也可以是一个完整正式运营的商业网站或是实验室里面的一个大型科学实验计划。

如前面的章节所述，Python 已经成为许多操作系统的主要组件之一了，而有许多的网站后端（搭配 Django Web Framework，参见本书第 14 和 15 章）也是使用 Python 写成的，比如知名的 Pinterest、Instagram、Disqus 等。在大数据分析的应用方面，位于欧洲的 CERN 的大型强子对撞机计划实验室也使用 Python 来开发其中的重要计划，还有前几年很有名的火星无人探测车后端所使用的集群计算机，也大量地运用 Python 语言来运行。

Python 的 OpenCV 链接库模块在很多图像处理的项目以及研究计划中帮了学者们很大的忙。如果有大量的多维数组和矩阵运算，NumPy 链接库也非常受欢迎。你可能也有注意到，知名的 3D 动画软件 Maya 的扩充功能也支持 Python Script，很多朋友家里常用文件的点对点下载工具程序 BitTorrent 也是以 Python 语言来开发的。

更多详细的数据，请参考以下网址中的列表，它整理了非常多的使用 Python 语言可以支持的项目、链接库以及软件系统：

https://en.wikipedia.org/wiki/List_of_Python_software

例如下面这一小段程序，只要短短的三行，就可以把任一指定的网页文件截取下来（新浪网移动版的新闻网页）。

程序 2-3

```
import requests
www = requests.get("http://mobile.sina.com.cn/")
print(www.text)
```

再加上文件存储的操作以及操作系统定时执行的自动化功能，能做的事已经非常多了。这些功能，将会在本书后续的章节中逐步呈现。赶快加入我们，一起开始 Python 学习课程吧！

2-5 习题

1. 请到网络上搜索 Python 的发展历史。
2. Python 有哪些重要的社区？请列举出至少 3 个社区的网址。
3. 请找出至少 3 点 Python 2 和 Python 3 不一样的地方。
4. 请找出至少 3 个使用 Python 语言开发的项目。
5. 就你的观察，请比较说明 Python 和你之前学习的程序设计语言最不一样的地方。
6. 你手边的操作系统的 Python 是哪一个版本呢？请分别使用 python –version 来查询。

第 3 章

Python 程序设计环境的安装与设置

这一章看起来内容很多，其实读者们只要根据自己使用的操作系统环境来选读就可以了。由于 Python 在不同系统之间的兼容性很高，因此无论你使用的是哪一个操作系统，书中所有的范例程序几乎都可以顺利执行无误。

由于现代的计算机能力都还不差，也都支持虚拟机的功能，如果读者一开始不嫌麻烦，作者强烈建议您先到第 3-5 节中阅读如何在自己的计算机中安装虚拟机的执行环境（VirutalBox 或是 VMWare Player），安装一个虚拟的操作系统，再从那个操作系统来建构环境，以免影响到你当前操作系统的设置，等你能够充分掌握 Python 的模块运作之后再把你喜欢的 Python 版本安装到自己的原机操作系统中，这点对于 Mac OS 尤其重要。

3-1　马上使用 Python 编写程序
3-2　安装 Python 3.x 窗口环境
3-3　简单且易上手的 iPython Notebook 以及 jupyter
3-4　程序代码编辑器的介绍
3-5　在 Linux 虚拟机中运行 Python
3-6　习　题

3-1 马上使用 Python 编写程序

高度可移植性是 Python 的主要特色之一，因此，通过浏览器就可以执行基本的 Python 程序，就像是在第 2 章中介绍的 repl.it 以及 TutorialsPoint 这两个网站一样。但是，如果是在本机上就可以执行的话，不只在执行的时候不需要网络连接，而且也可以安装所需要的模块强化 Python 的功能。如果你是 Windows 用户，建议从安装一台 Linux 的虚拟机开始，别担心，安装虚拟机所需要的软件，都可以免费从网络上获得。

3-1-1 Windows 用户

如果你是 Windows 操作系统的用户，由于没有内建 Python 的执行环境，因此需要使用浏览器前往在本书第 2 章中介绍的在线 Python 练习环境才行。

由于 Windows 的文件系统操作和 Linux 以及 Mac OS 的差异较大，因此日后在安装了 Python 程序环境之后，只要使用到文件的路径名称时，就一定要留意其中的一些差异，日后使用 Python 设计网站时也要特别留意。

3-1-2 Mac OS 及 Linux 用户

如果你的计算机是 Mac OS 或是 Linux，直接找到终端程序（Terminal），在命令提示符的地方输入"python"就可以进入 Python 的交互式解释执行环境了。要在 Mac OS 中进入终端程序，只要同时按下【Ctrl + 空格键】，就会出现如图 3-1 所示的 Spotlight 搜索框。

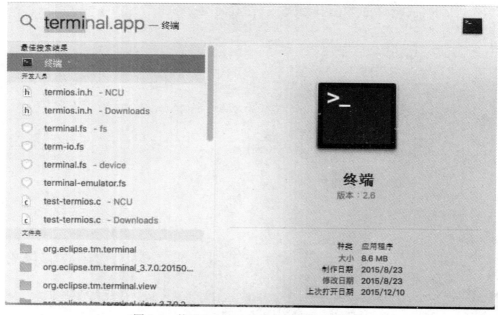

（图 3-1：使用 Mac OS 的搜索框执行终端程序）

此时再输入"terminal"字符串，当出现 terminal.APP 时再按【Return】键就可以了。Linux

的用户对于 Terminal 应该更不陌生才对。

进入 Terminal 之后，在提示符处输入"python"，再按下【Enter】或【Return】键，就会出现 Python 的解释器界面，如图 3-2 所示。

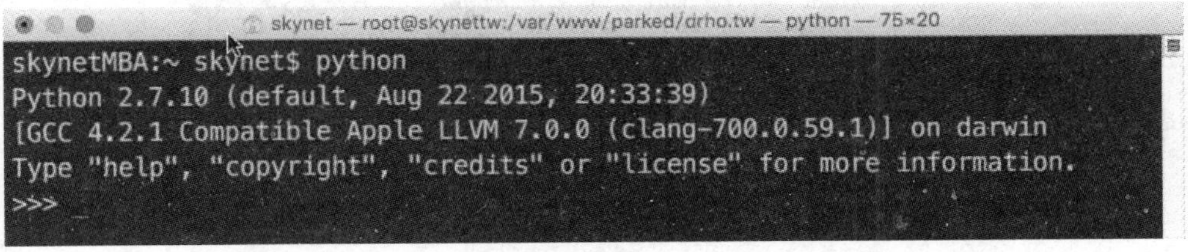

（图 3-2：Python 交互式解释器的屏幕显示界面）

在交互式的 Python 环境中，第一行出现的是版本信息（图 3-2 所示的是 2.7.10 版）。有些 Linux 操作系统也已内建 Python 3.x 版本，只要使用"python3"即可进入。">>>"这个符号是 Python 解释器环境的提示符，可以在此符号中输入任何 Python 的指令。离开此环境回到操作系统命令提示符的方式是输入"exit()"，后面的括号要一起输入才行。

3-1-3　在交互式界面中测试你的 Python

在此环境中，输入任何合法的 Python 指令，如果没有输出数据的必要时，系统不会显示任何的信息（正所谓"没有消息就是好消息"），反之，如果输入的指令或格式有错误，马上就会显示错误信息并指出错误的地方和错误的原因。以图 3-3 的操作为例，我们使用 import requests 来导入 requests 这个链接库模块，因为语法没问题而且该模块也在系统中，所以不会有任何的信息出现。

持续输入"a = 3""b = 2"以及" c = a * b"，分别设置变量 a 和变量 b 的内容，并把 a 和 b 相乘，然后把结果存放到 c，因为指令都正确无误，所以 Python 解释器也不会响应任何的信息。直到只输入"c"这个变量时，没有任何设置或是操作，单纯只是输入一个变量的名称，这时候 Python 解释器会认为我们是想要知道 c 的内容，所以就把 c 的内容（也就是数值"6"）显示出来。

如果我们还好奇变量"c"的类型（在本书后面的章节中会详细说明什么是数据和变量的类型）是什么，只要使用"type(c)"这个指令，解释器就会把"c"的类型（int 整数）显示出来，信息是"<type 'int'>"。

最后，我们做一个小小的实验，因为变量"c"是整数，所以我们编写了一行语句把这个整数和另外一个字符串""error""加在一起，打算把结果存放到变量"d"中。显然这两个是不一样的类型，不能直接做加法运算，因此解释器就显示了一大串的 TypeError 错误信息，如图 3-3 所示。

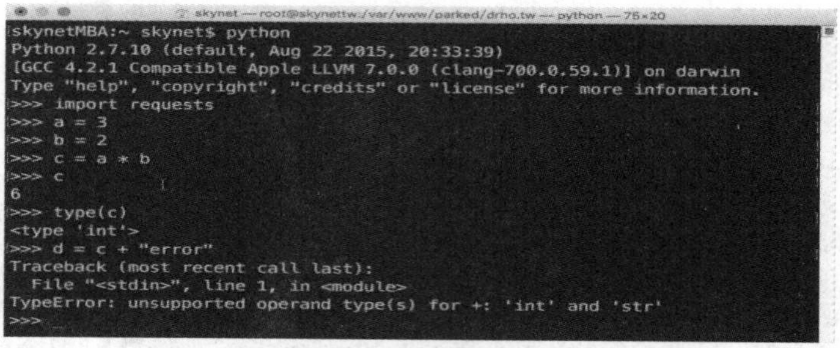

（图3-3：一些Python解释器环境的操作实例）

还记得一开始导入的requests吗？第2章所介绍的程序2-3，现在就可以拿来试试看。因为import requests已经输入就不用再输入一次，直接再输入：

```
www=request.get("http://mobile.sina.com.cn/")
```

然后再输入"print(www.text)"，按下【Return】键之后等一小段时间，就可以看到这个网页的原代码了。图3-4所示是指令运行结果的其中一部分内容。

（图3-4：程序2-3的运行结果）

因为还没有对下载的文章格式进行处理，所以看到的是网页中含有HTML格式的源代码。要删除这些不相关的内容在Python中也十分容易，在本书的第10章会有详细的教学。

虽然 Python 解释器十分容易上手，但是如果要编写稍微大一些的程序或是编写好的程序，就要能够编辑和修改，直接使用解释执行的环境并不好操作，因此这个解释器大部分都是用来测试自己的想法，以及通过使用 Python 一些好用的链接库进行交互式的系统管理。平时的程序设计还是要通过文本编辑器编辑输入好程序代码之后存成一个文件，再于终端程序的命令行中以"python 你的程序.py"的方式来执行。因为 Python 的源程序使用的是标准文本文件（会产生自己的格式的 Office Word 就不行），所以任何的文本编辑器（连 Windows 的记事本）都可以拿来用，只是因为编写程序时最怕的就是语法错误，有些好用的文本编辑器（以编写程序为主，所以又被称为程序编辑器或程序代码开发编辑器）会比记事本好用得多，这些我们会在第 3-3 节中详细介绍。

下一节，我们先来介绍没有内建 Python 的 Windows 操作系统如何安装 Python 解释器，以及如何在 Mac OS 操作系统中安装 Python 3，最后介绍相关的程序环境。

3-2　安装 Python 3.x 窗口环境

本节介绍的安装内容以 3.x 版本为主，但是如果读者想要安装 2.x 版本的 Python 其实也没有什么问题。目前几乎所有的 Linux 和 Mac OS，以及可以用来部署网站的远程虚拟主机也是以 2.x 的版本为主流，但是要使用 3.x 版本来部署也都没有问题。所以，要在自己的计算机中安装什么版本，读者根据自己的需求选用即可。但是，不建议在一台计算机中同时安装 2 个不同的 Python 版本，届时在安装外加程序模块的时候，很容易造成执行上的问题。

3-2-1　Windows 的 IDLE 窗口环境

Windows 由于没有内建 Python，因此必须从 Python 的官方网站 https://www.python.org 下载最新版的程序安装之后才能够使用。Python 的官方网站如图 3-5 所示。

（图 3-5：Python 官方网站的屏幕显示界面）

在官网中如箭头所示,单击"Downloads"菜单,就可以进入下载软件的页面。这个网站会根据当前的操作系统显示对应的应用程序。我们以 Windows 7 进入,看到的会是如图 3-6 所示的样子。

(图 3-6:Python 官网的下载页面)

正如本书在第 2 章中说明的,Python 官网当前有 2 种版本可以下载,如果没有特别的需求,就选择最新的 3.x 版本下载安装。安装时的第一个屏幕显示界面如图 3-7 所示。

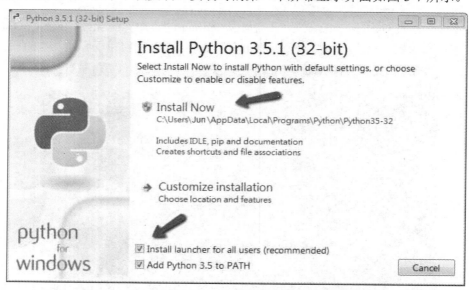

(图 3-7:Python 3.5.1 版的 Windows 安装时的屏幕显示界面)

在安装时别忘了把下面的两个选项选中,然后直接单击"Install Now"即可进行安装。图 3-8 是安装中的屏幕显示界面,而图 3-9 则是安装完成后的屏幕显示界面。

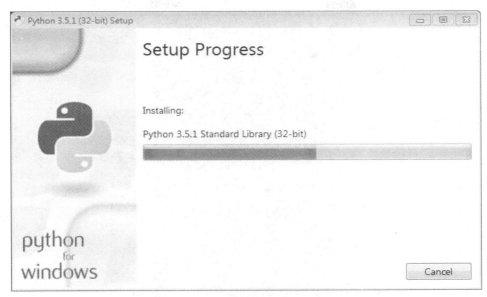

（图 3-8：Python 安装中的屏幕显示界面）

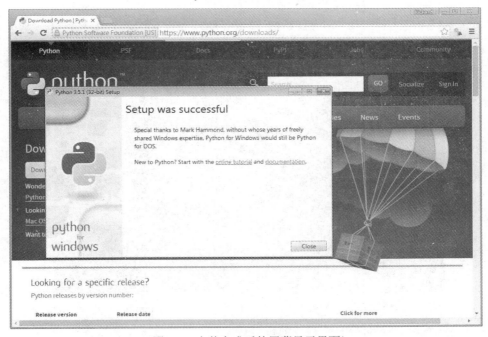

（图 3-9：安装完成后的屏幕显示界面）

在最新版本的 Python 中，不只安装了 Python 语言所需要的所有程序，同时也安装了新增模块用的 pip 以及集成的窗口开发环境 IDLE，如图 3-10 所示。

（图 3-10：Python 软件包安装之后的相关程序）

在顺利完成安装之后，可以重新启动计算机让所有的设置生效。接下来，在 Windows 的命令提示符下输入"python"，就可以和第 3-1 节中说明的一样，进入 Python 的解释型环境了，如图 3-11 所示。

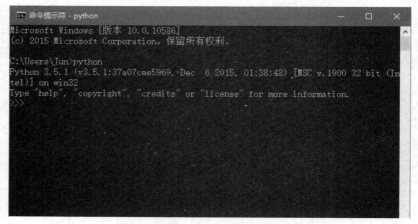

（图 3-11：在 Windows 的命令提示符下执行 python 解释器）

看起来和在 Mac OS 下的没有什么两样，不过，在这里的是最新的 3.5.1 版本。只要进入 Python 的解释执行环境就都是兼容的，因此在前一节中执行过的程序在这里一样可以执行。

除了在命令提示符中的交互式界面中执行程序之外，其实在 Windows 环境下使用 IDLE 集成窗口环境还是比较方便的。不过在进入 IDLE 之前，请先在命令提示符下用 "exit()" 离开 Python 解释器，回到命令提示符的时候，输入 "pip install requests" 这行指令，这行指令的详细用法在本书后续的内容中会说明，在此主要的目的是从网络上下载并安装一会要用的 requests 模块。安装的过程如图 3-12 所示。

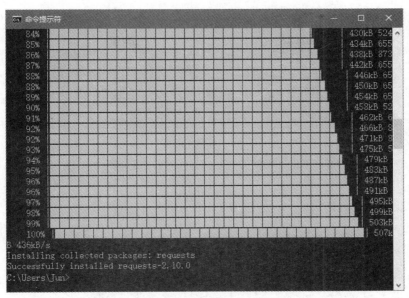

（图 3-12：pip install requests 安装过程的屏幕显示界面）

此时结束命令提示符，回到 Windows 桌面，在程序集中执行 IDLE，就可以看到如图 3-13 所示的简易窗口程序。

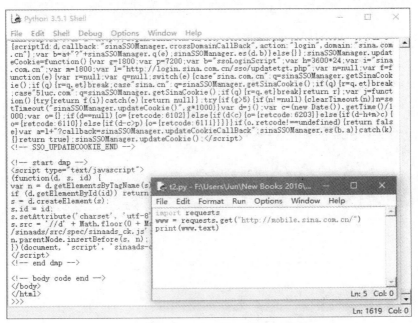

（图 3-13：IDLE 执行时的屏幕显示界面）

IDLE 的操作方式在后面会有比较详细的说明，在此只是先让读者了解使用 IDLE 时可以开一个窗口，它会启用一个简易的程序编辑器让我们在其中输入要被执行的 Python 程序代码，按下执行按钮之后，程序会在 Python 3.5.1 Shell 窗口中执行并输出结果。

3-2-2　Microsoft Python Tools for Visual Studio

有一些朋友习惯使用微软的产品 Visual Studio 来开发程序，微软公司也提供了免费的 Visual Studio Express 可供下载，如果读者的计算机速度够快且硬盘够大，倒是可以去下载安装，不过安装的时间不算短。图 3-14 是可以下载免费 Visual Studio 的网页（https://www.visualstudio.com）。

（图 3-14：Visual Studio 开发软件的下载页面）

在安装好 Visual Studio 之后，还需要到 https://microsoft.github.io/PTVS/ 网页去下载微软的 Python Tools for Visual Studio，下载网页如图 3-15 所示。

（图 3-15：Python Tools for Visual Studio 下载页面）

请根据你所使用的 Visual Studio 版本选择适当的 PTVS，找出正确的版本，下载并安装即可，如图 3-16 所示。

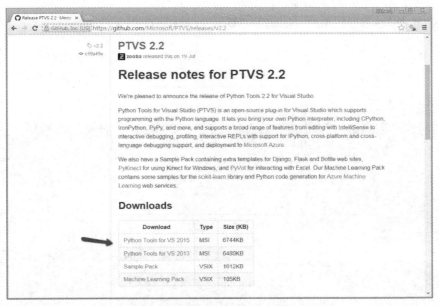

（图 3-16：选择正确的 Visual Studio 版本安装）

安装完毕之后别忘了重新启动计算机。如果一切都顺利，在执行 Visual Studio 的时候，选择"新建项目"，便可以在菜单中看到 Python 语言的菜单项了，如图 3-17 所示。

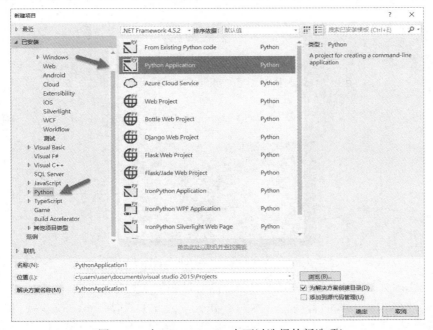

（图 3-17：在 Visual Studio 中可以选择的新选项）

如图 3-17 所示，Python 有许多范例可以选用，初学者只要选用"Python Application"就好。

3-2-3　Mac OS 的 IDLE 窗口环境

Mac OS 的用户如果要安装 3.x 版的 Python 和 IDLE，同样是到 Python 官网的下载页面中下载，网页都是一样的，只是可以下载的应用程序变成了 Mac OS 版本的，如图 3-18 所示。

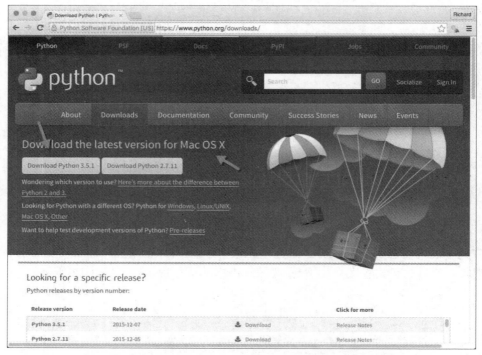

（图 3-18：Mac OS 用户浏览 Python 官网时会看到的下载页面）

在 Mac OS 中安装完毕之后，就可以在 Launchpad 中看到如图 3-19 所示的两个程序图标。

（图 3-19：在 Mac OS 的 Launchpad 中的 IDLE）

可以单击此图标执行 Mac 版本的 IDLE，也可以在终端程序中下达"idle"指令来执行。但是，由于此时在 Mac OS 中有两种版本的 Python，因此如果使用 python 以及 idle 指令，默认会执行 2.x 版本，而输入 python3 以及 idle3 才会执行到 3.x 版本的 Python，这点请特别留意。不管是 Windows 还是 Mac OS，进入 IDLE 之后的操作方式都是一样的。

Mac OS 在安装 IDLE 之后，有些会在执行时出现一行警告信息，如图 3-20 所示。

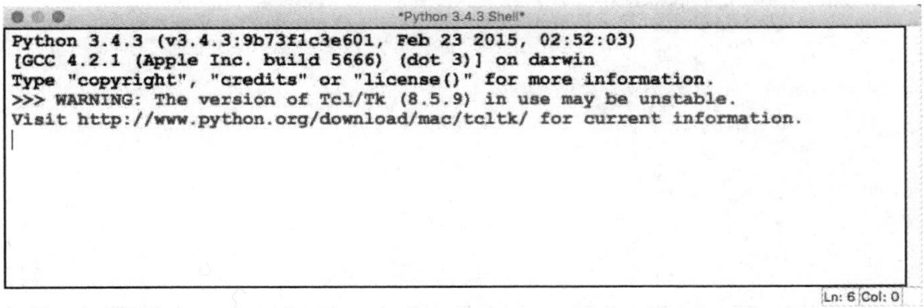

（图 3-20：执行 IDLE 时出现的 Tcl/Tk 链接库警告信息）

解决这个问题的方法很简单，只要到此信息指定的网页（网址为 http://www.activestate.com/activepython/downloads）去下载适当的程序安装即可，如图 3-21 所示。

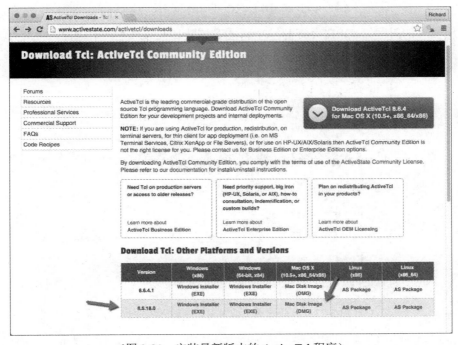

（图 3-21：安装最新版本的 ActiveTcl 程序）

回到 IDLE，初次执行时，和直接在命令提示符下使用 Python Shell 执行的环境一模一样，但是对初学者来说，最重要的是其编辑程序文件的功能。所以在图 3-22 所示的 IDLE 环境中，可以到"File"菜单中选择"New File"或是直接按下快捷键【Ctrl + N】来创建新的程序文件。

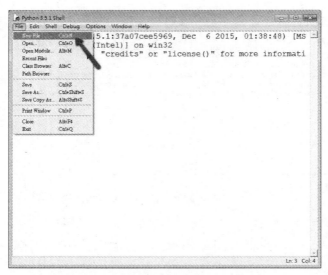

（图 3-22：在 IDLE 执行环境中创建新的文件）

创建新文件的时候，IDLE 会打开一个新的窗口让用户编辑程序，如图 3-23 所示。

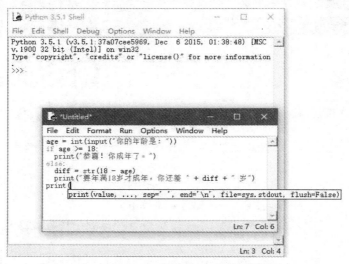

（图 3-23：在新的文字编辑窗口中输入程序代码）

如图 3-23 所示，在程序代码编辑窗口中，IDLE 也会适时地为我们提示一些程序或函数的注意事项。当完成程序要做执行测试的时候，请养成先存盘的好习惯。可以在"File"菜单中找到"Save"选项。存盘对话框是操作系统标准的"另存为"对话框，如图 3-24 所示。

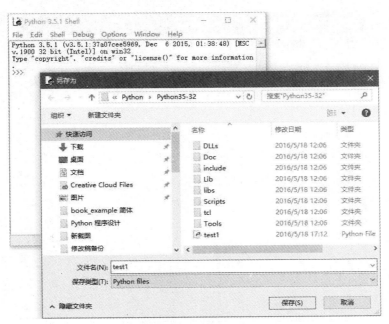

（图 3-24：存储程序代码文件）

在此例中，我们先把它存成 test1.py，然后再执行程序（也可使用快捷键【F5】，如图 3-25 所示。

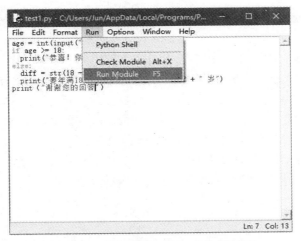

（图 3-25：选择 Run Module 来执行程序）

在执行之前如果还没有存盘，系统会再提醒我们一遍。执行之后，就可以在 Shell 窗口中看到程序的运行结果，如图 3-26 所示。

(图 3-26:程序的运行结果界面)

整体说来还算方便好用,但是还有更好的开发环境,我们将在下一节中说明。

3-3 简单且易上手的 iPython Notebook 以及 jupyter

本节要介绍的是目前在 Python 初学者中最多人使用的 iPython 以及 iPython Notebook。这是一个叫作 jupyter 的项目,主要的目的在于为 Python 的用户提供一个更好用的 Shell。在此 Shell 中除了有原本 Python 原生的功能之外,还外加了一些指令可以直接浏览以及查看操作系统的命令,并集成了操作系统的编辑程序(在 Windows 中默认为记事本),让用户不用离开 Shell 就可以通过操作系统的文本编辑器来编辑程序代码,并在结束编辑器之后立即在 Shell 中执行。此外,iPython Notebook 更是提供了一个简单的单机服务器,通过浏览器在本地计算机中即可创建程序执行模块,还可以重复使用之前设计的程序片段。

3-3-1 安装 jupyter

首先请到网址:http://jupyter.org/ 查看其相关的说明内容,网页显示界面如图 3-27 所示。

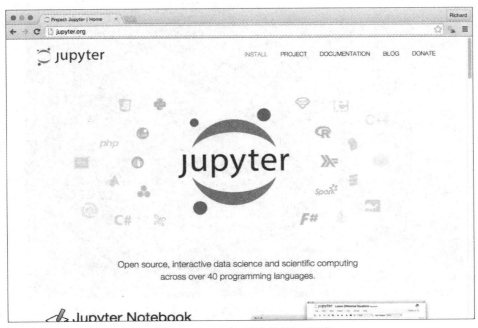

（图 3-27：jupyter 项目的网站界面）

在网站中对于 iPython（jupyter）Notebook 有详细的教学与说明，同时也有安装的指引。简单地看，iPython 是一个强化过的 Python 解释器界面，只要在终端程序中执行"ipython"指令（若是在 Mac OS 中，则要执行第 3 版的 Python，即输入"ipython3"指令），即可进入其集成操作系统指令的交互式环境，不过它不是 Python 默认的软件包，因此在使用之前还必须先安装才行。和一般的 Windows 或 Mac OS 的应用程序不同，支持 Python 的程序以及程序模块几乎都是通过 pip（在第 3 版的 Python 可以用 pip3）这个自动化安装指令来完成的。

安装的方式很简单，只要在命令提示符下输入以下指令即可：

```
pip install ipython
```

如果是 Mac OS，就要多加一个 sudo 的指令：

```
sudo pip install ipython
```

如果还想多加上 Notebook 的功能，需使用以下的指令来安装：

```
pip install jupyter
```

同样地，Mac OS 的用户也别忘了加上 sudo。pip 指令会自动地按照要安装的目标程序或程序模块到因特网上去搜索然后下载，所以在安装的过程中会看到一些下载进度以及安装的信息。如果我们要安装的程序包含了一些在目前的系统中缺乏的相关程序，pip 也会一并下载。图 3-28 即为安装时的屏幕显示界面。

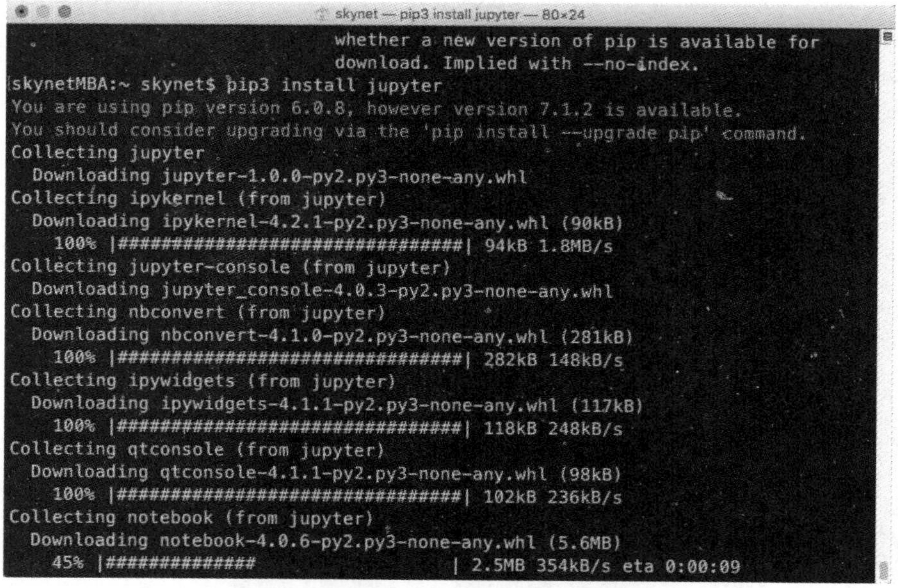

（图 3-28：通过 pip 安装 iPython 的过程）

3-3-2　在命令提示符中执行 iPython

iPython 安装完成之后，只要在命令提示符的地方输入"ipython"，就可以进入其加强式的交互式界面体验一下它的威力了。不只可以使用原有标准 Python 解释器中的所有功能，还新增了许多指令，包括清除界面的"clear"以及查看当前目录所有文件的"ls"指令。图 3-29 是 iPython 环境的屏幕显示界面。

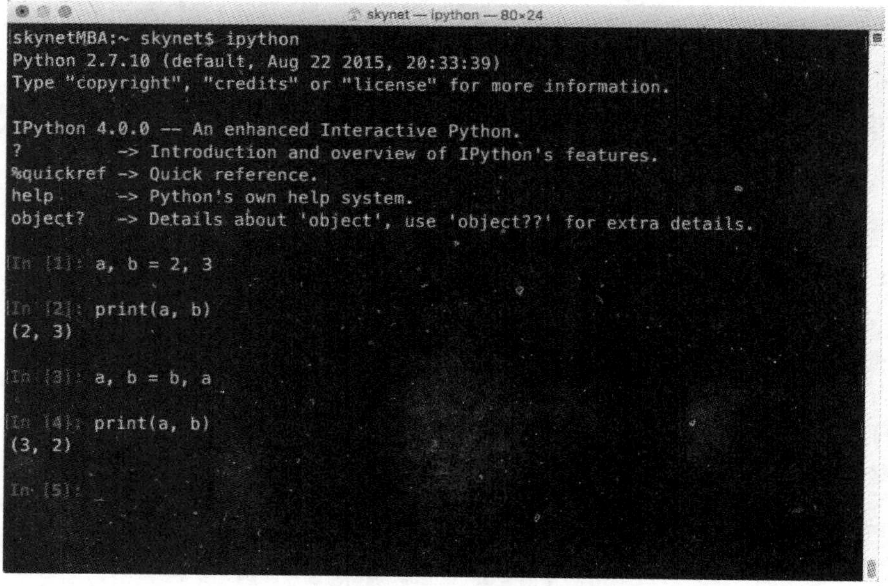

（图 3-29：iPython 的执行界面）

如图 3-29 所示,作者示范了进入 iPython 界面之后执行了一些指令的情况。在这个例子中,我们分别把变量 a 和变量 b 设置为 2 和 3,使用 print 函数打印出来之后,再使用指令"a, b = b, a"来交换两个变量的内容,再把交换过的内容显示出来。在此把这个小程序整理出来,如程序 3-1 所示。

程序 3-1

题目:
　　编写一个程序分别设置变量 a, b,显示出设置的值,交换其内容之后再显示一次两个变量的内容。
程序:

```
a, b = 2, 3
print(a, b)
a, b = b, a
print(a, b)
```

在图 3-29 中我们是以交互式界面完成此程序,如果程序的内容需要修改,就需要再重新输入一遍,这样并不方便。所幸的是,在 iPython 中只要执行"edit"指令,就会打开默认的文本编辑器(在 Windows 环境下是"记事本",而在 Mac OS 环境中则是 vi),可以在程序编辑完成之后存盘,回到 iPython 环境中立即执行。执行过程如图 3-30 所示。

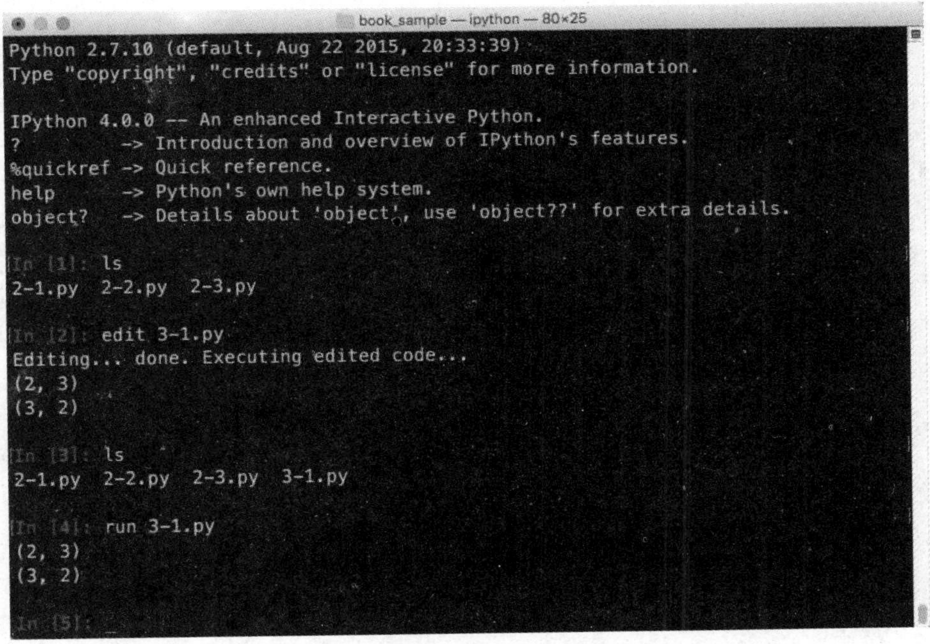

(图 3-30:在 iPython 中启用默认的程序编辑器再回到 Shell)

如图 3-30 所示,先以"ls"指令查看当前目录下的所有文件,然后以"edit 3-1.py"新增一个程序文件,在编辑器中输入"程序 3-1"的内容之后存盘退出,回到 iPython 界面时即刻会执行刚刚的程序 3-1,再用"ls"查看文件之后就可以看到 3-1.py 已被存入磁盘的目录中了,日后要再执行该程序，直接下达"run 3-1.py"命令即可，如果要对这个程序进行编辑修改，也只要再执行"edit 3-1.py"，就会启动编辑程序让我们编辑 3-1.py 这个程序。

3-3-3　执行浏览器版本的 iPython Notebook

以上是使用比较轻量化的 iPython 来设计程序的流程。如果要编写的程序比较长，那么 vi 或是"记事本"就不太够用了，除了下一节会介绍的功能型程序编辑器之外，其实 jupyter 还内建了一个以浏览器环境为编辑界面的 iPython Notebook，是初学者最常运用的编写 Python 程序的环境，在命令行下执行"ipython Notebook"即可进入，如图 3-31 所示。

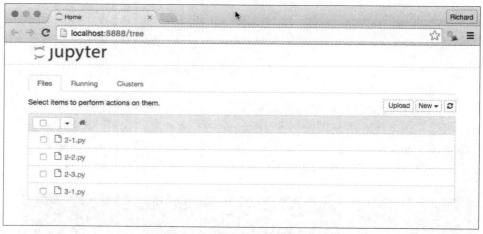

（图 3-31：iPython Notebook 的编辑环境）

Notebook 是早期的 iPython 的功能之一，这部分的功能后来被移到 jupyter 计划中，所以在浏览器的上方看到的标题就是这个项目的名字。请留意被开启的浏览器网址栏为 localhost:8888/tree，此为本地服务器的端口号，代表安装了 jupyter 之后，它在本地计算机中安装了一个简易的网页服务器用来提供 Python 程序设计的界面，而第一页出现的屏幕显示界面即为当前所在目录下的所有文件列表，方便我们进行程序文件的管理。只要使用鼠标单击任一程序文件，jupyter 就会打开一个新的分页让我们编辑此程序文件，如图 3-32 所示。

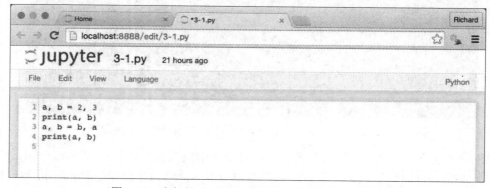

（图 3-32：在新的分页中打开 3-1.py 编辑 Python 程序）

不过 iPython Notebook 有其自己的单元格式，所以我们以另外一个例子来示范如何使用。请回到如图 3-31 所示的主页界面，单击右上角的"New"按钮，并选择"Python2"选项（或 Python3），如图 3-33 所示。

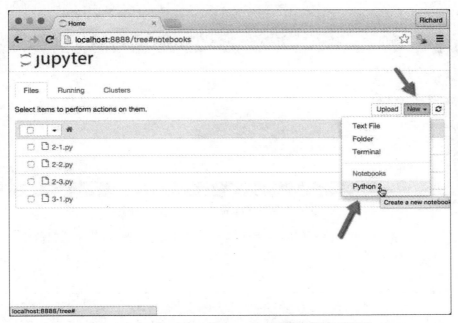

（图 3-33：开启 jupyter 的 Notebook 时的屏幕显示界面）

jupyter 会开启一个新的 Notebook 界面，如图 3-34 所示。

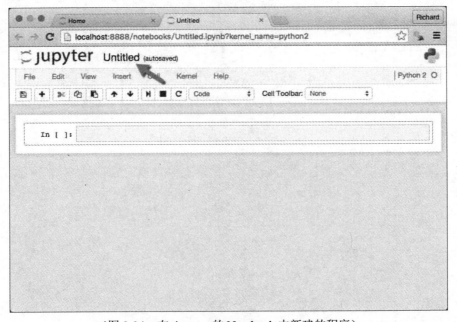

（图 3-34：在 jupyter 的 Notebook 中新建的程序）

在图 3-34 箭头所指的地方可以为此 Notebook 重新命名，单击默认的 Untitled 文件名之后，会出现一个询问新名称的对话框，如图 3-35 所示。

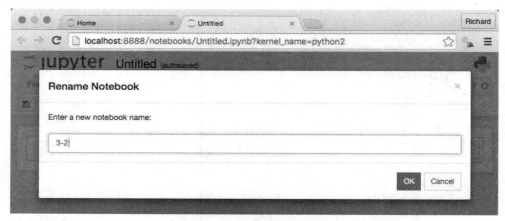

（图 3-35：为新的 Notebook 取一个新的名字）

在此请更名为 3-2。然后输入程序 3-2 的内容在此 Notebook 的程序编辑区中，如图 3-36 所示。

程序 3-2

```
题目：
请创建两个 list，分别是[0,1,2,3,4]以及[10,11,12,13,14]，然后将这两个 list 相加之后，再分别列出
所有的 list。
程序：
a = range(5)
b = range(10,15)
c = a + b
print("List a", a)
print("List b", b)
print("List a + List b", c)
```

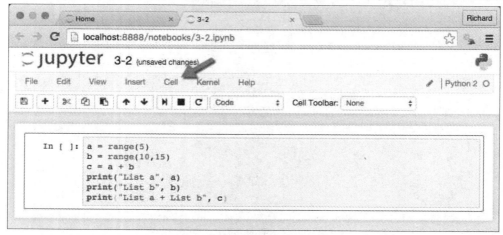

（图 3-36：在程序编辑区输入程序 3-2）

程序编写完成之后，可以单击"Cell"菜单，如图 3-36 箭头所指之处，之后选择"Run"执行此程序，如图 3-37 所示。

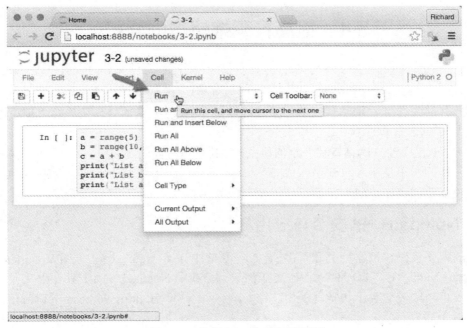

（图 3-37：选择 Run 选项执行程序）

选择"Run"选项之后，Notebook 会把程序的运行结果直接列示在同一个浏览页面的下方，如图 3-38 所示。

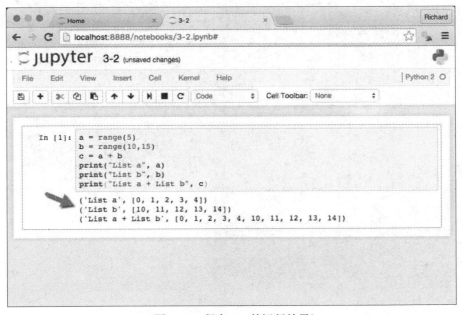

（图 3-38：程序 3-2 的运行结果）

jupyter Notebook 还有其他许多的功能（如绘图等），等到本书后续的章节中范例应用到时再加以详细说明。

3-4　程序代码编辑器的介绍

Python 的源代码是标准文本文件，若想要在程序中加入额外的支持链接库，则可以使用 pip 指令，在程序中只要使用 import 指令即可添加链接库（模块），而不需要复杂的链接（linking）程序，因此任何的标准文本文件编辑程序（就算是 Windows 默认的超简单的"记事本"）都可以拿来编辑 Python 程序代码。

不过，由于程序设计语言有其一定的格式，尤其是程序代码的缩排、关键词的高亮度提醒，以及各种各样的大小括号和单双引号成对的问题，因此当要编写的程序长一点的时候，还是建议使用比较专业的程序代码编辑器比较方便。

3-4-1　Notepad++的安装与应用

专业的程序代码编辑器种类非常多，有 UltraEdit、PSPad、Notepad++、TextWrangler、Sublime Text、Aptana Studio 等，每一种都各自有其优缺点，其中 Notepad++由于具有中文界面，而且程序文件较小，比较适合于初学者使用。Notepad++的网址为 https://notepad-plus-plus.org，网站首页如图 3-39 所示。

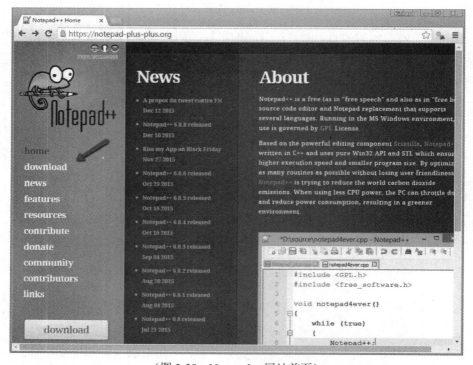

（图 3-39：Notepad++网站首页）

在主页面中选择"download"菜单,会出现如图 3-40 所示的屏幕显示界面。

(图 3-40:Notepad++的下载页面)

在图 3-40 所示的下载页面中,单击"DOWNLOAD"按钮下载即可安装。安装完成之后,运行 Notepad++,屏幕显示界面如图 3-41 所示。屏幕显示界面和记事本很像,但是多了许多的菜单。其中在"自定义"菜单中可以设置程序的显示外观,如字体与颜色等,读者可根据自己的喜好进行设置。而在开始编写程序代码之前,要先到"语言"的菜单中找到"Python"这个选项,如图 3-41 所示。

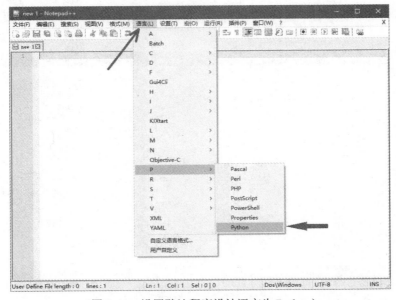

(图 3-41:设置默认程序设计语言为 Python)

设置好程序设计语言的种类，开始编写程序，编辑完成之后别忘了存盘，存盘的功能都在"文件"菜单中，如图 3-42 所示。

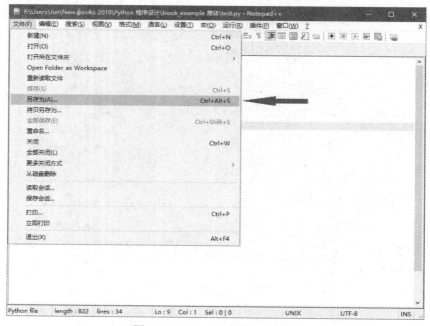

（图 3-42：Notepad++的文件菜单）

存盘的时候，默认是在 Notepad++的安装目录中，但是笔者建议集中管理好程序代码，例如把它们都存放在某一磁盘目录下（例如 E:\mypython），日后要执行程序时，就来此目录查找。如图 3-43 所示，我们编写了一个简单的程序，然后把它以 test.py 为名存放在 e:\mypython 之下，接着到"运行"菜单中选择"运行"选项，此选项也可以通过直接按【F5】功能键来代替。

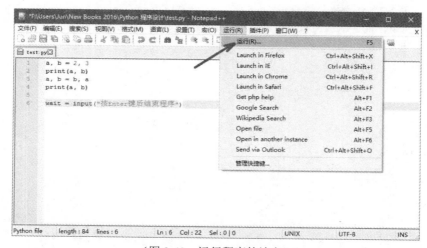

（图 3-43：运行程序的地方）

按【F5】键之后,可以看到一个运行的对话框,如图 3-44 所示。

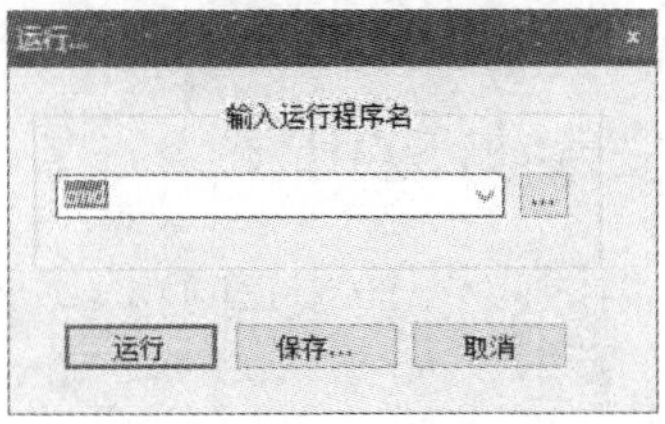

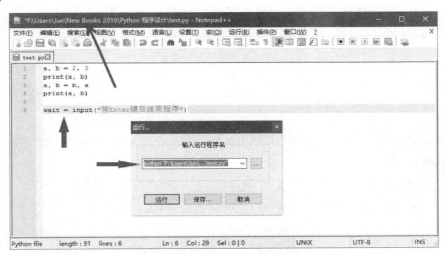

(图 3-44:Notepad++的执行程序对话框)

在这里有两种选择,一种是如图 3-44 一样,填入"cmd"指令,则 Notepad++马上会帮我们启动 Windows 操作系统下的"命令提示符",让我们直接在命令提示的状态下,以 DOS 指令的方式来运行程序,运行程序的方法就像在前面章节中所介绍的,在提示字符下输入"python test.py"指令。

但是,还有更方便的方法,就是不要进入命令提示符,直接把指令输入此对话框中,如图 3-45 所示。

(图 3-45:在运行程序对话框中直接运行 Python 程序)

使用此方法别忘了要指定完整的路径名称,以及在程序的最后一行输入:

```
wait = input("按 Enter 键后结束程序")
```

这一行等待用户输入的语句,可以避免程序一结束之后马上被关闭运行界面以至于看不到运行的结果。上述的小程序运行的结果如图 3-46 所示。

(图 3-46:程序运行的结果)

正如你所看到的，图 3-46 这个屏幕显示界面要等用户按【Enter】键之后才会关闭，并回到 Notepad++的编辑界面。

3-4-2　TextWrangler 的安装与应用

Notepad++功能不是最强大，但因为程序小且执行快，所以非常适合初学者使用。不过，Notepad++目前并没有 Mac OS 版本，如果读者是 Mac OS 的用户，那么建议你安装 TextWrangler。此程序可以在 AppStore 中免费获取，如图 3-47 所示。

（图 3-47：在 AppStore 中免费获取 TextWrangler）

执行 TextWrangler 之后，可以先到 "View/Text Display/Show Fonts" 选项中调整字体的大小，如图 3-48 所示。

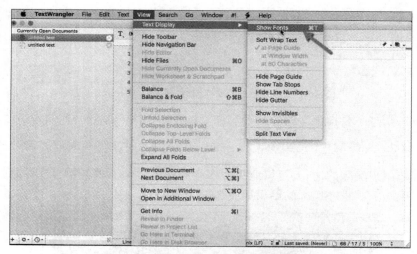

（图 3-48：在 TextWrangler 中变更字体大小）

接下来就如一般的编辑器一样，可以开始编辑程序代码。和之前介绍的 Notepad++不一样的地方在于，在这个程序的第一行可以通过加入 "#! /usr/bin/python" 或 "#! /usr/bin/python3"

（其中/usr/bin/python 指的是 python 这个程序在操作系统中的运行路径）来让编辑器知道要运行哪一个版本的 Python，而且在这些程序代码还没有存盘之前就可以运行，如图 3-49 所示。

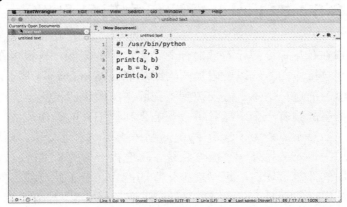

（图 3-49：在 TextWrangler 中编辑程序代码）

而要执行此程序代码，单击"#!"选项即可，如图 3-50 所示。

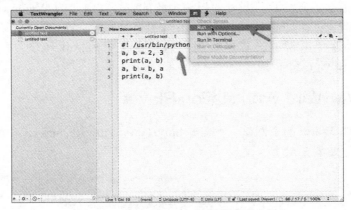

（图 3-50：TextWrangler 运行程序的方法）

而运行结果则是用另外的一个窗口来显示，如图 3-51 所示。

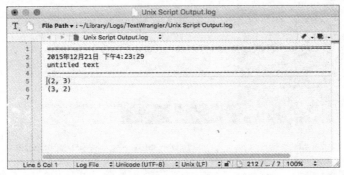

（图 3-51："图 3-50"程序的运行结果在另外一个窗口显示出来）

除了本节所介绍的通用型程序代码编辑器之外，还有许多 Python 专用的 IDE 集成开发环境，不过对于初学者来说，一开始先用简单的程序就够用了。

3-5 在 Linux 虚拟机中运行 Python

Windows 的用户在使用命令提示符的时候总是有诸多的限制，有很多在 Mac OS 和 Linux 上简便的安装程序或链接库的方法以及附加的网络功能在 Windows 下都不能直接使用。此外，有时候为了避免在学习的过程中不小心安装到不同版本的模块或设置上的错误，造成原有的操作系统发生问题，希望能够有一个干净且不会影响到其他工作的操作环境。

对于初学者来说当然不可能为了学习 Python 另外再买一台计算机，所以最方便的方法，就是在自己的计算机中再安装另外一个操作系统。现在由于计算机 CPU 技术的进步，大部分的读者目前正在使用的计算机均有所谓"虚拟化"的能力，有了此种能力的 CPU，就可以在自己当前的操作系统中（不管是 Linux、Windows 还是 Mac OS）另外安装一个以上的全新操作系统（Linux、Windows 以及 Mac OS 都可以），不用重新启动，几个不同的操作系统可以同时运行，只要你的机器性能够好即可。

因此，有些读者会在初学程序设计时以虚拟化的方式在自己的 Windows 操作系统下安装 Linux 操作系统（其中安装 Ubuntu 14 Workstation 最多），然后在该操作系统中设置运行环境以及编写程序，以避免所做的设置影响到当前正在使用的操作环境。接下来笔者就说明 Windows + Ubuntu 14 的安装步骤。

3-5-1 安装 VMWare Workstation Player

首先，请到 VMWare 的主网站（网址：http://www.vmware.com/cn）免费下载 VMWare Workstation Player，如图 3-52 所示。

（图 3-52：VMWare 主网页下载免费的虚拟化程序 Workstation Player）

进入下载页面之后，请选用箭头所指的"Download"按钮下载适用于 Windows 64 位操作系统的 Workstation 最新版本，如图 3-53 所示。

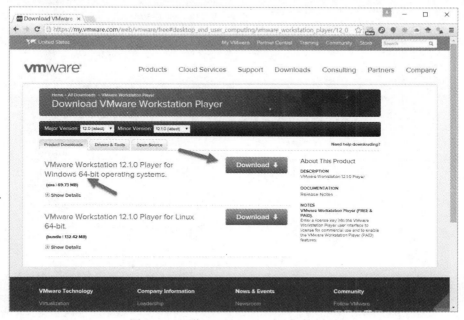

（图 3-53：下载 Workstation Player 的页面）

安装完成 Workstation Player 并运行之后，会先看到如图 3-54 所示的提示界面。

（图 3-54：VMWare Workstation Player 非商用免费声明）

此屏幕显示界面旨在提醒用户，此套软件只有在非商业用途时才是免费的。可以在输入自己的电子邮件之后继续运行此程序。程序主界面如图 3-55 所示。

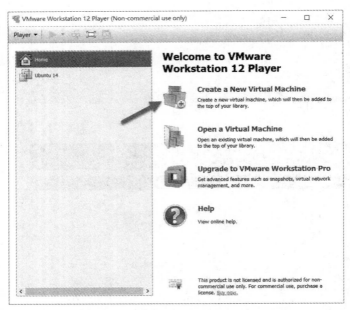

（图 3-55：VMWare Workstation 12 Player 主界面）

3-5-2　创建 Ubuntu 14 Workstation 虚拟机

在主界面中，请选择箭头所指的"Create a New Virtual Machine"来创建一台新的虚拟机，但是，在此之前请先准备好 Ubuntu 14 Workstation 操作系统的光盘映像文件。Ubuntu 操作系统的简体中文官方网站的网址为 http://www.ubuntu-china.cn/，如图 3-56 所示。

（图 3-56：Ubuntu 操作系统的简体中文官网主页）

单击"下载"菜单，在打开的下载页面中有许多版本可以下载，如图 3-57 所示。

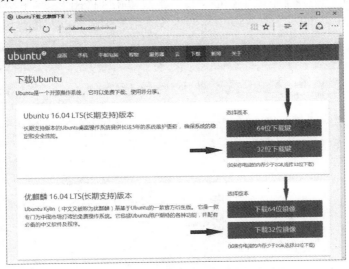

（图 3-57：Ubuntu 操作系统的下载页面）

请选择 Ubuntu 优麒麟 16.04 LTS 版本以及 64 位架构，再单击"下载 64 位镜像"按钮即可。下载的文件（*.iso）很大，大约为 1GB，而这个文件就是在 VMWare Workstation 中安装要使用的光盘映像文件，不需要烧制成光盘，只要有文件即可直接使用。在 VMWare Workstation Player 的主界面中选择"Create a New Virtual Machine"即会出现如图 3-58 所示的屏幕显示界面。

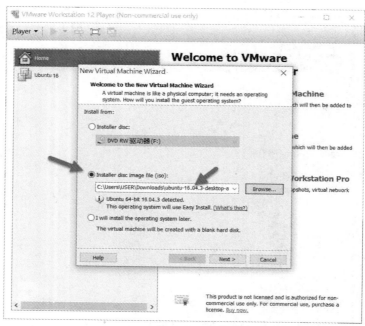

（图 3-58：选择刚刚下载的 Ubuntu 操作系统的 iso 文件安装）

如图 3-58 所示，选择了刚刚下载的文件，然后单击"Next"按钮即可开始设置新的虚拟机来安装 Ubuntu 16.04 版。在图 3-59 中需要先设置用户的全名以及将要使用的账号和密码。

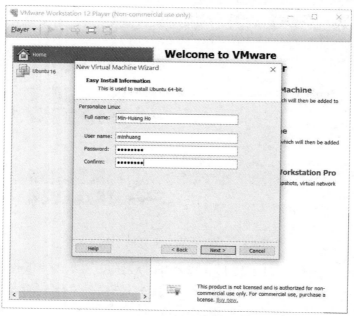

（图 3-59：设置新安装的操作系统要使用的账户信息）

下一步是设置新的虚拟机要使用的名字，以及要安装的磁盘位置，如图 3-60 所示。

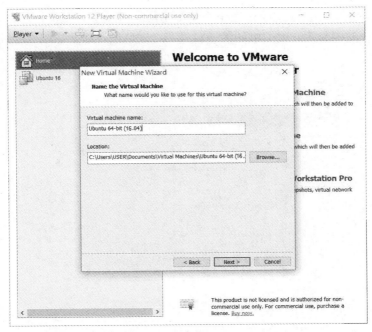

(图 3-60:设置虚拟机的名称以及安装的磁盘位置)

接下来要设置虚拟机的大小,在此例只要 10GB 就够用了。另外,为了增加虚拟机的性能,我们选择把虚拟磁盘设置为一个文件,如图 3-61 所示。

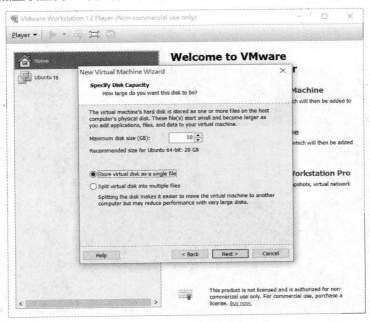

(图 3-61:设置虚拟机使用磁盘的大小)

在单击"Next"按钮之后,VMWare 会有一个设置的摘要界面,如图 3-62 所示。除了用于了解当前的设置值之外，当然也可以用来调整虚拟机的相关设置值，如分配的 CPU 数量以及内存数量等，分配的越多，虚拟机的性能就越高，但是相对地会影响到主操作系统的运行性能。

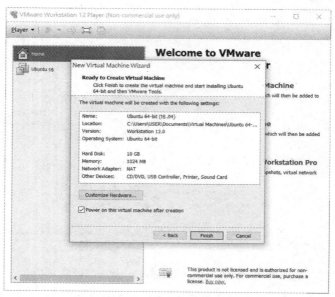

（图 3-62：新建虚拟机的设置值摘要）

一般来说，使用默认值就可以了。此时单击"Finish"按钮即可开始安装操作系统，如图 3-63 所示。

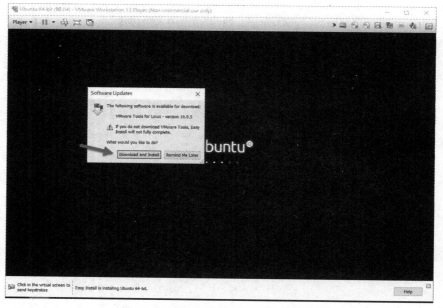

（图 3-63：开始安装 Ubuntu 操作系统）

在图 3-63 中，还有一个窗口提示我们要不要顺便安装 VMWare Tools for Linux，此程序可以增进 Ubuntu 操作系统在虚拟机中的运行性能，所以请选择"Download and Install"，这样两个安装操作便会一起完成。图 3-64 即为操作系统和 Tools 软件包同时安装的进度显示界面。

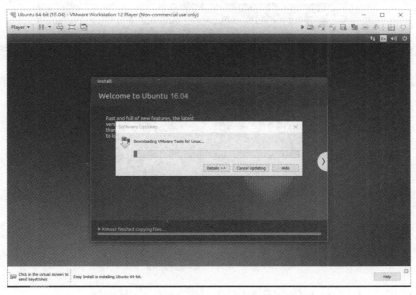

（图 3-64：Ubuntu 16.04 以及 VMWare Tools 的安装过程界面）

过一段时间（一般会超过 20 分钟）之后，待系统安装完成即会进入虚拟机的重新启动界面，如图 3-65 所示。

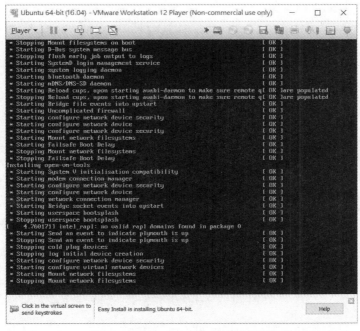

（图 3-65：Ubuntu 16.04 的开机界面）

图 3-66 则是开机完成之后的登录界面。

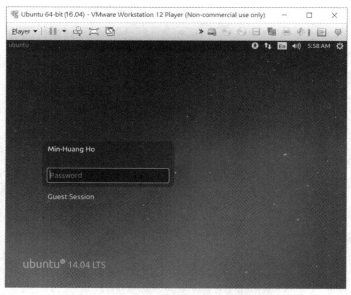

（图 3-66：Ubuntu 操作系统桌面版的登录界面）

3-5-3　在 Ubuntu 16 Workstation 中运行 Python

使用之前设置的密码登录即可进入 Ubuntu 16.04 版本的桌面，请选择最左上角的图标，单击之后即可输入搜索程序的字符串，在此请输入"term"，如图 3-67 所示。

（图 3-67：应用程序的搜索界面）

单击图 3-67 中箭头所指之处的"Terminal"终端程序，打开的界面如图 3-68 所示。

第 3 章　Python 程序设计环境的安装与设置

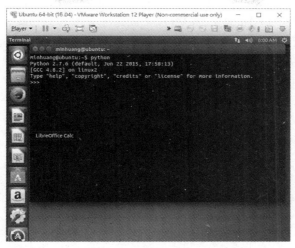

（图 3-68：在 Ubuntu 的终端程序中执行 python 指令）

只要出现终端程序就可以使用 Python 程序了。如图 3-68 所示，输入"python"指令，马上就会进入 Python 2.7 的交互式程序界面，足见 Python 也是 Ubuntu 操作系统的内建组件，如果要执行 Python 3 的版本也没有问题，只要输入"python3"即可。

如图 3-69 所示，也可以在终端程序中输入"sudo apt-get –y install python-pip"，为新创建的系统安装 Python 3 的 pip 链接库管理工具，然后就可以使用"sudo pip3 install ipython3"以及"sudo pip install jupyter"把前文所提及的 iPython 以及 iPython Notebook 都安装到 Ubuntu 操作系统中了。安装 jupyter 的步骤如下：

```
sudo apt-get -y update
sudo apt-get -y install python3-pip
sudo apt-get -y install ipython3
sudo apt-get -y install build-essential python3-dev
sudo pip3 install jupyter
```

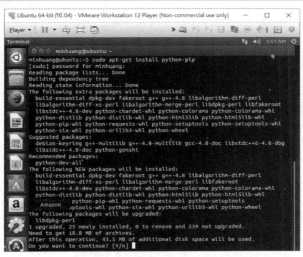

（图 3-69：使用 apt-get 指令安装 pip 程序包）

在此节中安装的 Ubuntu 16.04 LTS Workstation 是全功能的 Linux 操作系统，详细的操作方法已超过本书的范围，有兴趣的读者请自行参阅 Linux 系统管理相关书籍。

3-6 习 题

1. 在计算机中建立 Python 2 或 Python 3 的运行环境。
2. 在计算机中安装 iPython Notebook。
3. 安装一个适合用来编辑 Python 程序的程序代码编辑器。
4. 比较 IDLE 和所安装的程序代码编辑器的优缺点。
5. 练习安装虚拟机并建立 Python 的运行环境。

第 4 章

Python 软件包管理与在线资源

软件包管理是现代程序设计语言最重要的特性之一,Python 也不例外。通过 pip 的软件包管理程序,在 Python 的程序中可以轻易地加入许许多多由热心的网上社区贡献的模块,使得许多复杂功能的程序只要短短几行代码就可以顺利运行,让程序设计人员可以更专心用 Python 来解决自己的问题。本章就带大家学会如何运用 pip 并找到适合自己使用的模块或软件包。

4-1　Python 软件包管理工具
4-2　Python 虚拟环境的设置
4-3　高级软件包安装实践
4-4　Python 的在线资源与支持
4-5　习　题

4-1 Python 软件包管理工具

早期设计程序和开发软件的时候，如果需要利用现有的（别人开发好的）链接库（模块）就需要先获取安装程序并正确地安装在自己的计算机中，在创建新程序的时候还要能够正确链接到才行。现在不同了，几乎所有先进的程序设计语言都具备自动联网的软件包管理工具，也就是说，平时别人开发好的软件包是放在网络上的某个固定的软件仓库（Repository）中，需要的时候再通过指令把它们下载到自己的计算机中即可自动完成安装，之后在自己编写的程序中就可以简单地导入使用。

Python 的自动化安装软件包管理程序主要有两种，分别是 easy_install 以及 pip。读者可以在命令提示符（或是终端程序中）执行 "easy_install –version" 以及 "pip –version" 来检查在当前的操作系统中是否已经安装了。这两种软件包管理工具的安装以及使用方法分别在 4-1-1 节以及 4-1-2 节中介绍。

4-1-1 easy_install 的安装与使用

如果在你的计算机中找不到 easy_install 程序，只要前往网址 https://pypi.python.org/pypi/setuptools 下载一个名为 ez_setup.py 的程序（在网页的链接处单击鼠标右键下载，用 "另存为" 的方式），然后通过 Python 解释器执行（python ez_setup.py），即可完成安装。以下的指令，如果是在 Mac OS 操作系统下操作，请别忘了在 easy_install 之前加上 sudo 指令，以管理员的权限来操作。

easy_install 的使用方法很简单，语法如下：

```
easy_install [软件包名称]
```

默认的情况下会安装这个软件包的最新版本，但如果打算指定软件包版本的话，也可以把软件包的版本编号设置在软件包名称的后面，同时不要忘了加上引号：

```
easy_install '[软件包名称]==[版本号码]'
```

如果不指定特定的版号，而是要求在某一个版本号码以后或是以前的版本，也可以用关系符号来表示：

```
easy_install '[软件包名称]<=[版本号码]'
```

有安装的指令，当然也会有删除的指令。在 easy_install 中要删除软件包的方法如下：

```
easy_install -m 软件包名称
```

如果想要列出当前系统中已安装的软件包，就需要先安装 yolk 工具程序，然后通过 yolk 来查询：

```
easy_install yolk
yolk -l
```

yolk 还有许多功能，只要输入 yolk 不加任何参数就会显示出 yolk 的用法，就不在此多加介绍了。

4-1-2　pip 安装与使用

和 easy_install 相比，大部分的 Python 开发人员都比较常用 pip 来安装 Python 的软件包。如果计算机中当前没有 pip 这个软件包管理程序，可以先安装 easy_install，然后再以如下的指令来安装 pip：

```
easy_install install pip
```

pip 的用法和 easy_install 类似，安装软件包的方法如下：

```
pip install [软件包名称]
```

在安装软件包时可以同时指定版本：

```
pip install '[软件包名称]==[版号]'
```

当然也可以使用关系运算符号来指定较新或是较旧的版本：

```
pip install '[软件包名称]>=[版号]'
```

要删除指定的软件包，则是使用 uninstall：

```
pip uninstall '[软件包名称]'
```

若要查看当前系统中已安装的软件包以及版本，则可使用 list 指令：

```
pip list
```

另外也可以使用：

```
pip freeze
```

这个指令经常被用来导出当前环境中使用的外加模块的内容以及版本，以便于在其他环境中要使用我们设计的程序时了解究竟在此程序中使用了哪些版本的模块。大部分的情况下，我们会使用以下指令把它放在 requirements.txt 中：

```
pip freeze > requirements.txt
```

之后，在其他计算机中要一口气安装所有在 requirements.txt 中的软件包时，只要使用以下的指令即可：

```
pip install -r requirements.txt
```

有时候想要升级某些已安装的软件包，可以使用 install，再加上 -U 参数：

```
pip install -U '[软件包名称]'
```

pip 还可以查询某一软件包的相关信息，使用 search 即可：

```
pip search [软件包名称或关键词]
```

其他的高级功能，也可以使用 help 来查询：

```
pip help
```

4-2　Python 虚拟环境的设置

Python 分为第 2 版以及第 3 版的，有些程序项目需要使用到第 2 版，而有些则需要使用到第 3 版。此外，不同的程序开发项目有可能需要不同版本的软件包，如果把这些全部放在一起显然会造成一些程序开发上的混淆，因此就有了所谓的"虚拟环境（Virtual Environment）"的机制。意思是说，可以通过一些设置上的改变，让同一个操作系统中可以随时转换不同的 Python 开发环境，而在虚拟环境中不需要管理员权限即可安装软件包，便于学习或是开发不同需求的项目。

Python 的虚拟环境主要是放在一个文件夹中，通过特定的程序来管理该文件夹的软件包以及使用的 Python 解释器版本。因此，在开发程序之前，要先创建一个专用的文件夹，启用虚拟环境管理程序设置并声明此文件夹为虚拟环境,日后在此文件夹中做的任何软件包安装都只有在此文件夹中有效，而不会影响到原本操作系统中的其他软件包版本。

Python 中当前最常被使用的虚拟环境为 virtualenv，以下分别介绍如何在 Mac OS 以及 Windows 操作系统下安装以及使用虚拟环境。

4-2-1　在 Mac OS 中安装 Virtualenv

安装的方法很简单，只要使用以下指令：

```
sudo pip install virtualenv
```

过一小段时间就可以完成 virtualenv 虚拟环境管理程序的安装。安装完成之后，可以通过 "virtualenv –version"来查看 virtualenv 的版本。

要使用虚拟环境只要使用以下指令即可：

```
virtualenv [要创建的文件夹名称]
```

此指令会顺道创建该文件夹，并在此文件夹之中加上必要的程序和数据文件。创建好的文件夹里会有一些虚拟环境所需要的程序，其中最重要的就是在 bin/文件夹下的 activate，这是启用虚拟环境的主程序。此外，如果系统中有两个以上的 Python 版本，在创建虚拟环境文件夹的同时，也可以指定要使用哪一个版本的 Python。例如笔者的 Mac OS 计算机中有两个 python，默认是第 2 版，而第 3 版的 Python 则是放在/usr/local/bin/python3 中，那么如果要创建的虚拟环境是要使用 Python 第 3 版，就需要使用以下指令：

```
virtualenv -p /usr/local/bin/python3 [要创建的文件夹名称]
```

文件夹创建之后，切换到该文件夹中，然后执行以下指令即可进入一个独立的 Python 虚拟环境：

```
source bin/activate
```

图 4-1 即为操作的过程记录。

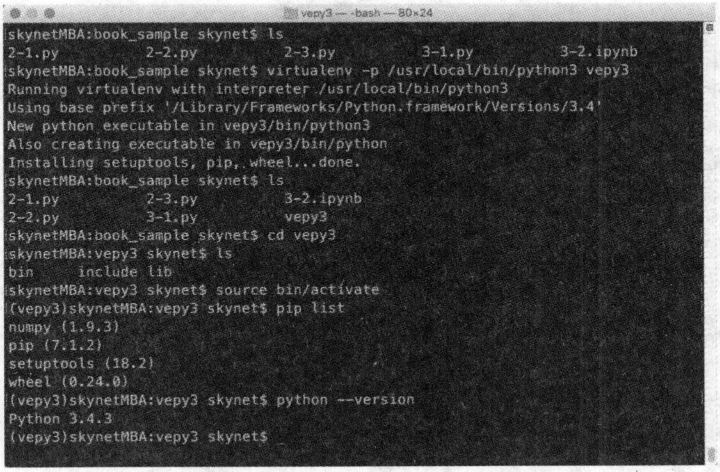

（图 4-1：Python virtualenv 的操作过程）

在图 4-1 中，我们通过 virtualenv 指令创建了一个叫作 vepy3 的文件夹，切换到该文件夹之后再以 source bin/activate 启用虚拟环境。进入虚拟环境之后在命令提示符前面均会有"(vepy3)"字样，提醒用户当前是在哪一个目录下的虚拟环境。

由于在创建这个虚拟环境的时候使用的是 Python 第 3 版，因此在此环境下执行"python –version"得到的自然是第 3 版的版本号。此外，由于是一个全新的干净环境，因此使用"pip list"指令列出所有当前可以用的 Python 软件包时，只看到了 4 个软件包。意思是说，在此开发环境中若需要其他的软件包则要另行安装，而在此环境下安装的软件包也只有在此环境下才可以使用。若要离开此虚拟环境，只要下达"deactivate"指令就可以了。

4-2-2　在 Windows 中安装 Virtualenv

Windows 中要安装 virtualenv，一样可以使用 pip 软件包管理程序。首先进入 Windows 的命令提示符，然后输入以下指令：

```
pip install virtualenv
```

接下来即可通过 virtualenv 来创建虚拟环境用的目录：

```
virtualenv [要创建的文件夹名称]
```

同样，要让此虚拟环境目录可以使用，需要切换到该目录中，然后在"Scripts"目录之下会有一个 activate.bat 的批处理执行文件，执行这个文件就可以进入虚拟环境了：

```
Scripts\activate
```

整个过程如图 4-2 所示。

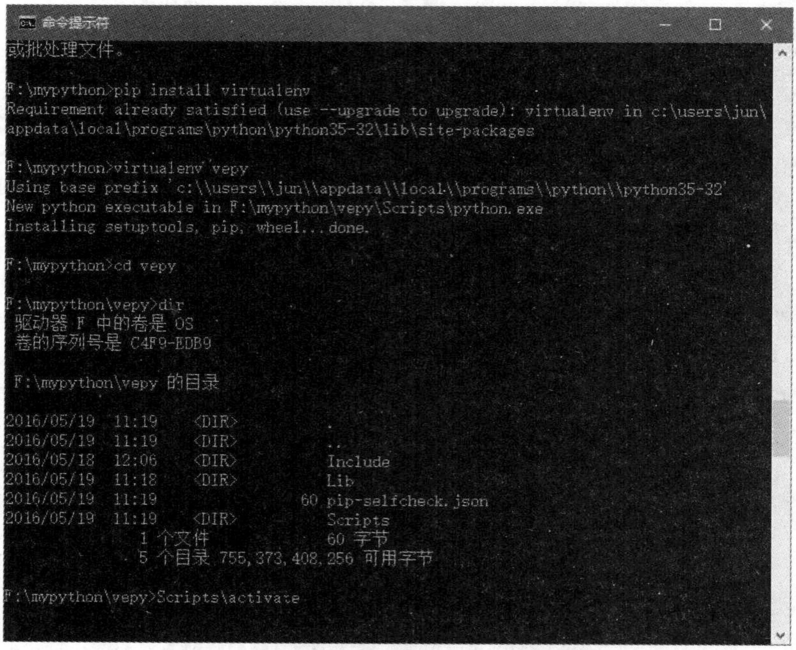

（图 4-2：在 Windows 操作系统下安装 Python 虚拟环境）

在图 4-2 的步骤中创建了 vepy 虚拟环境用的文件夹，然后切换到该文件夹中再执行 Scripts\activate 即可启用虚拟环境 vepy，同样在命令提示符前的括号内可以看得出来。为了确定真的是在虚拟环境中，利用"pip list"列出当前的软件包列表可以看出，只有默认的 pip、setuptools 以及 wheel 而已。

要离开虚拟环境，输入"deactivate"指令即可。学会创建虚拟环境之后，笔者建议日后在练习新的程序时尽量都使用 virtualenv 来开启目录，以免因为操作失误而不小心更新了原本不该更新的软件包版本。

4-3　高级软件包安装实践

在 Python 中有些软件包由于性能上的考虑，或是本身使用到了其他传统语言所写成的链接库，在安装此软件包模块时需要再进行编译，或是需要非常多相关的模块同时加载，此时就要以不同的方法来安装。

4-3-1　Anaconda 软件包介绍

虽然大部分 Python 软件包的安装都非常容易，只要通过 pip 就可以轻松完成，但是对于复杂的软件包却没有那么简单。例如，使用"pip install numpy"，就会发现无法安装，并产生如图 4-3 所示的错误信息。

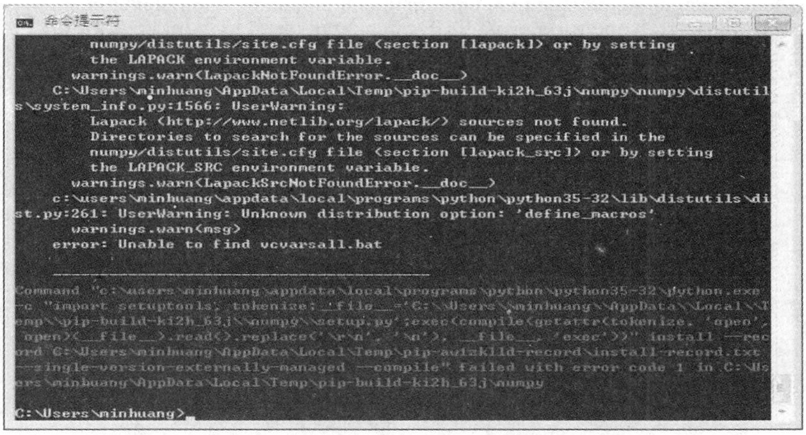

第 4 章　Python 软件包管理与在线资源

（图 4-3：使用 "pip install numpy" 所产生的错误信息）

像这一类的问题，就必须通过官方网站所建议的安装方式，补上所需要的相关链接库才行。本节即以创建适用于科学计算的 Python 环境为例，说明如何安装 Anaconda，利用 "conda" 指令安装 NumPy 以及 Matplotlib 软件包，并利用 Matplotlib 绘制精美的数学图案。

Anaconda 是一个包含 300 多种最受欢迎的科学、工程、数学和数据分析的 Python 软件组合包，以安装文件的形式在网络上发布，因此主要的安装步骤是到官方网站（https://www.continuum.io/downloads）下载各操作系统（包括 Linux、Windows、Mac OS）专用的安装程序，执行安装程序之后，才能够利用 "conda" 指令安装在此组合中的 Python 软件包。下面就以 Windows 和 Mac OS 两种操作系统示范如何下载以及安装 Anaconda、NumPy 以及 Matplotlib。

4-3-2　在 Windows 中安装 Anaconda、NumPy 以及 Matplotlib

首先，前往官方网站的下载页面，如图 4-4 所示。

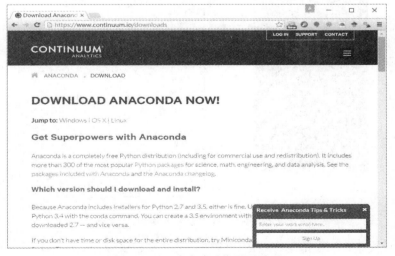

（图 4-4：Anaconda 下载页面说明）

69

在图 4-4 中主要说明 Anaconda 软件的内容，最重要的是不同版本的软件包是不一样的，在安装之前一定要确定自己的 Python 版本。把屏幕往下滚动，即可看到不同操作系统相对应的安装程序，如图 4-5 所示。

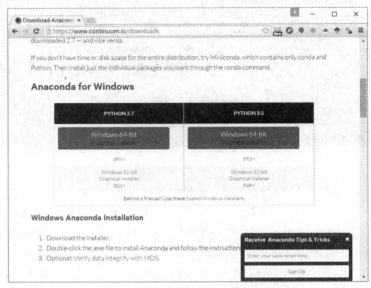

（图 4-5：Anaconda for Windows 的下载页面）

在本书的例子中，Windows 下安装的 Python 版本是 3.5，所以选择下载右侧的 Windows 64-bit Graphical installer。图 4-6 是安装程序的执行界面。

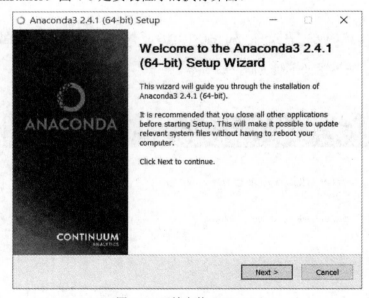

（图 4-6：开始安装 Anaconda）

在安装的过程中，除了指定安装的正确路径之外，还要确定如图 4-7 所示的两个选项是否均打钩了。

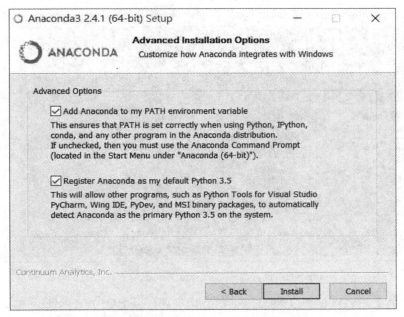

（图 4-7：指定添加 PATH 变量内容以及注册默认的 Python 版本）

此安装程序的执行速度比较慢，开始安装后要等一段时间才会完成。在完成安装之后，可以直接进入命令提示符，然后通过 conda（请注意，是通过 conda 而不是 pip）安装 NumPy 以及 Matplotlib 了。过程如图 4-8 所示。

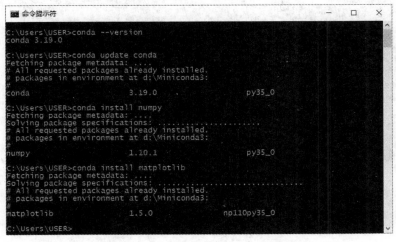

（图 4-8：使用 conda 指令安装 NumPy 以及 Matplotlib）

由于要处理的文件比较多，因此安装的时间会比较久。因为笔者已经安装过了，所以再安装一次只会显示出当前安装的软件包版本号（见图 4-8）。如果需要更新或安装新的软件包，conda 会先询问，如图 4-9 所示。

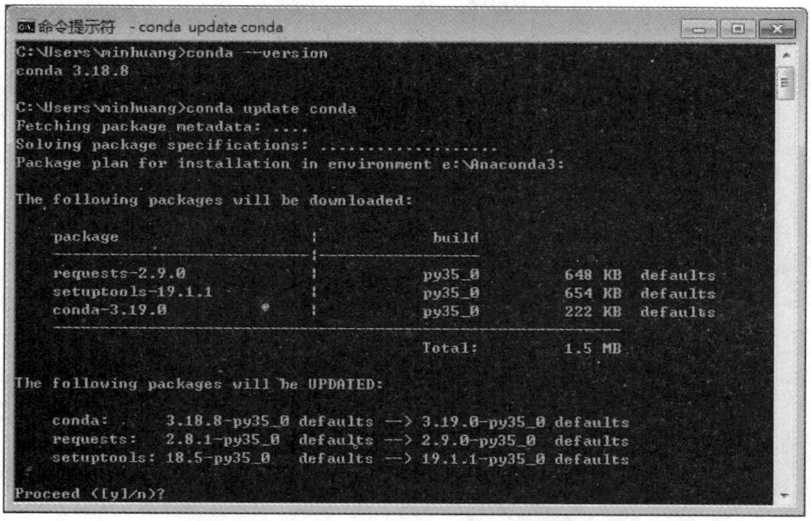

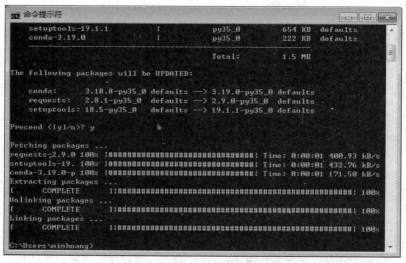

（图4-9：询问是否进行升级的屏幕显示界面）

在用户按【y】以及【Enter】键之后，就会出现如图4-10所示的安装界面。

（图4-10：conda的升级安装界面）

在大部分的情况下，安装了Anaconda之后，常用的软件包均会被同时安装到系统中，直接使用即可。

4-3-3　在Mac OS中安装Anaconda、NumPy以及Matplotlib

如图4-11所示，Mac OS所使用的安装文件并不一样，而且有两种选择，一种是下载.pkg安装文件，另一种是使用Command Line（命令行）的方式，在终端程序中以执行系统指令脚本的方式来安装。前者在一开始就会先下载安装文件，下载的时间比较久；而后者则是在开始安装时才下载所需文件。

第 4 章　Python 软件包管理与在线资源

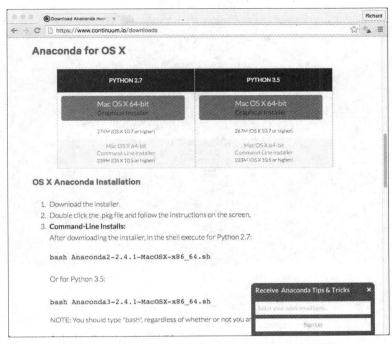

（图 4-11：在 Mac OS 中安装 Anaconda 的两种方式）

图 4-12 是使用图形化界面的方式安装时的屏幕显示界面。

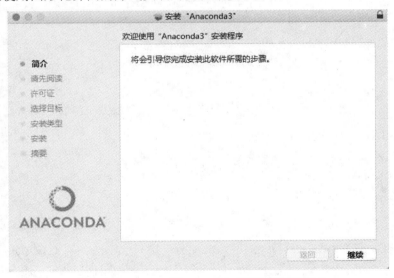

（图 4-12：Mac OS 的 Anaconda 图形化安装界面）

安装完毕之后再进入 Mac OS 的终端程序，即可通过 conda 指令进行升级以及安装 NumPy 以及 Matplotlib 等软件包，如图 4-13 所示。

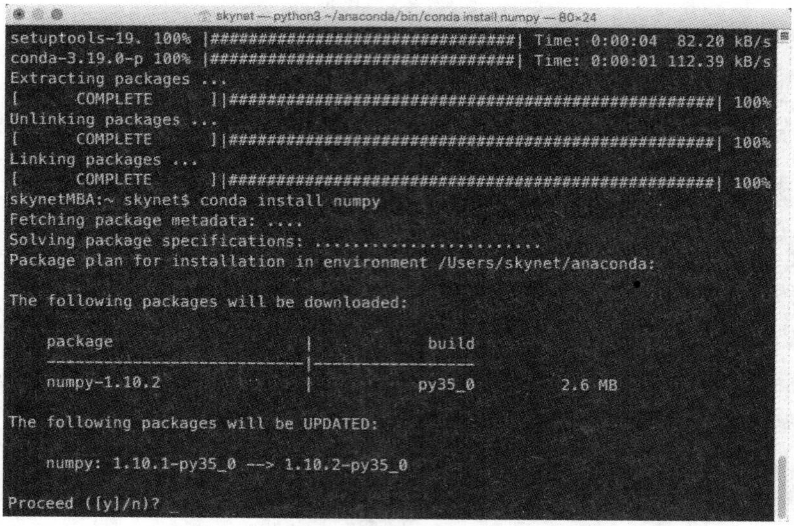

（图 4-13：在 Mac OS 终端程序中使用 conda 的屏幕显示界面）

如果没有特别的版本考虑，建议在 Mac OS 中还是以系统默认的 Python 2.x 的版本来安装，以避免在版本上的困扰。

在 jupyter 中如果同时装有 Python 2 和 Python 3，那么在执行可以指定要使用的版本，不过建议使用 Anaconda 所附设的虚拟环境来安装，这样会比较稳定。以下是建议 Python 2.7 运行环境的步骤（在 Windows 操作系统中，请不要使用 source 指令，直接运行 activate py2 即可，以下亦同）：

```
conda create -n py2 python=2.7
source activate py2
conda install Notebook ipykernel
ipython kernel install
source deactivate
```

以下的步骤则是创建 Python 3.5 运行环境的：

```
conda create -n py3 python=3.5
source activate py3
conda install Notebook ipykernel
ipython kernel install
source deactivate
```

以上的步骤建立完毕后，以 "ipython Notebook" 进入 jupyter，在新建 Python 程序代码时就有两种版本可以选择。此外，在 iPython 命令行运行环境中，也可以使用以下的指令来进入 Python2.7 的交互式界面：

```
source activate py2
ipython
```

或是使用以下方法来进入 Python 3.5 的交互式界面：

```
source activate py3
```

```
ipython
```

当要离开该虚拟环境时,只要执行"deactivate"即可。

4-3-4 使用 Matplotlib 绘制精美数学图形

在前面的小节中安装 NumPy 以及 Matplotlib 之后,本小节就来做些有趣的练习,利用这两个软件包绘制出各种各样精美的数学图形。详细的 NumPy 以及 Matplotlib 函数会在后续的章节中详细说明,在此小节中读者只要把程序直接输入执行即可。

程序 4-1 是绘制 SIN 函数图形的程序。

程序 4-1

```
题目:
请绘出一个从 0 到 360 度完整的 SIN 函数图形。
程序:
import NumPy as np
import matplotlib.pyplot as pt
x = np.arange(0,360)
y = np.sin( x * np.pi / 180.0)
pt.plot(x,y)
pt.xlim(0,360)
pt.ylim(-1.2,1.2)
pt.title("SIN function")
pt.show()
```

运行程序 4-1 之后,Python 会在操作系统中另外打开一个图形窗口,然后把图形描绘上去,其运行结果如图 4-14 所示。

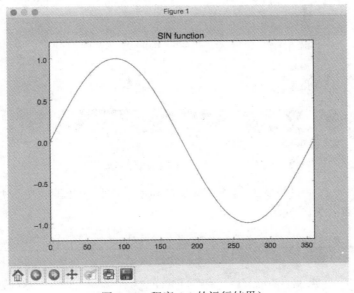

(图 4-14:程序 4-1 的运行结果)

matplotlib.pyplot 有许多的参数可以设置，同时也没有限制图形的绘制数量，因此，在程序 4-2 中，我们再加上一个 COS 函数图形，并且使用不同的颜色来表示。

程序 4-2

题目：
请绘出一个从 0 到 360 度完整的 SIN 函数以及 COS 函数的叠加图形。
程序：
```
import NumPy as np
import matplotlib.pyplot as pt
x = np.arange(0,360)
y = np.sin( x * np.pi / 180.0)
z = np.cos( x * np.pi / 180.0)
pt.plot(x,y,color="blue")
pt.plot(x,z,color="red")
pt.xlim(0,360)
pt.ylim(-1.2,1.2)
pt.title("SIN & COS function")
pt.show()
```

程序 4-2 的运行结果如图 4-15 所示。

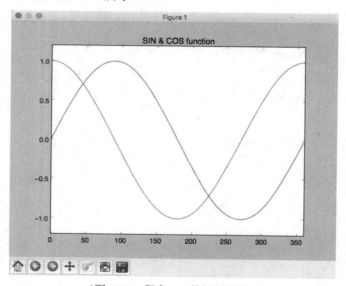

（图 4-15：程序 4-2 的运行结果）

此外，此类型的图表一定要放上图例以及 x 轴和 y 轴的说明才能够更清楚地表达图形的含义，程序 4-3 就是加上图例的示范程序。

程序 4-3

题目：
请绘出一个从 0 到 360 度完整的 SIN 函数以及 COS 函数的叠加图形，并加上图例以及 x 轴和 y 轴的说明。
程序：
```
import NumPy as np
```

```
import NumPy as np
import matplotlib.pyplot as pt
x = np.arange(0,360)
y = np.sin( 2 * x * np.pi / 180.0)
z = np.cos( x * np.pi / 180.0)
pt.plot(x,y,color="blue",label="SIN(2x)")
pt.plot(x,z,color="red",label="COS(x)")
pt.xlim(0,360)
pt.ylim(-1.2,1.2)
pt.xlabel("Degree")
pt.ylabel("Value")
pt.title("SIN & COS function")
pt.legend()
pt.show()
```

程序 4-3 的运行结果如图 4-16 所示。

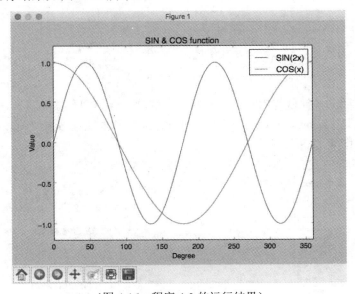

(图 4-16：程序 4-3 的运行结果)

详细的函数用法及说明，请参考本书后续章节的内容。

4-4　Python 的在线资源与支持

Python 之所以受欢迎的另外一个原因是丰富的在线资源以及支持。在网络上有非常多的热心人士制作了许多非常好用的软件包，这些软件包在大部分的情况下，只要使用 pip 就可以安装，然后在自己的程序中使用 import 指令导入程序中就可加以运用。

4-4-1　PyPI 网站介绍

几乎所有的主流软件包都集中在 https://pypi.python.org/pypi。图 4-17 是 PyPI 的主网页界面。

（图 4-17：PyPI 的主网页界面）

如网页上所说明的，到目前为止，在此网站上的软件包数目已多达 71576 个。在首页的左上角处有一个选项是"Browse packages"，通过此选项可以按照分类查看的方式浏览所有可以使用的软件包，如图 4-18 所示。

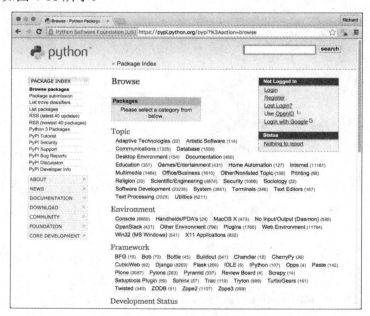

（图 4-18：通过 Browse packages 分类查看所有可用的软件包）

软件包非常多，使用浏览的方式并不容易找到想要的软件包，如果有特定的关键词，就可以在右上角输入，以便进行搜索。

4-4-2 在 PyPI 中寻找可以用来产生数独题目的软件包

要找可以产生数独题目的软件包,可以输入"sudoku",再单击"search"按钮,如图 4-19 所示。

(图 4-19:搜索与数独相关的软件包)

在列出来的软件包中,其中有一个 sudoku_maker 可以用来产生数独题目,单击此软件包,可以看到对此软件包的说明,如图 4-20 所示。

(图 4-20:sudoku_maker 软件包的说明界面)

单击"Download"按钮之后，会被引导到软件包下载的页面，如图 4-21 所示。

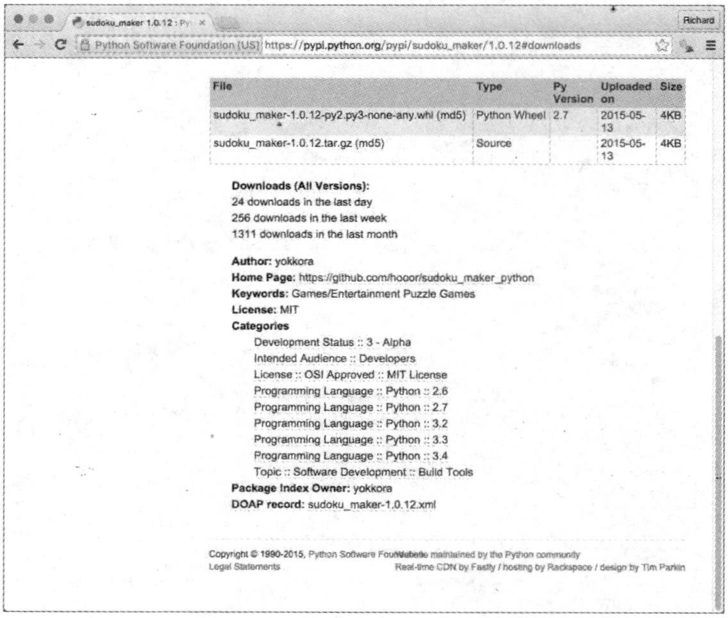

（图 4-21：sudoku_maker 软件包的下载页面）

但是不用急着下载，可以先前往笔者提供的首页（网址为 https://github.com/hooor/sudoku_maker_python，运行时会自动解析到 https:github.com/yokkora/sudoku_maker_python）去看看使用说明，如图 4-22 所示。

（图 4-22：sudoku_maker 的首页说明）

4-4-3　运用找到的软件包设计程序

在图 4-22 中可以看到，要安装 sudoko_maker，只要使用 pip 指令安装即可，而且还提供了使用的方法。按照屏幕界面的说明，就可以很容易地在自己的计算机中生成数独的题目，如图 4-23 所示。

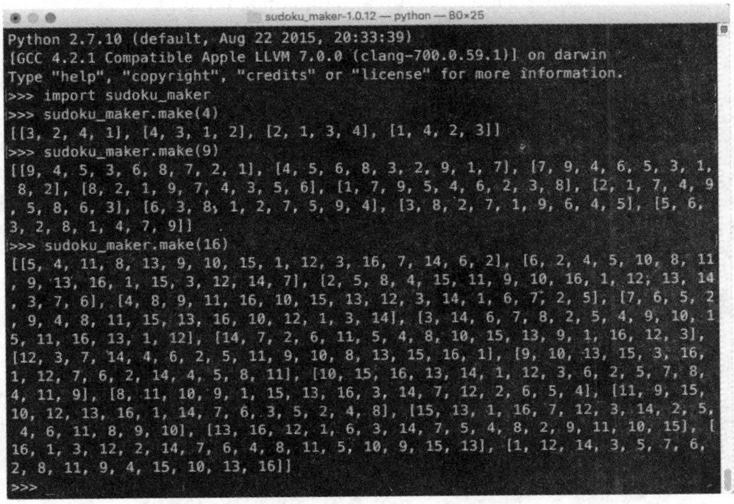

（图 4-23：使用 sudoku_maker 生成数独题目）

在 PyPI 中有非常多好用的软件包可以使用，建议读者在有什么具体编写程序项目的想法之前，除了通过 Google 等搜索引擎找找看之外，也可以把一些想要开发项目的关键词放在 PyPI 上找找，在列出所有相关的软件包之后，再把觉得可能是要找的对象对应的软件包名称放到 Google 上去，看看有没有更多的介绍与说明，相信这样做对提高程序项目开发的速度会非常有帮助。

在程序设计语言中有一个重要的观念，即"不要重复发明轮子"。所有别人已经做过做好的软件包，找到适合的来运用，就可以极大地提升项目开发的速度，提升工作效率。

如果对于 Python 的学习与应用有什么问题的话，可以到中文 Python 社区看看，包括 http://www.okpython.com/ 以及 http://www.pythontab.com/ 等。

大家也可以自己去网上搜搜 Python 的其他社区，选择加入其中比较活跃的，这样有问题就可以在上面发问寻求高手的解答，并可以认识更多使用 Python 的网友。

4-5　习　题

1. 使用 pip 安装 requests、pillow 以及 BeautifulSoup4。
2. 使用 Matplotlib 以及 NumPy 软件包，绘制抛物线函数的图形。
3. 使用 Matplotlib 以及 NumPy 软件包，绘制利萨如曲线（Lissajous）。
4. 请至少找出 3 个 Python 在线教学网站。
5. 要查询 Python 语法，通常要到哪一个网站去查询呢？

第 5 章

开始设计 Python 程序

对于程序设计的初学者来说,想要解决一个问题时,有时候真的不知道该从哪一方面开始着手。因此,在开始学习 Python 的语法之前,学习如何了解问题、分析问题以便找出具体的实现方法并把自己的想法用比较正规的方法描述出来是非常重要的。在这一章中,我们就先来学习解决程序问题的基本技能,让设计程序更有效率,也更不容易出错。

5-1 jupyter 的介绍与使用
5-2 程序的构想与实现
5-3 猜数字游戏
5-4 习 题

5-1　jupyter 的介绍与使用

jupyter 是一套非常适合 Python 初学者练习程序设计的项目，在开始进入编写比较长的程序之前，让我们先来了解如何充分地运用 jupyter，强化 Python 的学习，提升程序设计的效率。

5-1-1　iPython 运行环境的介绍

编写 Python 最快的方式就是进入命令提示符（终端程序），然后运行"ipython"（默认版本）、"ipython2"（强制运行第 2 版）或是"ipython3"（强制运行第 3 版），直接进入 iPython 的交互式界面（iPython Shell）。在 iPython 界面中，除了可以使用 Python 本身的指令之外，也可以使用一些 magic 命令，这些 magic 命令是一些以"%"开头的增强版命令，可以使用"%lsmagic"列出所有可以使用的%magic 指令，而输入"quickref"也会出现 iPython 使用的快速参考指引。这些在搜索引擎上都可以查到，读者可自行到网络上查询。

在交互式界面中都是每输入一行按下换行键之后就执行一行，如果有输出就会显示，没有输出则不会有任何信息。但是如果遇到的指令是"if"判断式或是重复执行的循环语句"for"，那么在还没有完成整个命令之前按下换行键，系统则会自动缩排，以便输入未完成的语句。图 5-1 所示就是使用 for 循环来打印所有字符串中水果名称的例子。

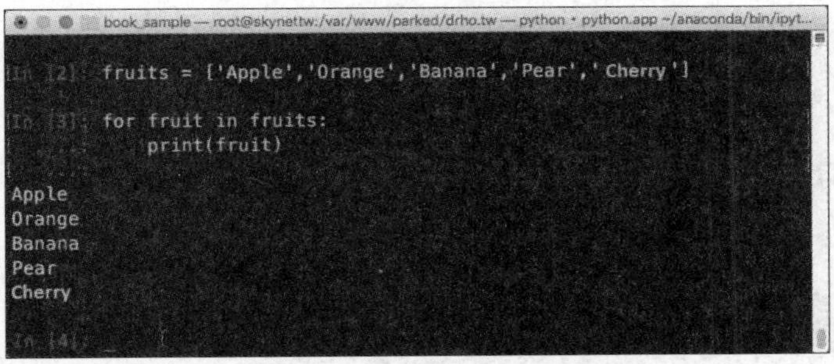

（图 5-1：iPython 的交互式编辑操作过程）

如图 5-1 所示，在指令"print(fruit)"前面的"..."表示自动缩排，也就是前一语句尚未完成，需在此行中继续输入的意思。处于同一等级缩排的所有指令均会视为是同一个区块，在 if/else 语句中会被算为在同一组一起执行的语句。

所有被设置过的值均会被记在内存中，直到被更改或是退出 iPython 交互式环境为止。大部分附加的函数或者方法都要被导入之后才能够使用，例如要查询当前使用的版本则要使用"sys.version"指令，但是如果你没有事先使用"import sys"来导入，那么系统在看到"sys.version"时就会出现错误信息，如图 5-2 所示。

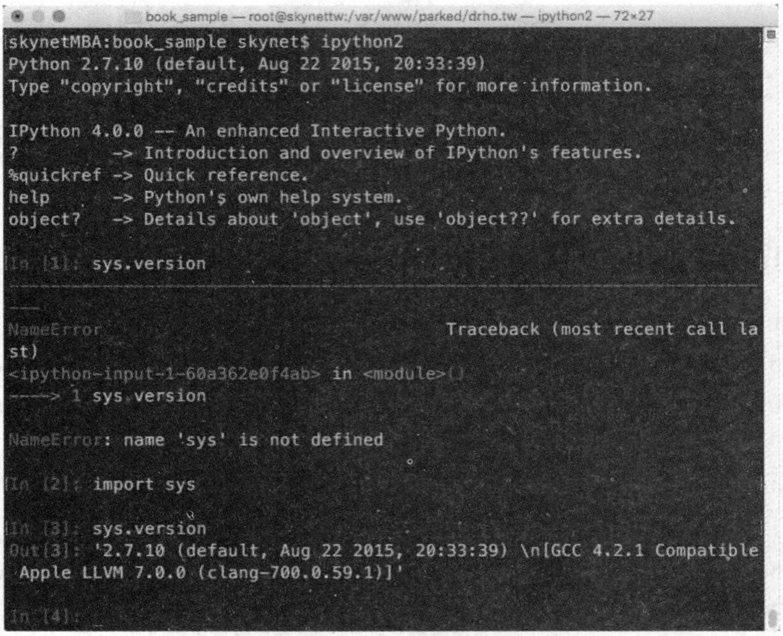

（图 5-2：import 导入功能的操作示范）

如果程序长一点，需要使用编辑器的话，执行"edit <<文件名>>"就会启动默认的编辑器打开指定的文件（位于此目录下的）。如果文件不存在，就创建一个。在编辑器结束编辑之后，iPython 会自动运行该程序，并在交互式界面中输出运行的结果。

5-1-2　Python 2 中文编码的设置

使用 edit 进入编辑器的方法如图 5-3 所示。

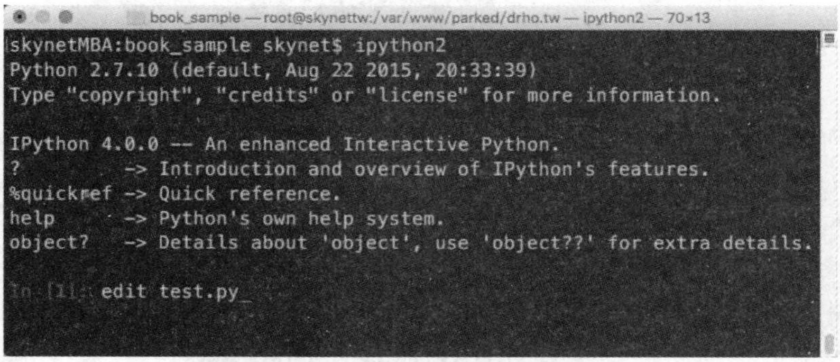

（图 5-3：使用 edit 指令进入默认的编辑器）

在 Mac OS 中默认的编辑器是 vi，而在 Windows 中则是记事本。在此例中，输入如图 5-1 所示的程序代码内容，但是把水果名称换成了中文，如图 5-4 所示。

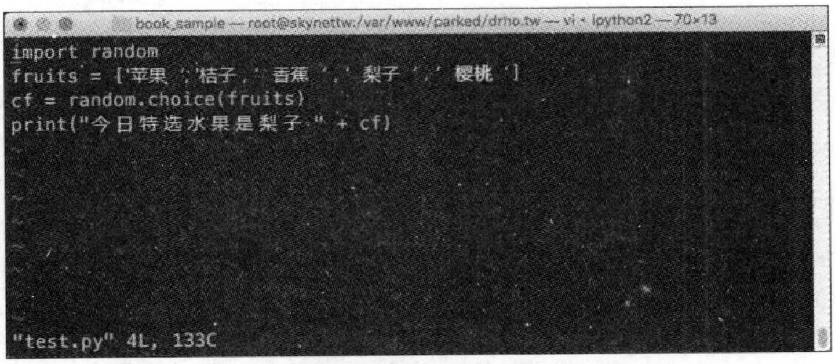

（图 5-4：在默认的编辑器中编写程序）

编辑完毕之后，离开此编辑器，系统会立即运行此程序（此例是 test.py），如图 5-5 所示。

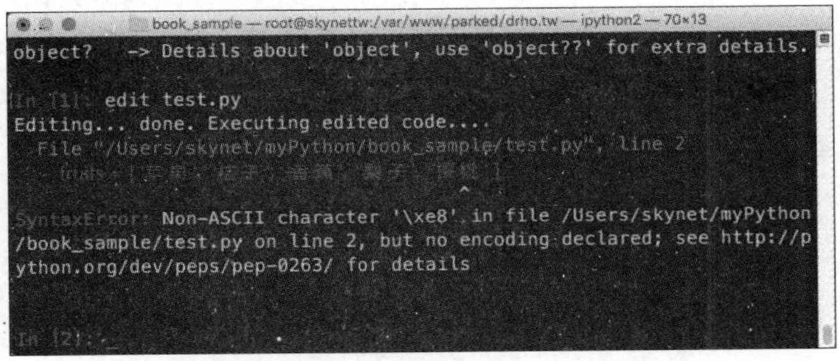

（图 5-5：运行 test.py 遇到的中文编码问题）

如果使用的是 Python 2 版，运行程序之后可能会出现类似图 5-5 无法识别非 ASCII 字符的错误信息，因而无法得到正确的运行结果。此时，只要在有中文字程序的第一行放置一行声明即可：

```
# -*- coding: utf-8 -*-
```

运行效果如图 5-6 所示。

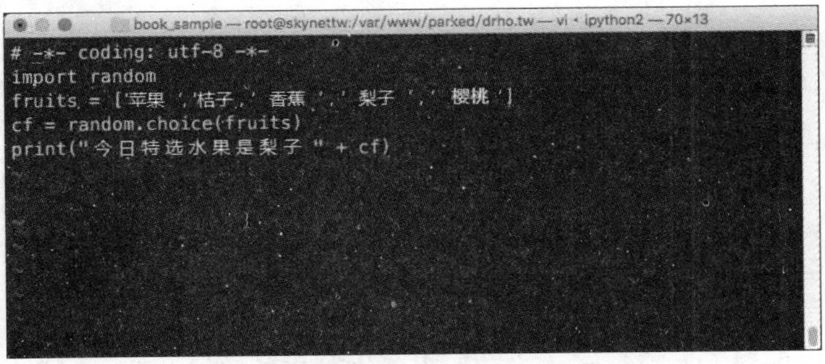

（图 5-6：在程序的第一行声明程序代码的编码）

加入此行之后，再回到 iPython 的交互式界面，就可以顺利看到中文的输出结果，如图 5-7 所示。

（图 5-7：加入编码声明之后的正确运行结果）

5-1-3　iPython Notebook 的介绍与使用

jupyter 的 iPython Notebook 非常适合初学者练习 Python 程序之用，本小节将对 jupyter 做详细的解说。在进入本节之前，请确定是否按照本书第 3 章的内容安装了 jupyter 环境。

无论你是在 Windows 还是 Mac OS 操作系统之下，只要在命令提示符（或是终端程序界面中）输入"ipython notebook"，系统就都会执行一个简单的网页服务器，然后通过默认的浏览器开启 jupyter 的界面。开启 iPython Notebook 的指令执行状态如图 5-8 所示。

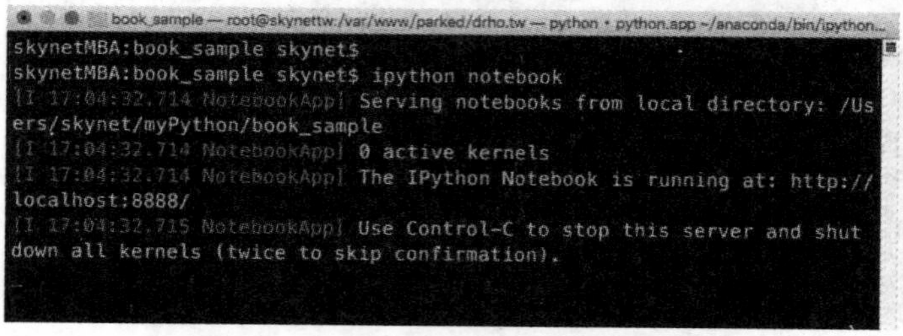

（图 5-8：执行 iPython Notebook 的方法）

而 jupyter 的屏幕显示界面则如图 5-9 所示。

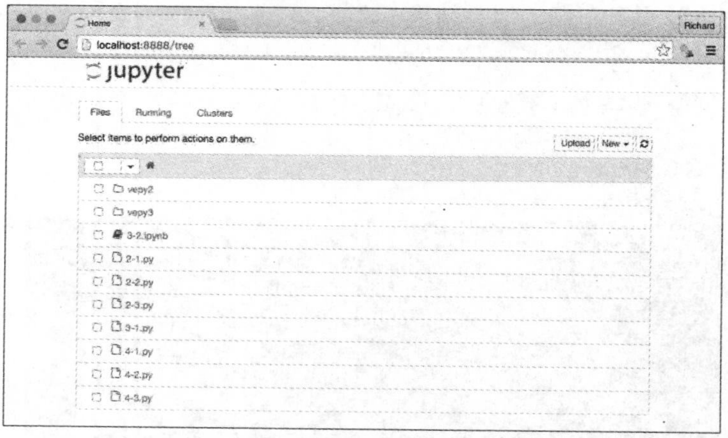

（图 5-9：iPython Notebook（jupyter）的主界面）

刚进入 jupyter 的界面时会显示出当前所在的文件夹的目录列表，可以在浏览器中直接打开进行编辑。而要创建程序或其他的文件，则要通过右上角的"New"按钮，选择要添加的文件类型，如图 5-10 所示。

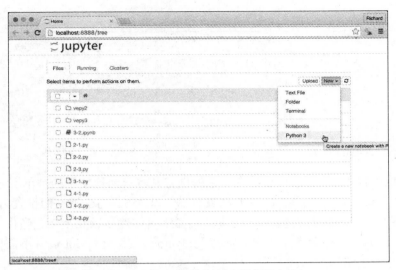

（图 5-10：在 jupyter 中创建程序的方法）

如图 5-10 所示，除了创建 Python 程序之外，还可以创建文本文件（Text）、文件夹（Folder）以及终端程序（Terminal）等。如果你在系统中同时安装了 Python 2 和 Python 3，也可以选择使用不同版本的 Python。在此，我们选择"Python 3"，如图 5-11 所示。

（图 5-11：创建 Python 3 程序后开始编辑的界面）

在图 5-11 中，中间的文字框（在 jupyter 中称为 cell）就是可以输入 Python 程序代码的地方。但是第一步请先在上方的文件"Untitled"的地方单击一下鼠标，更改文件名，如图 5-12 所示。

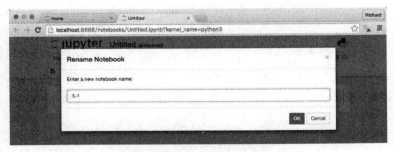

（图 5-12：在 jupyter 中更改文件名）

系统会先出现一个更名的对话框，在输入文件名之后（不需指定扩展名）再单击"OK"按钮即可。接着，请输入"程序 5-1"的内容。

程序 5-1

问题：
请创建一个程序，可以从多个水果名称中随机选出一个并显示出来。
程序：

```
import random

fruits = ['Apple', 'Orange', 'Banana', 'Pear','cherry']
cf = random.choice(fruits)
print("Today's fruit is :" + cf)
```

请在文字框中输入，在程序中要特别留意的地方是水果名称使用的是单引号，如果用双引号也可以，但是一定要成对出现。所有的水果名称是以"中括号"把它们设置为同一个列表变量 fruits 的内容（把所有要处理的数据放在同一个变量中，然后以 0、1、2、…当作索引值的类型，即为列表 list），如图 5-13 所示。此外，如果是 Python 2 版，在 print 后并不需要使用小括号，并请留意不要有拼字错误的情况发生。

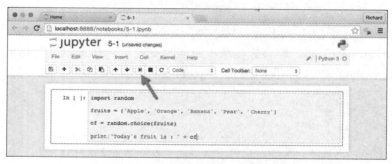

（图 5-13：在 jupyter 中输入 Python 程序）

接着，单击图 5-13 中箭头所指的"运行"按钮运行程序，也可以用快捷键【Ctrl + Enter】或【Shift+Enter】来运行，差别在于程序运行完毕之后，前者的光标是否会移到下一个 cell，而后者则是停留在当前的 cell 中。图 5-14 是运行的结果（使用【Ctrl + Enter】）。

（图 5-14：程序 5-1 在 jupyter 中的运行结果）

在 jupyter 中，每新增一个 cell，在 cell 前面就会有一个编号，在每一个 cell 中都可以自由地编辑其内容，一般的流程都是以【Shift + Enter】来运行程序，并在此程序中持续地编辑修改直到程序正确无误为止。此外，在 cell 中除了可以输入并运行程序之外，还有其他的功能，如图 5-15 所示。

（图 5-15：在 cell 中切换文件格式的方法）

这些格式包括 Code、Markdown、Raw NBConvert 以及 Heading，这些格式主要用于把 jupyter 当作"Notebook 记事本"使用时，可以搭配程序代码做一些文件上的整理，有兴趣的读者可以自行参考相关的文件信息。

5-2　程序的构想与实现

在这一节中介绍的是如何通过一个标准化解决问题的流程，一步一步地朝向编写正确程序的方法。在信息领域中有一门课程叫"软件工程"，就是为让程序设计者或软件系统开发者能够有一个明确的、可遵循的解决问题的标准步骤而发展出来的知识领域。程序（或系统）越大，越需要更严谨的规范，让开发者能够顺利完成项目且避免发生错误，使项目实现团队合作，也让开发出来的系统能够持续维护。虽然初学者编写的程序都很小，根本不需要使用到软件工程领域中的规范以及方法论，但是如果能够稍微掌握一些对开发系统的基本概念以及软件工程的开发精神，也绝对是有利的。

5-2-1　理清问题的需求

简单地说，编写程序的主要目的就是为了解决问题。因此，在真正开始设计之前，"了解问题"是非常重要的第一步。在软件工程领域中有许多正规的方法协助系统分析人员了解并理清问题。对于初学者而言，编写小程序并不需要这么正式，但是能够具体地列出需要解决的问题内容，对开始设计程序以顺利解决问题依然非常有帮助。

因此，在开始动手编写程序前，需要先知道程序要解决的问题的具体内容是什么、处理的对象有哪些、要处理的数据是什么类型、这些数据存放在哪里、要如何输入到计算机中、要进行什么样的处理、处理完毕之后要以何种方式呈现、处理过的数据需要存储吗、要存储在哪里……这些都是必须要回答的问题。

举例来说，假设我们要整理计算机某个文件夹中的所有图像文件，那么我们可以列出以下的问题需求。

- 待解决的问题：对某个指定的文件夹中所有图像文件重新编号。
- 程序名称：resort.py。
- 对象：某一指定的文件夹内所有的图像文件（.png、.gif、.jpg）。
- 处理：把所有的图像文件的文件名全部按照编号重新命名，从 001 开始编号，不同的图像格式不另外编号。
- 运行结果：所有的图像文件都在重新编号之后存放于原有图像文件所在的文件夹下的 output 文件夹中。
- 注意事项：在运行程序时，需检查指定的文件夹是否已存在，并确保硬盘空间是否足够。此外，指定的文件夹下若已有 output 文件夹则需显示信息，并改为 output1，依此类推。

这些方法并没有固定的形式和格式，但是写下来可以让自己的思路更有条理，也更能了解程序中要处理的具体内容。

5-2-2　定义要存储的数据及其相关类型

了解问题并知道要解决的对象是什么，那么这些对象（数据）要以何种方式存放在计算机的内存或是磁盘驱动器上呢？这就是数据结构要解决的问题。除了要知道以何种形式存放在内存中之外，如何有效率地存放以及读取也是一门学问。

以前面一个小节的内容为例，要对硬盘内某文件夹下所有的文件重新编号再存盘，那么在获取了所有的文件名之后，这些名称要以什么形式存储在内存的变量中？在正常的情况下，每一个文件名都是一个字符串（字母和数字的组合），而所有的文件名加在一起可以使用数组（Array）或是列表（list）的方式存放在变量中。然而，在 Python 中有没有现有的函数帮我们获取某一特定目录下的所有文件名呢？在网络上搜索之后，找到了 glob。glob 可以在指定具体的文件夹之后，返回该文件夹中所有指定的文件类型的文件名列表，并以 list 的方式返回。使用方法如下：

import glob

```
gif_files = glob.glob("*.gif")
jpg_files = glob.glob("*.jpg")
png_files = glob.glob("*.png")
imagefiles = gif_files + jpg_files + png_files
```

如上例，分别找出 .gif、.jpg、.png 三种类型的文件，然后再把它们都加起来就可以了，因为 list 类型的相加就是把所有的 list 都串在一起。

有了这个 imagefiles 列表之后，接下来只要对这个列表再进行处理就好了。

在此例中，我们设置了以下几个变量及其类型。

- 指定的输入文件夹：source_dir（字符串）。
- 输出用的文件夹（放在 source_dir 之下）：target_dir（字符串，默认值是 output）。
- 存放所有图像文件名的变量：imagefiles（列表）。

5-2-3　设计算法与绘制流程图

了解问题，也知道了如何存储要被处理的数据，那么处理的方法和顺序是什么呢？这就是算法和流程图的作用。算法简单地说，就是要解决问题的处理方法。也就是，以程序（或计算机）为中心去思考，为了解决问题，要以什么样的逻辑和顺序以及步骤执行每一个运算。同样以前一小节的问题为例，我们的执行步骤如下所示。

1. 检查运行程序时是否指定了文件夹名称 source_dir。
2. 检查指定文件夹的正确性。
3. 搜索此文件夹中所有图像文件的文件名以及文件大小。
4. 检查硬盘空间是否够用。
5. 设置要输出的文件夹 target_dir 为'output'。
6. 检查在 source_dir 文件夹中是否有一个和输出文件夹 target_dir 同名的文件夹，如果没有，跳到第 8 步执行。
7. 把 target_dir 的内容改为 output 后，数字加 1 回到第 6 步。
8. 把 imagefiles 的文件一个一个复制到 target_dir 中，并重新编号。

上面这些步骤基本上就可以把整个程序的运行方法的主要流程表达出来。然而，在更细节的部分，也可以用正规的流程图表示出来。在程序不是很复杂的情况下，使用流程图表达之后，程序大致上就已经完成一大半了。

以下是几个比较重要的流程图符号所代表的意思：

符号	名称	说明
⬭	开始与结束	每一个程序或处理程序的开始以及结束点的标记
▭	处理	执行处理的操作，通常都是一行或连续几行程序语句
↘	流程顺序	决定程序的执行走向
◇	判断	按照某一个变量的内容来决定程序执行的分支
▱	输入	大部分用来表示要求用户输入数据的操作
⌓	输出	报表输出信息，常用来表示要输出信息给用户

通过以上符号，可以把前一小节的问题绘制成如图 5-16 所示的完整流程图。

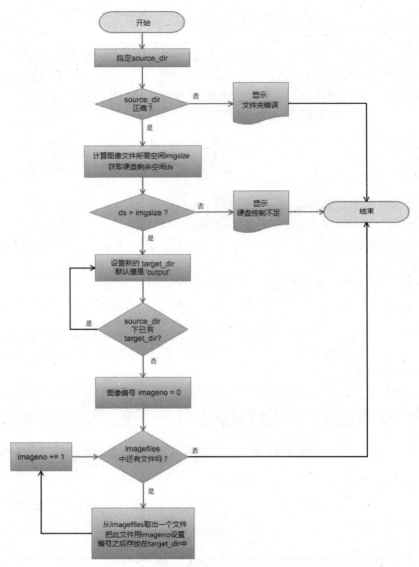

（图 5-16：图像文件处理程序的简要流程图范例）

有了此流程图之后，就可以进入编写程序的阶段。

5-2-4　动手编写程序

根据前面几小节的分析，得知本程序需要使用 glob 来读取指定目录中的所有文件名列表，此外，在 Windows 下获取磁盘空间大小的方法是：

```
import wmi
c = wmi.WMI()
disk = c.LogicalDisk()[0]
freespace = disk.freeSpace
```

第 5 章 开始设计 Python 程序

在 Mac OS 以及 Linux 下获取磁盘空间大小的方法是:

```
import os
disk = os.statvfs("/")
freespace = disk.f_bsize * f_blocks;
```

而获取单个文件大小的方法如下:

```
import os
filesize = os.path.getsize(filename)
```

检查某个文件夹是否存在的方法为:

```
os.path.exists(dirname)
```

创建文件夹的方法是:

```
os.mkdir(dirname)
```

复制文件的方法是:

```
import shutil
shutil.copyfile(src, dst)
```

其中,"src"为要被复制的文件名,而 dst 则是目标文件。

要以编号来当作文件名,基本上只要设置一个用来记录编号的变量(例如 imageno),一开始设置为 0,每增加一个文件就把此数加 1,并在变成文件名之前把它从数值类型转换成字符类型即可。不过文件名本身有主文件名和扩展名,程序要改变时主文件名、扩展名必须维持不变,因此需要有一个方法把文件名拆成主文件名和扩展名两个部分,拆解完成之后,保留扩展名,和我们的 imageno 结合成新的文件名,成为要复制到目标文件夹中的文件名。要拆解字符串,我们可以使用字符串的 split 函数。

根据以上分析,完成程序 5-2 的设计。

程序 5-2

```
问题:
    指定一个文件夹,把文件夹中所有的.jpg、.png、.gif 图像文件重新编号之后复制一份到此文件夹下的
output 文件夹。
程序:
#  _*_ coding: utf-8  _*_
# Mac OS, Python 2.7.11

import os, shutil, glob
source_dir = "images/"
disk = os.statvfs("/")
freespace = disk.f_bsize * disk.f_blocks;
pngfiles = glob.glob(source_dir+"*.png")
jpgfiles = glob.glob(source_dir+"*.jpg")
giffiles = glob.glob(source_dir+"*.gif")
allfiles = pngfiles + jpgfiles + giffiles
```

```
allfilesize = 0
for f in allfiles:
    allfilesize += os.path.getsize(f)

if allfilesize>freespace:
    print("硬盘空间不足")
    exit(1)

target_dir = source_dir + "output"
if os.path.exists(target_dir):
    print("目的文件夹已存在")
    exit(1)

os.mkdir(target_dir)
imageno = 0

for f in allfiles:
    dirname, filename = f.split('/')
    mainname, extname = filename.split('.')
    targetfile = target_dir + '/' + str(imageno) + '.' + extname
    shutil.copyfile(f, targetfile)
    imageno += 1
```

为了保持简洁明了的程序逻辑，在程序 5-2 中尽量使用简单的语法结构，避免过多的 Python 语言技巧。读者可以按照流程图上的逻辑，对照此程序的执行流程。

值得注意的是，流程图中有一个地方在程序中并没有实现出来，那就是对于 output 的检查。在程序中只检查 output 是否存在，如果已经存在就直接停止程序的执行（使用 exit(1)结束程序的执行）。但是在流程图中却会改为另外一个名称继续执行下去。此部分作为习题供读者们练习之用。图 5-17 是程序 5-2 的运行结果。

（图 5-17：程序 5-2 的运行结果）

5-2-5 简易调试方法

Python 是解释型语言，翻译一行就执行一行，因此在运行程序的过程中只要任何一行出现错误，程序就会立即显示出错误信息并停止执行。此种方式虽然在调试上比较低效（因为一次只会发生一个错误），但是却很容易知道错误发生的原因以及位置。

程序主要的错误有两种，一个是语法错误，另外一个则是逻辑错误。程序的语法错误主要就是发生了拼写错误，例如指令的名称拼错了，或是变量的名称拼错了，此种错误只要细心检查就可以找出来。还有函数需要传入的参数个数以及类型错误，或是在变量操作时使用了不兼容的类型，这也是经常会发生的情况。为了避免此种情况的发生，使用专业的程序代码编辑器可以解决大部分可能发生的语法错误。这一类的程序代码编辑器不但可以在编写的过程中协助补齐指令以及找出拼错的函数，就算是自行输入的变量也会在第一次出现时记录下来，下次再使用到时会成为自动补齐辅助的一部分，这对于变量名很长的时候甚是好用。

至于逻辑错误，它是解决问题的想法上有一些问题或误解，或是对于一些函数的执行内容有所误解，使得整个程序的运行流程和预期的不一样，这是最不容易找出来的程序错误。例如运算的过程中超过了数组的下标值（只有 10 个数组，存取时却超过了这个数值），在使用一个变量时没有设置正确的初始值，或是对于某函数或运算结果的误解，以至于造成执行流程上和想象的不同，而这些错误往往只能够靠个人的经验才能够解决，唯有多加练习才是学会程序设计最佳的途径。

5-3 猜数字游戏

本节以另外一个程序"猜数字游戏"为例，示范如何通过需求定义、数据结构设计、算法以及流程图的设计来完成程序。猜数字游戏经常被拿来作为初学者学习程序设计的典型实例。在本节中要完成的猜数字是随机生成一个数字，然后询问用户要猜哪一个数字，如果不正确的话，给予用户适当的回应信息，以便于下一次的猜测。此外，也要在结束游戏时提供游戏过程的成果信息。

5-3-1 问题需求

此程序主要的功能在于和用户互动。一开始生成一个 0~99 之间的随机数字，然后让用户猜，如果猜中则告诉用户猜中了，并询问是否要继续此游戏，如果猜错的话，则必须告诉用户猜的数字太大还是太小，继续让用户猜下去，直到猜中为止。

在用户决定结束游戏之后，还必须有一个统计的数据，包括总共玩了几次，每一次各猜了几次才猜中，平均猜中的次数等。

5-3-2 定义要存储的数据及其相关的类型

此程序并没有复杂的数据，只需要使用一些简单的变量来记录在程序进行中需要的数据，整理如下表：

变量名称	说明
answer	记录每一次的答案（整数 0~99）
guess	用户输入的数字（整数）
guess_count	记录此次猜测的次数（整数）
game_count	记录共玩了几次（整数）
all_counts	记录每一次游戏的猜测次数（以列表 list 存储）

此外，由于在输入显示信息的时候均是字符串的形式，因此在使用 print 输出信息的时候，要把整数转换成字符串，再串接到信息后面即可。

5-3-3　设计算法与绘制流程图

由于程序的难度不高，因此直接写出如下算法。

1. 设置变量 game_count=0。
2. 设置变量 guess_count=0。
3. 产生一个 0 到 99 之间的随机整数，放到变量 answer 中。
4. 询问用户要猜的数字，并把猜测的数字放在变量 guess 中。
5. 如果 guess 等于 answer，并前往第 9 步。
6. 如果 guess 大于 answer，就显示"你猜的数字太大了"，前往第 8 步。
7. 显示"你猜的数字太小了"。
8. 把 guess_count 加 1。
9. 前往第 4 步。
10. 显示"恭喜你，猜中了"。
11. 把 game_count 加 1。
12. 把 guess_count 的内容附加到 all_counts 列表中。
13. 询问是否要继续玩，如果回答"Y"，就回到第 2 步。
14. 显示出 all_counts 的内容。
15. 计算平均次数。
16. 结束程序。

流程图如图 5-18 所示。

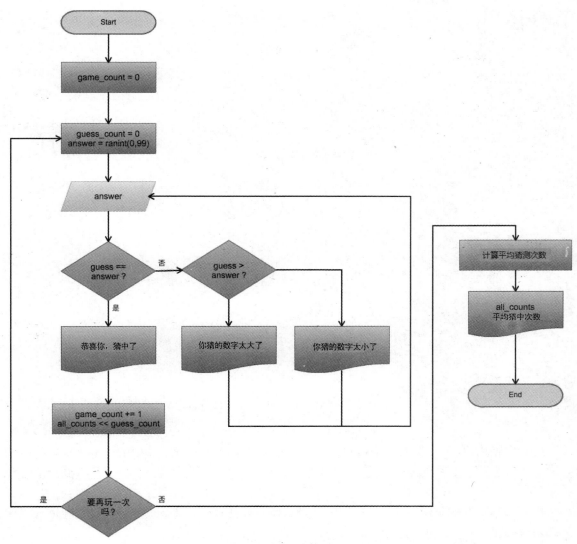

（图 5-18：猜数字游戏的程序流程图）

5-3-4 完成程序

完整的 Python 猜数字游戏程序如程序 5-3 所示。如果读者有兴趣自行输入此程序练习的话，请特别留意缩排的部分。在程序 5-3 中使用了两个 while 循环，其中一个包含在另外一个之内，Python 以缩排的位置来决定哪一个语句属于哪一个循环的区块，如果缩排错误，就会导致流程的错误。

程序 5-3

```
# _*_ coding: utf-8 _*_
# 程序 5-3 (Python 3 version)
```

```python
import random

game_count = 0
all_counts = []
while True:
    game_count += 1
    guess_count = 0
    answer = random.randint(0,99)
    while True:
        guess = int(input("请猜一个数字(0-99)："))
        guess_count += 1
        if guess == answer:
            print("恭喜你，猜中了")
            print("你总共猜了" + str(guess_count) + "次")
            all_counts.append(guess_count)
            break;
        elif guess > answer:
            print("你猜的数字太大了")
        else:
            print("你猜的数字太小了")
    onemore = input("还要再玩一次吗(Y/N)？")
    if onemore != 'Y' and onemore != 'y':
        print("欢迎下次再来玩！")
        print("你的成绩如下：")
        print(all_counts)
        print("平均猜中次数" + \
              str(sum(all_counts)/float(len(all_counts))))
        break;
```

此程序使用 Python 3 版本来编写，由于读者们还没有正式学习其中的部分语句所代表的意义，因此先不在此说明程序的内容，待后续章节读者学会这些语句之后，再回到此程序复习看看。

由于书本宽度的限制，在程序中有太长指令没有办法在一行之内显示，可是实际该行程序又必须被视为一行，我们就会在该行指令之后以"\"反斜线注明。

5-4 习　题

1. 请列出 5 个你在编写程序中常会遇到的语法错误。
2. 请列出 3 个你在编写程序时常会遇到的逻辑错误。
3. 程序 5-2 把所有的文件都复制一份。如果要改为不复制文件，而是以在原文件夹下更改文件名的方式完成同样的目的，你认为要如何修改？列出算法即可。
4. 请为程序 5-2 加入判断 output 文件夹存在就改为另外一个可以使用的名称（如 output1、output2 等），再继续执行程序。
5. 修改程序 5-3，加入判断语句，如果猜测的数字和实际的答案相差不到 3，就将显示的信息改为"只差一点点"。

第 6 章

Python 程序设计语言速览

　　这一章将带领程序设计的初学者快速"导览"一下 Python 语言。作为一门多才多艺的程序设计语言，Python 所包含的内容相当多，很难在短短的几章中就介绍完毕。因此，本章主要针对初学者在编写小型应用程序时所需要的基础语法、数据类型、表达式做一个概括性的解说，许多高级的技巧，将会在后续的章节中以"理论结合实践"的方式，在实际应用中不断巩固初学者的学习效果。

6-1　常数、变量和数据类型
6-2　Python 表达式
6-3　列表 list、元组 tuple、字典 dict 与集合 set 类型
6-4　内建函数和自定义函数
6-5　单词出现频率的统计程序
6-6　习　题

6-1 常数、变量和数据类型

一门程序设计语言,最基础的部分就是把数据存储在内存中加以处理的能力。而每一门程序设计语言因为当初在设计时所考虑的应用面都有不同的角度,所以可以接受的数据类型以及处理数据的方法就有许多的差异。本节将介绍 Python 中一些常用的数据类型,以及常用的变量操作方法。

6-1-1 常数和变量的差异

要学会程序设计,常数和变量的概念非常重要。在前面的章节中曾经简单阐述了一个概念,就是一个程序通常都会有被处理的对象,而这些对象在被处理之前要以一些特定的类型存放在内存的某一个位置,需要的时候再拿出来处理。因为用内存的概念对人类来说并不直观,所以程序设计语言会把放置数据的那些内存位置都给一个名字,并把这个概念以"变量"来命名,主要的原因在于,放在这些位置里面的数据是可以随着处理的需求而被改变的。

相对于"变量",另外一种经过设置之后就不能被改变的数据叫作"常数"。假设我们在 Python 的程序中输入了如下的变量赋值语句:

```
a = 38
```

此时,Python 会在内存中找出一个足以容纳 38 这个数值的可用空间,设置此空间类型为整数类型,然后把 38 这个数值放进去,并以"a"这个名称指向它,如图 6-1 所示。

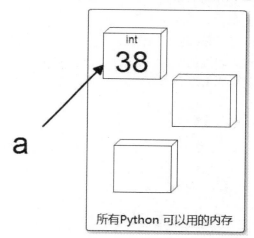

(图 6-1:在 Python 中创建变量的示意图)

我们可以宏观地把"a"这个名称视为是存储"38"这个数值的变量,而"38"这个数值一经写下来之后就只能是 38,不会有其他的意思,因此就叫作常数。至于这个等号"=",初学者一定要特别留意,因为它指的是"赋值,设置值"的意思,也就是把右边的值"赋给"左边的变量(也可以把变量视为容器或者对象),不是我们平时在数学上所了解的"等于"的意思。在 Python 程序设计中,要判断是否相等,要使用"=="两个等号或是"==="三个等号,这个符号我们在后面的章节中会有说明。

再看另外一个设置字符串数据的例子：

```
msg = 'Hello Python'
```

其中，"msg"是用来存储"Hello Python"这串文字的变量，而"Hello Python"这一串文字也是写出来之后就是它自己代表的意思，不会有其他的意思，也是常数。在 Python 中，任一字符串的两侧既可以使用单引号，也可以使用双引号，同一个程序中也可以交替使用，但是在使用时一定要成对出现。也就是字符串前面是单引号，最后面就要使用单引号作为结尾才行。

在双引号或单引号中，如果要使用双引号或单引号，常见的方式就是用不同的引号配对，例如下面这个例子：

```
"She's a good girl"
```

用双引号当作是字符串常数的外围符号，在其内就可以自由地使用单引号了。另外，也可以通过反斜线 "\"（在此称为转义字符）的方式指定一些特殊的符号：

```
'She\'s a good girl/'
```

如此，虽然两侧是单引号，但是字符串中使用到单引号之前用了反斜线，在其后的单引号就会被视为单纯的单引号，而不具有字符串外围符号的功能。

如果，有多于一行的文字要放在字符串中，要如何处理呢？一般来说，我们会把换行符号 "\n" 放在字符串中，例如：

```
'This is line 1\n And this is line 2 \n Line 3 is here!'
```
这个字符串如果使用 print 把它打印出来，操作过程如下：
```
>>> s = 'This is line 1\n And this is line 2 \n Line 3 is here!'
>>> print (s)
This is line 1
 And this is line 2
 Line 3 is here!
>>>
```

但是，如果是一个段落的文章，其实有更好的表示方法，就是连续使用 3 个引号 """或 "''"，例如：

```
>>> s = '''
... This is line 1
... And this is line 2
... Line 3 is here!
... Here is the last line...
... '''
>>> print(s)

This is line 1
And this is line 2
Line 3 is here!
```

```
Here is the last line...
>>>
```

在字符串的前后都加上 3 个引号，接下来的内容就会完全按照原有的排版格式存放到字符串变量中，非常适合用来作为长文章的表示方法。此外，日后你也会看到许多的 Python 程序代码使用此种方式来注释。如果是单行注释就使用"#"，如果是多行注释就使用""""或是"'''"。

因为变量的内容是可以随时改变的，所以如下所示的程序片段：

```
a = 38
b = 49
c = 13
d = a + b + c
```

可以把 a、b、c 各设置为 38、49、13，然后再把这 3 个变量的内容取出进行加法运算，之后再放到变量"d"中，很明显，d 的内容应该是 100。而上述的程序片段如果改为：

```
a, b, c = 38, 49, 13
a = a + b + c
```

那么执行完毕，a、b、c 的内容则分别是 100、49、13。其中变量 a 本来是 38，但是在执行第 2 行指令时被重新赋值为 100。也就是说，一条表达式语句中如果看"="号，就要先去计算"="号右侧的表达式，然后再把计算结果存入"="号左侧相对应的变量中。

有了变量的概念后，对初学者来说就可以暂时先抛开内存的想法，直接把变量当作一个可以存放数值的容器，因为使用容器之前不需要像其他传统的程序设计语言一样要事先声明并指定类型，所以在使用变量的时候，要知道自己在哪一个变量里面放了哪些东西，这时为变量取一个好的名字就显得特别重要了。

6-1-2　变量的命名原则

在 6-1-1 小节中，变量都是以简单的英文字母来命名的，但是实践中这样命名并不是一个好习惯，主要原因是每一个数据其实在现实生活中都有其代表的意义（如程序 5-2 猜数字的程序内容），只有一个好的名称才能让这个程序容易被了解其执行的逻辑流程，如此不仅方便程序的设计，也利于日后的维护。

命名的原则除了使用英文字母（区分大小写字母）和数字之外，也可以利用下划线来作为变量中不同文意的分隔符，但是自定义变量的第一个字母一定要是英文字母。基于简单化的原则，对于初学者而言，其他的符号就不要使用了。此外，也不能使用中文作为变量的名称。

以程序 5-2 用来存储待猜数字的变量为例，原先是用 answer，可以改写为 randomNumber 或是 answer_number，看你是习惯用大小写的方式来区分各个单词还是使用下划线，两者均可。变量的名字不怕长一些，因为许多好的程序代码编辑器会帮你快取出来，怕的是取得太过于精简（太短或是使用太多的缩写）、过于模糊或是使用了容易拼错的英文单词（难词或是常使用复数形的英文单词），别忘了，计算机是非常精确的，所以只要大小写不同或是一两个字母拼错，都会被当作是另外一个变量。因为错误拼写变量名称而造成的程序执行错误是初学者常犯的错误之一。

为了统一变量命名的原则以及程序的编写规范，以利于不同的程序设计师们交流以及维护，在 Python 的官网上（https://www.python.org/dev/peps/pep-0008/）有一份非常完整的程序编写规范可以遵循。如果是多人共同协作开发的项目或是大型的程序开发项目，建议以此规范来编写程序，这样编写出来的程序易于团队协作以及日后的维护工作，许多软件公司甚至要求程序设计师一定要使用此规范来编写每一个程序。

总之，变量的命名原则就是，第一个字符使用英文字母，可以使用数字，不要使用除了下划线以外的符号，名字要明确有意义，可以使用下划线分隔每一个英文单词，变量的名字长一点没有关系。

6-1-3 程序设计语言的保留字

就像是日常生活中在替新生儿命名时，你不会把小孩子取名叫作"先生""小姐""妈祖""关公"等词一样，有些约定俗成的名词是不适合用来当作名字的。而 Python 也不例外，有许多的词是原本在 Python 语言中就使用的（我们称它们为关键字（keyword）或保留字（reserved word），它们并不能被拿来作为变量的名称，在为变量命名时一定要避免使用这些字词。下表所列出的所有的英文单词都是不能或是不建议在程序中使用的保留字。

acos	and	array	asin	assert	atan
break	class	close	continue	cos	Data
def	del	e	elif	else	except
exec	exp	fabs	float	finally	floor
for	from	global	if	import	in
input	int	is	lambda	log	log
log10	not	open	or	pass	pi
print	raise	range	return	sin	sqrt
tan	try	type	while	write	zeros

不同版本以及导入不同的链接库均会有一些保留字，为了避免命名上的冲突，建议使用中多运用下划线来搭配有意义的单词来命名。

6-1-4 基本数据类型

在前面的小节中讨论到存放在变量中的值可以是数值或是字符串，这就是所谓的数据类型。不同的数据特性使用不同的数据类型来存储，方便后续的运算。对于数据类型最基本的认知就是数值和字符串，这是最基本的数据类型，而数值本身还可以区分为浮点数（就是带有小数的数值）以及整数。在 Python 语言中，使用任何类型的变量都不需要事先声明，关键是看我们存放了什么样的数据到变量中。因此，在下例中，a 就自动被指定为整数（int）类型：

```
a = 38
```

如果是

```
a = 38.0
```

a 就会被设置为浮点数（float）类型。如果是

```
a = "38"
```

变量 a 就会成为字符串（str）类型了。在 Python 的交互式界面中，随时可以通过 type() 来查询任一个变量当前的类型。例如：

```
$ python
Python 3.5.1 |Anaconda 2.4.1 (x86_64)| (default, Dec  7 2015, 11:24:55)
[GCC 4.2.1 (Apple Inc. build 5577)] on darwin
Type "help", "copyright", "credits" or "license" for more information.
>>> a = 38
>>>type(a)
<class 'int'>
>>> a = 38.0
>>>type(a)
<class 'float'>
>>> a = '38'
>>>type(a)
<class 'str'>
>>>
```

为变量指定一个正确的类型非常重要，不然有时候会发生预想不到的计算错误。为了确保运算的正确性，可以通过 int()、float()、str() 来进行类型上的转换（以下为 Python 2.7 的操作示范，在 Python 3.5 中会自动转换合适的类型，不过笔者还是建议你全部都用手动的方式来转换，这样不易发生因误解造成的错误）：

```
$ python
Python 2.7.10 (default, Aug 22 2015, 20:33:39)
[GCC 4.2.1 Compatible Apple LLVM 7.0.0 (clang-700.0.59.1)] on darwin
Type "help", "copyright", "credits" or "license" for more information.
>>> a = 38
>>> b = 5
>>> print a / b
7
>>>print float(a/b)
7.0
>>>print float(a)/b
7.6
>>>
```

如上例，a / b 的结果应该是 7.6，但在 Python 中如果一直使用整数运算，那么得到的结果会是整数 7。只有对其中一个变量先转换成 float 类型之后再计算才会得到正确的值。

同样的情况也发生在字符串和数值的类型转换上。如前面章节中的例子，当需要把计算所得的数值和字符信息一起显示出来的时候，也要先把数值转换成字符串之后再使用 "+" 号串接两个字符串，例如：

```
$ python
```

```
Python 2.7.10 (default, Aug 22 2015, 20:33:39)
[GCC 4.2.1 Compatible Apple LLVM 7.0.0 (clang-700.0.59.1)] on darwin
Type "help", "copyright", "credits" or "license" for more information.
>>>pre_msg = "The sum is "
>>>sum = 1 + 2 + 3 + 4 + 5
>>>print pre_msg + sum
Traceback (most recent call last):
  File "<stdin>", line 1, in <module>
TypeError: cannot concatenate 'str' and 'int' objects
>>>print pre_msg + str(sum)
The sum is 15
>>>
```

在没有转换 sum 之前，使用 print pre_msg+sum 会得到一个错误的信息，但是在使用 str(sum) 之后，问题就可以解决了。

此外，字符串类型搭配一些默认的处理函数以及列表（list）等数据类型可以有非常多的变化，例如可以把字符串拆成一个一个的字符所组成的列表（使用 split 方法中的函数），或是把字符串的第一个字母变成大写（使用 capitalize 方法中的函数），还是全部都变成大写或小写：

```
$ python
Python 2.7.10 (default, Aug 22 2015, 20:33:39)
[GCC 4.2.1 Compatible Apple LLVM 7.0.0 (clang-700.0.59.1)] on darwin
Type "help", "copyright", "credits" or "license" for more information.
>>> quote = "how to face the problem when the problem is your face"
>>>quote.upper()
'HOW TO FACE THE PROBLEM WHEN THE PROBLEM IS YOUR FACE'
>>>quotes = quote.split()
>>>for s in quotes:
...    prints.capitalize()
...
How
To
Face
The
Problem
When
The
Problem
Is
Your
Face
>>>
```

详细的内容将在后续文字数据处理应用时进行说明。

6-2　Python 表达式

了解了基本的数据类型如何被存储在内存中以及如何操作这些类型，接下来重要的事情就是了解如何运用 Python 设计表达式来计算（算术表达式）、比较（关系表达式）、判断（逻辑表达式）这些数据。表达式是计算结果以及控制程序流程的基础，一定要充分熟悉之后再进入下一个单元。

6-2-1　算术表达式

表达式（Expression）是构成程序的基本元素，也是用来表达程序设计者意志的主要方式，就如同在写算术式子一样，程序设计者和 Python 对于所有表达式的每一个符号所代表的意义以及运算的顺序必须要一致，才能够正确地按照设计者的逻辑来运行程序。几个主要的数学运算符号如下表所示。

运算符号	功能	运算符号	功能
=	给变量赋值	+, -, *, /	加，减，乘，除
//	整除	**	次方
%	求余数	+, -	正数，负数

标准的表达式看起来像是这种形式：

```
a = 25 / 5 + 72 * 3 + 3 ** 3 + (76 % 9) // 2
```

每一个操作数有其运算的先后顺序称为优先级，不过通过括号可以改变计算的优先级。这些优先级基本上是数学运算的常识，所以在此不特别加以说明，上述表达式的运行结果如下：

```
$ python
Python 2.7.10 (default, Aug 22 2015, 20:33:39)
[GCC 4.2.1 Compatible Apple LLVM 7.0.0 (clang-700.0.59.1)] on darwin
Type "help", "copyright", "credits" or "license" for more information.
>>> a = 25 / 5 + 72 * 3 + 3 ** 3 + (76 % 9) // 2
>>>a
250
>>>
```

有一点要特别说明，就是 Python 的其中一个特色就是在给变量赋值时，左侧的变量可以超过一个，只要左右两侧的个数一致即可。如下例，我们可以一次给 a、b、c 三个变量分别赋值 1、2、3，也可以利用 "a, b = b , a" 交换两个变量的内容。但是如果左右的个数不一样，就会发生错误，并显示出提示错误的信息。

```
$ python
Python 2.7.10 (default, Aug 22 2015, 20:33:39)
[GCC 4.2.1 Compatible Apple LLVM 7.0.0 (clang-700.0.59.1)] on darwin
Type "help", "copyright", "credits" or "license" for more information.
>>>a, b, c = 1, 2, 3
>>> print a, b, c
1 2 3
```

```
>>>a, b = b, a
>>> print a, b, c
2 1 3
>>>a, b = 1, 2, 3
Traceback (most recent call last):
  File "<stdin>", line 1, in <module>
ValueError: too many values to unpack
>>>
```

除了算术运算之外，比较大小关系的关系表达式以及检测逻辑的逻辑表达式可用于主导程序的控制流程。就执行的优先级方面，算术表达式>关系表达式>逻辑表达式。如果不能确定顺序，就使用小括号确定运算的优先级。

6-2-2 关系表达式

比较两个变量之间的大小关系以改变程序的控制流向是非常重要的程序设计元素之一，通常关系表达式都会和 if/elif 流程控制指令搭配，这些我们在猜数字的程序中已经使用过了。

比较大小关系的表达式主要有下表所列的这几个。

运算符号	功能	运算符号	功能
<	小于	<=	小于或等于
==	等于	!=	不等于
>	大于	>=	大于或等于

比较特别的是"=="和"!="，分别用来表示测试两边的运算值或变量值是否相等或是不相等，得到的结果会以"True"（成立、真或是）或者"False"（不成立、假或否）来表示。在关系运算符的两侧，可以是数据、变量或是表达式。以下为一些比较运算的结果：

```
$ python
Python 2.7.10 (default, Aug 22 2015, 20:33:39)
[GCC 4.2.1 Compatible Apple LLVM 7.0.0 (clang-700.0.59.1)] on darwin
Type "help", "copyright", "credits" or "license" for more information.
>>>a, b = 1, 2
>>>a == 1
True
>>>a != 1
False
>>>a == b
False
>>> a <= b
True
>>> a + 1 == b
True
>>>a == b / 2
True
>>>a + 1 != b /2
True
>>>
```

搭配 if/elif 的关系表达式如下例：

```
$ python
Python 2.7.10 (default, Aug 22 2015, 20:33:39)
[GCC 4.2.1 Compatible Apple LLVM 7.0.0 (clang-700.0.59.1)] on darwin
Type "help", "copyright", "credits" or "license" for more information.
>>>a, b = 1, 2
>>>if a == b:
...    print "a==b"
... elif a > b:
...    print "a>b"
... else:
...    print "a<b"
...
a<b
>>>
```

6-2-3 逻辑表达式

逻辑表达式的主要作用在于比较生活上有些问题需要有"是""否""而且""或者"这些情况时。例如，询问用户是否要继续让程序再执行一遍时，可能会简单地使用 input 来获取用户的回复：

```
user_answer = input("Run the program again? (Y/N)")
```

虽然提示符要求用户使用大写字母来回答，但是在 user_answer 中仍然可能会收到小写的 "y"，但是不管是大写的 Y 还是小写的 y 都必须要视为肯定的回答，此时逻辑运算符号就派上用场了：

```
If user_anwer == 'Y' or user_answer == 'y':
```

在程序中可以使用的逻辑运算符号如下表所示。

运算符号	功能	运算符号	功能
and	且	or	或
not	否		

和关系表达式搭配使用，以下是一个判断可以看电影分级的例子：

```
# _*_ coding: utf-8 _*_
# Python 2 version

age = input("请输入你的年龄: ")
with_parent = raw_input("和父母一起来吗? (Y/N)")

if age >= 18:
    print "可以看限制级电影"
elif age >=12:
    print "可以看辅导级电影"
elif (age >= 6 and age < 12) and (with_parent=='Y' or with_parent=='y'):
```

```
    print "可以看保护级电影"
else:
    print "只能看普遍级电影"
```

可以留意保护级电影那行语句，同时使用了括号以及关系运算式和逻辑表达式，这是一般程序设计中常见的用法。

6-3 列表 list、元组 tuple、字典 dict 与集合 set 类型

这一节要介绍的是 Python 语言最被人津津乐道的 4 种复合式数据类型 list、tuple、dict 以及 set。善加运用这几种类型在适当的地方，你会发现，原来解决一些程序上的问题是如此简单、直观。而每一个类型本身都有一些相对应方法的函数可以使用，这也是这些类型需要学会如何活用的部分。

6-3-1 list 列表与 tuple 元组

不像其他的程序设计语言都有的"数组"数据结构，在 Python 中是用列表 list 来扮演存储大量有序数据的角色的。不过，虽然说是有序，但是在存储上非常有弹性，不需要事先声明，也可以不用按照顺序存入数据，而且同属于一个列表中的数据，也可以是不同类型的。但是其最主要的特色就是，存储在同一个列表中的数据都是以数字来作为索引的，即作为操作存取其中各个元素的根据。如图 6-2 所示，一个名为 a_list 的列表中有 5 个元素，其索引值分别是 0、1、2、3、4，每一个元素可以有自己的类型，在此例中均为 int 类型，而其内容则分别是 1、3、5、7、9。

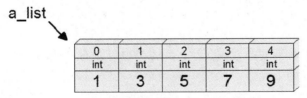

（图 6-2：列表存储形式的示意图）

在使用列表的时候，只要在存储的多个数据两侧加上中括号就可以了：

```
>>>a_list = [1, 3, 5, 7, 9]
>>>type(a_list)
<class 'list'>
>>>a_list[1]
3
>>>a_list[5]
Traceback (most recent call last):
  File "<stdin>", line 1, in <module>
IndexError: list index out of range
>>>
```

如上例，在 Python 的交互式环境中输入 a_list 这个变量，在赋值数据的时候，在数据的

两侧加上中括号，以 type 检查 a_list 就可以得到 list 这个列表类型的结果。所有的数据都被按顺序放入列表中，要取出时只要在 a_list 这个列表变量中以中括号加上指定索引值的方式即可。但是要留意一点，列表的索引是从 0 开始的，因此通过 a_list[1]实际上取得的是第 2 个数值。当然，如果索引值超出列表的数据范围，就会发生错误。

除了赋予或者设置数值数据之外，也可以存储字符串数据，例如：

```
>>>str_list = ['P', 'y', 't', 'h', 'o', 'n']
>>>str_list
['P', 'y', 't', 'h', 'o', 'n']
>>>str_list[0]
'P'
>>>
```

还记得在前面的章节中使用的字符串 split 方法吗？把一个字符串使用 split 之后返回来的类型就是列表，例如：

```
>>>str_msg = "I love Python"
>>>b_list = str_msg.split()
>>>b_list
['I', 'love', 'Python']
>>>
```

如果要把一个英文句子拆成字符（字母）所组成的列表，就使用 list()，把该字符串当作类型初始化的内容，例如：

```
>>>str_msg = "I love Python"
>>>c_list = list(str_msg)
>>>c_list
['I', ' ', 'l', 'o', 'v', 'e', ' ', 'P', 'y', 't', 'h', 'o', 'n']
>>>
```

同一个列表中可以有不同的数据类型，列表中也可以有其他的列表。例如，要统计一些关键词出现的次数，可以如下操作：

```
>>> k1 = ['book', 10]
>>>k2 = ['campus', 15]
>>> k3 = ['cook', 9]
>>> k4 = ['Python', 26]
>>>keywords = [k1, k2, k3, k4]
>>>keywords
[['book', 10], ['campus', 15], ['cook', 9], ['Python', 26]]
>>>keywords[2]
['cook', 9]
>>>keywords[2][0]
'cook'
>>>keywords[2][1]
9
>>>
```

由上可知，列表中还可以存放另外一个列表，而要取出列表中的列表值，只要再多一个中括号索引值即可，这样的操作方式就像是传统程序设计语言中的多维数组。当然，上述方法只是操作示范，实际使用上会搭配 for 循环以简化操作的步骤。

一个列表除了可以放在另外一个列表之中成为列表中的列表之外，也可以使用"+"运算把两个列表放在一起，还可以检测某一个数据是否在列表之中，延续上述的例子，执行以下的操作：

```
>>>keywords
[['book', 10], ['campus', 15], ['cook', 9], ['Python', 26]]
>>> "Python" in k1
False
>>> "Python" in k4
True
>>> "Python" in keywords
False
>>> ["Python", 26] in keywords
True
>>>keywords + k1 + k2
[['book', 10], ['campus', 15], ['cook', 9], ['Python', 26], 'book', 10, 'campus', 15]
>>>
```

6-3-2　list 的操作应用

列表类型除了上一小节的操作之外，有几个比较常用的操作方法和函数，摘录列于下表（假设 lst 是列表变量，n, n1, n2 代表某一数值，s 是字符串变量）。

列表表达式	操作结果说明
lst * n	把 lst 列表重复 n 次
lst[n1:n2]	把索引组 n1 到 n2 的列表内容取出，组成另一个列表
lst[n1:n2:k]	同上，但取出间隔为 k
del lst[n1:n2]	删除索引值 n1 到 n2 之间的元素
lst[n1:n2] = n	把索引值 n1 到 n2 之间的元素设置为 n
lst[n1:n2:k] = n	同上，但间隔为 k
del lst[n1:n2:k]	删除索引值 n1 到 n2 之间的元素，但间隔为 k
len(lst)	返回列表的个数
min(lst)	返回列表中的最小值
max(lst)	返回列表中的最大值
lst.index(n)	返回列表中第一次出现 n 的索引值
lst.count(n)	计算出 n 在列表中出现的次数

以下的代码段是取出部分列表元素的例子：

```
>>>x = list(range(10))
>>>x
[0, 1, 2, 3, 4, 5, 6, 7, 8, 9]
>>>y = x[1:7]
>>>y
[1, 2, 3, 4, 5, 6]
>>>y = x[1:7:2]
>>>y
```

```
[1, 3, 5]
>>>
```

以下的代码段则是用来示范计算元素出现个数的例子：

```
>>>msg = "Here is the test string"
>>>lst = list(msg)
>>>lst
['H', 'e', 'r', 'e', ' ', 'i', 's', ' ', 't', 'h', 'e', ' ', 't', 'e', 's', 't', ' ',
's', 't', 'r', 'i', 'n', 'g']
>>>lst.index('e')
1
>>>lst.count('e')
4
>>>
```

此外，为了更便利地操作列表，还有以下所列的列表操作方法（method）（其中 lst 表示列表变量，x 表示列表元素或是另外一个列表变量，n 为数值）：

方法使用	运算结果说明
lst.append(x)	将 x 视为一个元素，附加到列表的后面
lst.extend(x)	将 x 中的所有元素（如果有的话）附加到列表的后面
lst.insert(n, x)	把 x 插入到索引值为 n 的地方
lst.pop()	弹出列表中最后一个元素，可加参数指定特定的索引
lst.remove(x)	从列表中删除第一个出现的 x
lst.reverse()	反转列表的顺序
lst.sort()	将列表的元素内容加以排序

append 和 extend 的差别，请参考以下的操作实例：

```
>>>lsta = [1, 2, 3, 4, 5]
>>>extb = [5, 5, 5]
>>>lsta.append(extb)
>>>lsta
[1, 2, 3, 4, 5, [5, 5, 5]]
>>>lsta = [1, 2, 3, 4, 5]
>>>lsta.extend(extb)
>>>lsta
[1, 2, 3, 4, 5, 5, 5, 5]
>>>
```

以下的程序片段则是 pop 的操作实例：

```
>>>lst = [0, 1, 2, 3, 4, 5]
>>>lst.append(9)
>>>lst.append('x')
>>>lst
[0, 1, 2, 3, 4, 5, 9, 'x']
>>>lst.pop()
'x'
>>>lst.pop(2)
2
```

```
>>>lst
[0, 1, 3, 4, 5, 9]
>>>
```

另外一个和 list 很像的数据结构是 tuple。它的使用方法和 list 基本上是差不多的，许多 list 上的操作方式以及方法也都可以应用在 tuple 上，但是只要设置了 tuple 的变量，其内容就无法修改了。因此，list 中的一些方法（method）只要是牵涉到修改列表内容的，包括变更存储元素顺序的方法（排序和反转等），就不能在 tuple 变量上应用了。

设置 tuple 类型的变量使用的是小括号，但是要取出 tuple 中的元素值，还是要用中括号才行。例如：

```
>>>tpl = tuple(range(10))
>>>type(tpl)
<class 'tuple'>
>>>tpl
(0, 1, 2, 3, 4, 5, 6, 7, 8, 9)
>>>tpl.sort()
Traceback (most recent call last):
  File "<stdin>", line 1, in <module>
AttributeError: 'tuple' object has no attribute 'sort'
>>>tpl[5]
5
>>>tpl[5]=10
Traceback (most recent call last):
  File "<stdin>", line 1, in <module>
TypeError: 'tuple' object does not support item assignment
>>>
```

简单地说，会有 tuple 的存在，主要是执行速度上的考虑，因为其内容不能改，所以内部结构简单，执行的性能会比较高。而且，因为其内容不能被修改，所以将一些不想被修改的数据放在 tuple 中会比较安心。

6-3-3 dict 字典

列表虽然好用，但是在有些情况下，如果能够不以数字为索引值来检索存储的数据，而改以"键（Key）"来作为索引，对于文字的查询与应用会非常方便。以 6-3-2 小节的例子来看，在记录关键词出现次数时，使用以下的方式操作会更方便和有意义：

```
>>>keywords={}
>>>keywords['book']=10
>>>keywords['campus']=15
>>>keywords['cook']=9
>>>keywords['Python']=26
>>>type(keywords)
<class 'dict'>
>>>keywords['Python']
26
>>>keywords
{'Python': 26, 'book': 10, 'campus': 15, 'cook': 9}
```

```
>>>
```

要让变量可以成为字典类型，只要使用"{ }"大括号或是设置为 dict()函数。所以使用 keywords={}或是 keywords=dict()，keywords 就变成了字典 dict 类型。只要是字典类型，要加入任何元素均可以使用 keywords['campus']=10 来设置其数值（不像列表大部分都是使用 append 函数来加入元素）。很明显，其索引值就是关键词（键，key），在数据的操作上变得比较有意义。例如，用来表示星期几的中英文转换，也可以通过字典来加以操作：

```
>>>week={}
>>> week['Monday']='星期一'
>>> week['Tuesday']='星期二'
>>> week['Wednesday']='星期三'
>>> week['Thursday']='星期四'
>>> week['Friday']='星期五'
>>> week['Saturday']='星期六'
>>> week['Sunday']='星期日'
>>>week
{'Tuesday': '星期二', 'Thursday': '星期四', 'Monday': '星期一', 'Wednesday': '星期三', 'Saturday': '星期六', 'Friday': '星期五', 'Sunday': '星期日'}
>>>week['Friday']
'星期五'
>>>week.keys()
dict_keys(['Tuesday', 'Thursday', 'Monday', 'Wednesday', 'Saturday', 'Friday', 'Sunday'])
>>>week.values()
dict_values(['星期二', '星期四', '星期一', '星期三', '星期六', '星期五', '星期日'])
>>>
```

请留意上面的操作示范，因为在字典变量中并没有顺序的概念，所以加入的顺序和实际元素被显示出来的顺序不一定会相同。

因为字典主要的组成是键（key）和值（value），所以也可以单独把所有的键或值取出来，分别是 week.keys()以及 week.values()。

几个比较重要的字典操作方法如下表所示（假设 d 是字典变量，而 key 是键，value 为值）。

方法使用	运算结果说明
d.clear()	清除字典 d 的所有内容
d1 = d.copy()	把 d 的内容复制一份给 d1
d.get(key)	通过 key 取出相对应的 value
d.items()	返回 dict_items 格式的字典 d 的所有内容，它会把一个键和值对应成为一组 tuple，像是(key, value)的样子 在 Python 2.7 版则是返回以列表所组成的 tuple
d.keys()	以 dict_items 的格式列出字典 d 的所有键 在 Python 2.7 版则返回列表格式
d.update(d2)	使用 d2 的内容去更新 d 相同的键值
d.values()	以 dict_items 的格式列出字典 d 的所有值 在 Python 2.7 中则返回列表格式

有一些在列表上可以使用的函数（如 len 计算个数，max 返回最大值以及 min 返回最小值），

在 dict 上也都可以使用。

6-3-4 set 集合

除了列表 list、元组 tuple、字典 dict 之外，Python 还有一个集合 set 的类型。集合也是以大括号的方式来设置数据，但和 dict 不同的地方在于，如果单纯使用一个空的"{}"来给变量赋值，变量的类型就会被认定为 dict，如果在大括号中只有值而没有键，就会被视为 set，例如：

```
>>>a = {}
>>>type(a)
<class 'dict'>
>>>b = {1, 2, 3, 4, 5}
>>>type(b)
<class 'set'>
>>>c = set()
>>>type(c)
<class 'set'>
>>>>>>d = { 'a': 1, 'b': 2 }
>>>type(d)
<class 'dict'>
>>>
```

如上例，因为 a={}，所以是 dict 类型，而 b 在声明的时候只有设置值，而这些设置的值没有对应的 key，因此是 set 类型，但是 d 在声明的时候是以"键:值"的方式声明的，所以是字典类型。

数学上的集合运算主要有"且（AND）""或（OR）"以及"异或（XOR）"几种操作方式，在 Python 中分别对应到符号"&""|"以及"^"，操作如下：

```
>>>a = {1, 2, 3, 4, 5}
>>>b = {1, 3, 5, 7, 9}
>>>a& b
{1, 3, 5}
>>>a | b
{1, 2, 3, 4, 5, 7, 9}
>>>a ^ b
{2, 4, 7, 9}
>>>
```

和前面几种类型一样，在集合中的元素也可以是不同的类型，而且集合内的元素本身没有顺序的概念，同一个元素只能在同一个集合中出现一次。此外，集合也有许多可以操作的方法（method），如 union、intersection 等，它们并不在本书讨论的范围（因为后续的程序中并没有使用到 set 变量），读者可自行参阅官网上的说明。

6-3-5 查看两个变量是否为同一个内存地址

在设计 Python 程序时，有时候会有一些变量以互为赋值的方式来设置变量的初值，如果设置的时候两者所指向的是同一个内存位置,不留意一下此特性可能会在程序中不小心改了不想要改的内容。因此,了解如何查看两个变量是否使用一个内存位置有其必要性。请先看以下的操作:

```
>>>a = [1, 2, 3]
>>>b = [1, 2, 3]
>>>a == b
True
>>>a is b
False
>>>b = a
>>>a ==b
True
>>>a is b
True
>>>b = a.copy()
>>>a == b
True
>>>a is b
False
>>>
```

一开始把变量 a 和 b 分别设置为列表[1,2,3],用"=="检测其值是否相等,然后用"is"检测两者是否为同一个对象,显然它们的内容是一样的,但却不是同一个对象(没有使用同一个内存位置)。但是,如果先设置好 a,再把 a 赋值给 b,此时两个变量就属于同一个对象了,也就是占用了同一个内存空间。可是,如果使用的是后来的 a.copy(),那么就会复制成另外一个副本放在不同的内存空间中,形成不同的对象。这就是".copy()"和直接使用"="不同的地方。

此种情况在操作集合的时候要特别留意:

```
>>>a = { 1, 2, 3 }
>>>b = a
>>>a
{1, 2, 3}
>>>b
{1, 2, 3}
>>>b.add(4)
>>>a
{1, 2, 3, 4}
>>>b
{1, 2, 3, 4}
>>>a is b
True
>>>
```

在此例中,我们先声明变量 a 为集合,其内容为{1, 2, 3},然后把变量 b 也指向此集合。此时,在变量 b 中加入一个元素,连变量 a 也被加入(因为指向同一个对象),变成 a 和 b 同步被更改。为了避免这种情况,就要使用.copy 方法:

```
>>>a = {1, 2, 3}
>>>b = a.copy()
>>>b.add(4)
>>>a
{1, 2, 3}
>>>b
{1, 2, 3, 4}
>>>a is b
False
>>>
```

同样的情况也会发生在列表中，但是基本的类型（如整数、浮点数以及字符串）不会有此种情形发生：

```
>>>a = [1, 2, 3]
>>>b = a
>>>b.append(4)
>>>a
[1, 2, 3, 4]
>>>b
[1, 2, 3, 4]
>>>a is b
True
>>>a = 'string 1'
>>>b = a
>>>a == b
True
>>>a is b
True
>>>b = b.upper()
>>>a
'string 1'
>>>b
'STRING 1'
>>>
```

6-4　内建函数和自定义函数

函数可以说是任何程序的基石。我们不可能在编写任何一个程序的时候就把所有自己需要的功能全部都编写出来，只要有现成可以使用的，一定是以使用现成的为优先。此外，有些时候程序中有一些可以重复使用的片段，也不必一直重复下去，而是把它们搜集起来，以比较严谨的定义设置其名称、传递的参数和返回值，然后在程序的其他地方就以调用的方式来使用这些片段，这样可以提升编程的效率。Python 默认带有的"别人"写好的函数就是内建函数，而自己写给自己用的函数则是自定义函数。

6-4-1　内建函数

虽然在之前的章节中没有正式提及函数 function，但是实际上在范例程序中已经使用了不少函数了。许多特定的功能（例如，把整数类型变量转换成字符串的 str()，以及计算变量内元素个数的 len()，或是返回最大值和最小值的 max() 和 min()）都是 Python 内建的函数，也就是不用导入任何外部模块即可使用的函数。

除了上述提到的这几个之外，下表列出了一些在程序中比较常用的内建函数。

函数名称	使用说明
abs(x)	返回 x 的绝对值
all(i)	i 中所有的元素都是 True 才会返回 True
any(i)	i 中所有的元素只要有一个是 True 就会返回 True
bin(n)	把数值 n 转换为二进制数字
bool(x)	x 如果是 False、None 或是空值就返回 False
chr(n)	取得第 n 个 ASCII 码的字符
dir(x)	用来检查 x 对象可以使用的方法
divmod(a, b)	返回 a/b 的商和余数，以 tuple 的方式返回
enumerate(x)	用枚举的方式，把变量 x 中的索引值和值取出来，组合成 tuple，而 x 必须像是 list、dict 这一类具有迭代特性的变量
eval(e)	求字符串类型的表达式 e 的值
float(n)	将变量 n 转换成浮点数类型
format()	字符串格式化符号输出映像
frozenset()	用来创建出不能被修改的集合变量
help(cmd)	查询任一指令或函数的用法
hex(n)	把数值 n 转换为十六进制数字
id(x)	取得变量 x 的内存地址
input(msg)	显示出信息 msg，并要求用户输入数据
int(a)	把变量 a 转换成整数类型
len(a)	计算变量 a 的长度，但 a 必须是可以计算长度的类型
max(a)	返回变量 a 中最大值的元素
min()	返回变量 a 中最小值的元素
oct(n)	把数值 n 转换为八进制数字
open()	打开文件
pow(x, y)	计算 x 的 y 次方
print()	输出函数
range(a, b, c)	返回 a 开始到 b-1、间隔为 c 的序列数字
round(n)	数值 n 四舍五入，取整数
sorted(a)	把 a 的元素排序
str(n)	把变量 n 转换成为字符串类型
sum(a)	计算变量 a 中元素的总和
type(x)	返回变量 x 的类型

以下是不同进制数值转换的操作实例：

```
>>>a = 100
>>>bin(100)
'0b1100100'
>>>oct(100)
'0144'
>>>hex(100)
'0x64'
```

```
>>>
```

format 函数搭配 print，可以让输出信息格式时变得更加容易。其中，在 format 中的每一个参数会按顺序填入前方字符串中相对应的"{}"中，示范如下：

```
>>>a = 50
>>>b = 100
>>>print("{}+{}={}".format(a, b, a+b))
50+100=150
>>>
```

如果要产生有序的数字列表，使用 range 就非常方便：

```
>>>a = range(1,10)
>>>a
[1, 2, 3, 4, 5, 6, 7, 8, 9]
>>>b = range(5, 100, 5)
>>>b
[5, 10, 15, 20, 25, 30, 35, 40, 45, 50, 55, 60, 65, 70, 75, 80, 85, 90, 95]
>>>c = range(1,101)
>>>print("1+2+...+100={}".format(sum(c)))
1+2+...+100=5050
>>>
```

在上例中，我们使用 range 来产生 1 到 100 的整数列表，然后再以 sum 函数计算总和，就可以得到 1 到 100 的总和为 5050。

6-4-2 自定义函数

除了使用 Python 内建的函数之外，也可以自己定义函数。自定义函数是以 def 开头，空一格之后再加上这个自定义函数的名称，如果需要加上参数，就加上小括号之后接在函数名称的后面，最后别忘了加上"："，函数的程序代码也要有适当的缩排。定义完成之后的函数并不会主动被执行，直到在程序中调用才会被执行，请看下面的例子：

```
>>>def add2number(a, b):
...    return a + b
...
>>>add2number(10,20)
30
>>>
```

如上例，我们定义了一个叫作 add2number 的自定义函数，然后设置此函数可以输入两个参数，分别是 a 和 b，只要进入此函数之后，就把两数相加，再返回去给调用的变量或对象。函数只要定义一遍就可以在此程序中的任何地方加以采用，因此，一般来说，我们都会把一些程序中经常会重复使用的代码段定义为函数，以简化程序代码的数量并增加程序的可读性。

在定义函数指定参数时，有时候会有一些默认的值，可以利用"="先指定在参数列表上，如果在调用的时候没有设置此参数，那么该参数就使用默认的值。请看下面的例子：

```
>>>def draw_bar(n, symbol="*"):
```

```
...    for i in range(1, n+1):
...        print(symbol,end="")
...    print()
...
>>>draw_bar(5)
*****
>>>draw_bar(10,'$')
$$$$$$$$$$
>>>
```

上面的例子是 Python 3 的版本，如果是使用 Python 2，就把 print 那一行改为：

```
...        print symbol,
```

其中，在 print 后面加上 end=""或是"，"，目的都是为了让 print 在输出之后不要换行。

有时候，函数的参数数量如果较多，就会不太容易记得各个参数的排列顺序，如上例，在调用时究竟是数字 n 先写还是符号 symbol 先写？为了避免出错，在调用的时候，也可以直接指定参数的变量名称，如下例：

```
>>>draw_bar(symbol='#', n=10)
##########
```

只要在调用函数时指定参数名称，这样就不用管参数的顺序了。除此之外，在定义函数的时候，也可以让此函数可以接受没有预先设置的参数个数，定义方法是在参数的前面加上"*"：

```
def proc(*args):
  for arg in args:
    print("arg:", arg)

proc(1, 2, 3)
proc(1, 2)
proc("a", "b")
```

如上例所示，在函数 proc 中设置一个叫作 args 的参数，在前面加上"*"，此时在主程序调用此函数时，Python 会以 tuple 的方式来接收所有调用的自变量，也就是这时候在处理 args 时要把它当作是 tuple 类型的变量来处理，如此，不管你用哪些自变量来调用，在函数中都可以顺利地取得这些自变量的内容来加以处理。以下是执行的结果：

```
arg: 1
arg: 2
arg: 3
arg: 1
arg: 2
arg: a
arg: b
```

在实际运用上，自定义函数可能会比较复杂，除了在调用时传递进来的参数之外，也可以在函数中自行定义新的变量。需要注意的是，在函数中定义的变量叫作局部变量，它们的作用仅仅在此函数被调用时的范围中有效，在函数执行结束之后就消失了。如果在函数中才定义的

变量名称和函数外的变量名称相同,那么使用上会以局部变量为优先。

程序 6-1

```
# 程序 6-1.py (Python 3.x version)
# _*_ coding: utf-8 _*_

def add2number(a, b):
    global d
    c = a + b
    d = a + b
    print("在函数中, (c={}, d={})".format(c,d))
    return c

c = 10
d = 99
print("调用函数前, (c={}, d={})".format(c,d))
print("{} + {} = {}".format(2, 2, add2number(2, 2)))
print("函数调用后, (c={}, d={})".format(c,d))
```

在上面这个例子的函数中,c 是局部变量,而 d 是全局变量。也就是在函数内部执行的时候,这个 c 和函数外面的 c 是不相关的,所以在调用函数之前 c 的值是 10,但是在函数执行中,c 被设置为两数相加之和,在此例中为 4,但是离开函数之后,c 仍然为 10 并没有被改变,但是两数的计算结果会通过 return 传递出来。但是 d 不一样,在函数内使用 global 告知要使用外面的 d 来存放计算的结果,因此在离开函数之后,d 的值被改变了。执行的结果如下:

```
调用函数前, (c=10, d=99)
在函数中, (c=4, d=4)
2 + 2 = 4
函数调用后, (c=10, d=4)
```

由于 Python 公用的资源非常多,因此自定义函数的命名尽量以完整的名称明确地表达此函数的用途,如果能够在定义函数内容之前以注释符号 "#" 说明此函数的用法(包括参数的个数、类型、目的以及返回值内容等),那么日后在使用时会比较方便。

最后,Python 还提供了一个非常有趣、精简好用的一行自定义函数的方法 lambda,这是一种可以实现出一行语句、用完即丢的自定义函数的做法。用法如下:

```
lambda 参数1, 参数2, ... : 语句内容
```

上述定义其实就等于下面的函数:

```
def fun(参数1,参数2, ...):
    return 语句内容
```

这种定义方式可以和 map 这一类的函数一起使用:

```
>>>x = range(1,10)
>>>y = map(lambda i: i**3, x)
>>>for i, value in enumerate(y):
...    print("{}^3 = {}".format(i,value))
```

```
...
0^3 = 1
1^3 = 8
2^3 = 27
3^3 = 64
4^3 = 125
5^3 = 216
6^3 = 343
7^3 = 512
8^3 = 729
```

上述的程序片段先产生 0~8 之间的整数，然后使用 map 函数一次性地产生 0~8 的每一个数的 3 次方数并存放在 y 中，最后再通过 for 循环把它们的值取出来。其中，在 map 函数中需要一个计算用的函数，我们就不另外定义了，而是利用 lambda 直接写一个计算 3 次方的小程序片段，塞在 map 函数的第一个参数所在的位置中。

6-4-3　import 与自定义模块

在前面的程序中，经常会出现 import，把一些好用的功能导入到程序中使用。例如，random 可以用来产生随机数，NumPy 以及 Matplotlib 可以协助我们利用 Python 很快地绘出数学函数图形等，而这些就是模块的概念。

任何的 Python 程序，只要写成模块形式，就可以通过 import 指令导入到当前正在使用的程序中，而一些由别的优秀程序设计师所开发的公用模块，只要是通过一个标准的程序放在 Python 网络模块的公共空间，就可以使用 pip 这一类的安装程序把所需要的模块下载并安装到我们的计算机当中导入使用。

在程序编写一段时间之后，就会发现有许多自己开发的程序片段可能会经常被自己引用，这时也可以把自己的函数编写成模块的形式存盘，日后再编写新的程序如果要用到时，使用 import 就可以了。当然，如果有一天你觉得自己编写的程序还不错，想要提供给网友们使用，也可以公开。不过初学者基本上不会做这件事，因此此部分不在本书的讨论范围。

要做成模块可供日后自己或他人使用，和自定义函数方法类似，只不过是要放在另外一个程序中。同时，为了管理方便，避免主程序和模块程序产生混淆，一般都会为自定模块单独创建一个文件夹，并在该文件夹中除了自定义模块的程序之外，再加上一个_init_.py 文件，此文件可以放一些初始化的变量，或是不放任何东西（大部分都是留下一个空的文件）。

假设要创建一个叫作 draw_bar 的模块，我们可以创建一个叫作 my_module 的文件夹，在此文件夹中分别放置_init_.py 以及 draw_bar.py 两个文件，然后 draw_bar 的内容就和 6-4-2 小节的内容一样了（只是把原本的函数名称 draw_bar 改为 draw）：

```
# draw_bar.py (Python 3 version)
def draw(n, symbol="*"):
    for i in range(1, n+1):
        print(symbol,end="")
    print()
```

然后在主程序 6-2 中，就可以通过 from 和 import 来导入。其中，from 指的是文件夹名称，而 import 则是实际的文件名。最后使用的时候,是文件名再加上函数名称。

程序 6-2

```
# 程序 6-2.py (Python 3 version)
from my_module import draw_bar

draw_bar.draw(10, "$")
draw_bar.draw(6, "#")
draw_bar.draw(15)
```

运行结果如下:

```
In [8]: run 6-2.py
$$$$$$$$$$
######
***************
```

6-5 单词出现频率的统计程序

综合本章的内容,本节以一个统计单词在文章中出现频率的程序作为结尾。在这个程序中会以 open 函数打开一个文本文件(sample.txt),然后把这个文件中所有的文字都读取到一个变量 article 中。

在拿到 article 的所有文字内容后,还有一个操作要先执行,就是把除了字母和空格以外的所有符号都去除,在这里我们使用了"正则表达式(regular expression)"来处理,详细的用法在后面的章节中会再加以说明。

去除了其他不相关的符号之后,再以 split 方法把所有的单词以空格为分隔符分割之后,设置为 list 类型存放在 words 这个变量中。

要统计单词出现的次数,最方便的方式是用 dict 类型来存放,因为可以使用单词作为 key,而其 value 就是出现的次数。因此,运用 word_counts = {} 声明 word_counts 为 dict 类型的变量,然后用"in"来检查每一个单词是否已在 word_counts 中,如果在,就把其值加 1,如果不在,就新增一个元素,以单词本身为 key,并初设其值为 1。

通过 for 循环把所有 words 中每一个单词都检查一遍,为了避免大小写造成对比的问题,我们把所有的单词都变成大写的,以利于比较与统计。

程序的最后面要列出所有统计后的单词时,先以 keys 方法把 word_counts 中所有的键都找出来,再以此为根据去找出所有对应的值,只有超过 1 的单词才显示出来。完整的程序如程序 6-3 所示。

程序 6-3

```
# _*_ coding: utf-8 _*_
# 程序 6-3.py (Python 3.x version)
# 计算单词在文章中出现的频率
# 只列出出现超过一次以上的单词
import re
```

```python
fp = open("sample.txt", "r")
article = fp.read()
new_article = re.sub("[^a-zA-Z\s]", "", article)
words = new_article.split()
word_counts = {}
for word in words:
    if word.upper() in word_counts:
        word_counts[word.upper()] = word_counts[word.upper()] + 1
    else:
        word_counts[word.upper()] = 1

key_list = list(word_counts.keys())
key_list.sort()
for key in key_list:
    if word_counts[key] > 1:
        print("{}:{}".format(key, word_counts[key]))
```

以下为程序 6-3 的运行结果：

```
A:7
AIR:2
AN:3
AND:3
AT:2
DEVICE:2
FLIGHT:2
FROM:2
GAGEY:2
IN:3
OF:3
ON:2
PLANE:2
SAID:2
THAT:2
THE:11
TO:3
TOILET:2
WAS:5
```

为了示范起见，本程序的写法并非最精简的。随着读者 Python 的实力增加，慢慢就会发现，其中有些地方可以用更有效率的方法来解决，可以等到后面的课程中学到新的"技术"后再回来修改（留待读者日后自行练习）。

6-6 习 题

1. 请使用程序 6-2 分析中文文件，并说明出现的问题以及解决方法。
2. 修改程序 6-2，改为以单词出现的频率高低排序之后再显示。
3. 请说明 tuple 和 list 的不同。
4. 请说明 dict 和 list 的不同。
5. 请说明 set 主要的用途，并举出一个应用实例。

第 7 章

程序控制流程

在前面的几章我们已经用过一些流程控制指令,包括 if/else、for 还有 while,可见控制流程的重要性,没有它们,程序只能成为一笔流水账,不能做什么复杂的工作。在这一章中将学会如何从计算机的视角出发,事先安排程序代码,并"告诉"计算机什么情况下该执行哪些程序代码,有哪些程序代码要重复执行,以及重复执行时需要"做哪些事"。在学完本章之后,基本功算是已经建立完成,接下来就可以直接挑战应用题了。

7-1 判断语句的应用
7-2 循环语句
7-3 例外处理
7-4 程序流程控制的应用
7-5 习 题

7-1 判断语句的应用

程序设计最重要的部分之一就是流程控制,因为程序设计就是以自动方式处理生活上事务的流程,既然是自动化,当然要事先想好如果遇到各种情况的应对方式,这个"如果"的概念,就是流程控制中最重要的语句之一——"if/elif/else"。在这一章中,我们就先从"如果"开始。

7-1-1 if/elif/else

有人说生活就是充满着各种各样的判断和抉择,更有甚者,还说人生就是一大堆判断选择的结果。既然抉择这么重要,当然在程序中也要有能够表达这种情况的对应语句。在口语上,我们经常会这么想:如果遇到情况 A,就去执行动作 A,否则如果是情况 B 就执行动作 B,否则的话,就执行动作 C。这种情况转化成为程序就可以用如下形式表示:

```
if x == A:
    do something for A
elif x == B:
    do something for B
else:
    do something for else
```

判断语句在编写的时候有几个要注意的点,其一是一定要在 if、elif、else 指令的最后以冒号":"结尾;其二是要执行的操作需要缩排一层(可以是 2 格空格或 4 格空格,也可以是一个 tab 制表符号,但是在整个程序中要统一),在同一层缩排中可以放置的语句数量并没有限制。

if 语句可以根据程序中逻辑上的需求而定,后面不一定要有 elif 和 else,可以是只有 if、或是 if/else、或是 if/elif/else 这 3 种情况,而其中的 elif 可以有多个,如程序 7-1 所示。

程序 7-1

```
# 程序 7-1.py (Python 3 version)
score = int(input("Please input your score:"))

if score >= 90:
    print("Grade A")
elif score >= 80:
    print("Grade B")
elif score >= 70:
    print("Grade C")
elif score >= 60:
    print("Grade D")
else:
    print("You fail the test!")
```

在 iPython 的 Shell 中执行的结果如下:

```
In [2]: edit 7-1.py
```

```
Editing... done. Executing edited code...
Please input your score:78
Grade C
In [3]: run 7-1.py
Please input your score:20
You fail the test!
```

7-1-2 嵌套 if/elif/else

此外，在 if 和 else 之内也可以有 if 和 else。例如，程序 7-1 就可以改为两层判断，如程序 7-2 所示。

程序 7-2

```python
# 程序 7-2.py (Python 3 version)
score = int(input("Please input your score:"))

if score >= 60:
    print("You pass the test, and your grade is ", end="")
    if score >= 90:
        print("Grade A")
    elif score >= 80:
        print("Grade B")
    elif score >= 70:
        print("Grade C")
    else:
        print("Grade D")
else:
    print("You fail the test!")
```

在程序 7-2 的例子中，先检查分数是及格还是不及格，如果及格，就再用另外一组 if/elif/else 判断等级，如果是不及格，就直接输出 "You fail the test" 的信息。只要程序的流程中有需要，那么加多少层判断语句都可以，但是层越多，程序的可读性就越差。如果在设计的时候发现了太多层，还是要想办法再重新构想一下比较简单的流程。

程序 7-2 的运行结果如下所示。

```
$ python 7-2.py
Please input your score:80
You pass the test, and your grade is Grade B

$ python 7-2.py
Please input your score:70
You pass the test, and your grade is Grade C

$ python 7-2.py
Please input your score:40
You fail the test!
```

7-1-3 单行的 if/else 语句

除了上述的标准写法之外，如果只是用来判断类似两数大小并设置最大值的情况，也可以把 if 判断指令以及要执行的语句写成一行，例如：

```
>>> a, b = 4, 8
>>> max_number = a
>>> if b > a : max_number = b
...
>>> max_number
8
>>>
```

如果判断语句的结果是要设置一个值，还可以把 if/else 写成一行，进一步简化如下：

```
>>>a, b = 4, 8
>>>max_number = a if a > b else b
>>>max_number
8
>>>
```

7-2 循环语句

循环语句就是要让计算机重复"做事"的语句。Python 主要的循环语句有两种，分别是 while 和 for。两者主要的不同在于，while 循环并不预设重复的次数，而是判断某一事先设置好的条件，只有满足该条件时才会进入循环体，每执行一次之后，下次再进入循环体时，还是要再重新测试一次条件，同样还是只有满足循环的条件时才会进入循环体。

7-2-1 基本循环语句

循环最基本的用法，就是先设置一个结束条件，然后每次都检查是否符合该条件，如果是的话，就结束循环的执行，否则就再来一遍。请参考程序 7-3 的内容。

程序 7-3

```
# 7-3.py (Python 3 version)

import random
x = random.randint(1,6)
print(x)
while x != 6:
    x = random.randint(1,6)
    print(x)
```

程序 7-3 是一个仿真掷骰子的程序，此程序会一直显示骰子的值，直到出现 6 为止，由于事先并不会知道到底要掷几次才会出现 6，因此非常适合先使用 while 判断条件再决定要不要进入循环体中的这种情况。

程序一开始就先显示一个 1 到 6 之间的随机数，然后列出来，如果这个值（放在 x 中）不是 6，就进入循环中再取一次随机数，一直到出现 6 为止，以下是运行的结果：

```
In [19]: run 7-3.py
5
6

In [20]: run 7-3.py
1
3
6

In [21]: run 7-3.py
4
2
1
6
```

至于那些已知重复次数（至少有预期的对象）的循环，使用 for 最为恰当。以下是 for 循环的标准用法：

```
>>>alist = [1, 3, 5, 8, 10]
>>>for x in alist:
...    print(x, end="")
...
135810
>>>
```

因为列表中的个数已有定数，所以使用 for 可以按序把每一个元素都调出来处理。如果是 dict 变量也可以，但是如果要分别取出元素内的 key 和 value 值，就要搭配 items()方法才行，如程序 7-4 所示。

程序 7-4

```
# 程序 7-4.py (Python 3 version)
stock = {'book':10, 'pen':3, 'eraser':6, 'ruler':2}

for key, value in stock.items():
    if value < 5:
        print("({},{})".format(key, value))
```

程序 7-4 主要的功能在于找出在库存 stock 中数量少于 5 个的项目，如果有此种项目，就把它们列出来。要特别留意的是，stock.items()会把 stock 这个字典变量中的所有值以（键，值）的 tuple 形式全部返回，因此我们就使用 key 和 value 这两个变量分别接收，在循环体内直接拿来使用。在输出的时候，为了让格式较整齐，再一次运用了字符串加上 format 格式函数的方式来编排输出的样子。以下是运行结果：

```
In [5]: run 7-4.py
(ruler,2)
```

(pen,3)

7-2-2 嵌套循环

和嵌套 if/else 一样，循环语句也可以放在另外一个循环体内，这就是所谓的嵌套循环，比较有名的简单例子就是打印九九乘法表，如程序 7-5 所示。

程序 7-5

```
1:# 程序 7-5.py (Python 3 version)
2:
3:for i in range(2,7,4):
4:    for j in range(1,10):
5:        print("{}×{}={:>2}    ".format(i, j, i*j), end="")
6:        print("{}×{}={:>2}    ".format(i+1, j, (i+1)*j), end="")
7:        print("{}×{}={:>2}    ".format(i+2, j, (i+2)*j), end="")
8:        print("{}×{}={:>2}    ".format(i+3, j, (i+3)*j))
9:    print()
```

在程序 7-5 中，我们使用了两个循环，外部循环只重复两次，以 i 为变量，第 1 次时 i 的内容为 2，而第 2 次时 i 的内容是 6。因为 range(2, 7, 4) 只会返回[2, 6]这个列表。

内循环以 j 为循环变量，从 1 到 9，通过 range() 函数来自动产生 1 到 9 之间的所有整数组成的列表，然后 for 就会从第 1 个列表元素值取出之后开始执行内循环，一直到所有的元素被取完为止。

再一次留意缩排的部分，第 5~8 行是同一个缩排，因此会在内循环体内被执行，而第 4 行和第 9 行则是同一个缩排，会在外循环体被执行。也就是说，外循环体（第 4 和第 9 行）会执行 2 次，而内循环体（第 5~8 行）则会被执行 9×2，总共 18 次。

在内循环体中我们使用了 format 来设置显示的文字内容和格式，大括号"{}"可以指定要替代显示数值的位置，而"{:>2}"则是要求该数值要靠右对齐，并指定只给两个固定的位数显示。以下是程序 7-5 的运行结果。

```
$ python 7-5.py
2×1= 2    3×1= 3    4×1= 4    5×1= 5
2×2= 4    3×2= 6    4×2= 8    5×2=10
2×3= 6    3×3= 9    4×3=12    5×3=15
2×4= 8    3×4=12    4×4=16    5×4=20
2×5=10    3×5=15    4×5=20    5×5=25
2×6=12    3×6=18    4×6=24    5×6=30
2×7=14    3×7=21    4×7=28    5×7=35
2×8=16    3×8=24    4×8=32    5×8=40
2×9=18    3×9=27    4×9=36    5×9=45

6×1= 6    7×1= 7    8×1= 8    9×1= 9
6×2=12    7×2=14    8×2=16    9×2=18
6×3=18    7×3=21    8×3=24    9×3=27
6×4=24    7×4=28    8×4=32    9×4=36
6×5=30    7×5=35    8×5=40    9×5=45
```

```
6×6=36    7×6=42    8×6=48    9×6=54
6×7=42    7×7=49    8×7=56    9×7=63
6×8=48    7×8=56    8×8=64    9×8=72
6×9=54    7×9=63    8×9=72    9×9=81
```

在程序 7-5 的 j 循环体中读者一定注意到了那 4 行语句（第 5~8 行），其实内容很像，因此还可以再进一步改写为 3 层循环的架构，请参考程序 7-6 的内容。

程序 7-6

```python
# 程序7-6.py (Python 3 version)

for i in range(2,7,4):
    for j in range(1,10):
        for k in range(i,i+5):
            print("{}×{}={:>2}    ".format(k, j, k*j), end="")
        print()
    print()
```

运行的结果一模一样，但是我们把中间的 4 个语句再次使用循环语句简化成了一行，加上一个循环变量 k 来负责那些重复的语句。

7-2-3　break 和 continue 的运用

前述的两种循环语句，在正常的情况下，while 循环是在进入之前（或是下一次执行之前）先判断，条件不成立的话就会离开循环体，而 for 循环则是在所有指定的元素都被取出之后就结束循环了。可是，有一些情况可能是在循环的执行过程中，如果遇到某些条件成立（或不成立）的时候要离开循环的执行，或是跳过这一次循环，从下一次重新开始执行。对于这两种情况，前者需要的是 break 指令，而后者需要的则是 continue 指令。

在循环的进行过程中，如果遇到 continue 指令，就会马上放弃同一层循环之后所有要执行的指令，程序流程直接回到 while 或 for 那一行继续执行。下面我们以程序 7-5 为例，改成使用 continue 指令的写法，执行的结果一样，但是程序的编写方法却不同，请看程序 7-7。

程序 7-7

```python
1: # 程序7-7.py (Python 3 version)
2:
3: for i in range(2,9):
4:     if i != 2 and i != 6 : continue
5:     for j in range(1,10):
6:         for k in range(i,i+5):
7:             print("{}×{}={:>2}    ".format(k, j, k*j), end="")
8:         print()
9:     print()
```

在程序 7-7 的第 3 行先预设是要从 2 执行到 8（因为 range(2, 9)会返回列表[2, 3, 4, 5, 6, 7, 8]），但是在第 4 行进入 j 循环体之前先使用 if 来判断 i 的内容是否为 2 或 6，如果二者都不是的话，就放弃接下来的语句而进入到下一个 i 循环。这是 continue 的用法。

反之，如果是在循环中遇到指定的情况就要离开整个循环，就要使用 break 了。程序 7-8 改写了程序 7-3，使用 while 和 break 来完成同样功能的程序。

程序 7-8

```
1: #程序 7-8.py (Python 3 version)
2:
3: import random
4: while True:
5:     x = random.randint(1,6)
6:     print(x)
7:     if x == 6 : break
```

在第 4 行时，while 循环直接使用 True（真）让流程无条件进入循环并开始产生 1-6 之间的数字，在显示出数字之后，第 7 行以 if 来检查 x 的值是否为 6，如果是就满足我们的结束条件，直接以 break 离开循环体，在此例中等同于结束程序的执行。

7-2-4 迭代器

在使用 for 循环的时候，如果需要在循环中使用当前的索引值，以了解当前执行中运算处于第几次循环，可使用 enumerate()函数，如下所示：

```
>>> names = ['Tom', 'Richard', 'Jane', 'Mary', 'John']
>>> for i, name in enumerate(names):
...     print("No.{}:{}".format(i, name))
...
No.0:Tom
No.1:Richard
No.2:Jane
No.3:Mary
No.4:John
>>>
```

另外，Python 有一种针对处理有序数据的运算器，即迭代器（Iterator），从外观上看不是循环，但是其运作方式和循环无异，因此也一并在此介绍。其中，map 函数已在第 6 章中的范例程序中用过了，用法如下：

map(执行用的函数，容器变量)

虽然看起来只有一行，但是此函数会自动把每一个在容器变量中的元素都读取出来，放到执行用的函数中当作参数，再把返回值合并到一个容器变量中。请看程序 7-9 的应用实例。

程序 7-9

```
1: # 程序 7-9.py ( Python 3 version )
2:
3: def pick(x):
4:     fruits = ['Apple', 'Banana', 'Orange','cherry','Pine Apple', 'Berry']
5:     return fruits[x]
6:
```

```
7: alist = [1, 4, 2, 5, 0, 3, 4, 4, 2]
8: choices = map(pick, alist)
9: for choice in choices:
10:    print(choice)
```

在程序 7-9 中定义了一个叫作 pick 的函数（第 3~5 行），它可以根据输入的数值返回对应的水果名称，而在 map 函数中设置 pick 和 alist，它把 alist 中的每一个数值都放入 pick 中执行，再搜集 pick 所返回来的每一个值，最后都放在 choices 容器变量中。程序的最后两行（第 9 行和第 10 行）就把 choices 中的所有内容都打印出来。由此程序可以看出，虽然在 map 中看不到 for 循环的样子，但是却是执行和 for 循环类似的工作。程序 7-9 的运行结果如下：

```
$ python 7-9.py
Banana
Pine Apple
Orange
Berry
Apple
Cherry
Pine Apple
Pine Apple
Orange
```

有一个和 map 的用法很像，但是却可以协助用来过滤元素的迭代函数是 filter。它会把每一个元素逐一拿出来交由第一个参数中所指定的函数计算，再根据结果是 True 或 False 来决定此元素要不要留下来，请参考范例程序 7-10。

程序 7-10

```
1: # 程序 7-10.py ( Python 3 version )
2:
3: import sympy
4: a, b = 500,600
5: numbers = range(a,b)
6: prime_numbers = filter(sympy.isprime, numbers)
7: print("Prime numbers({}-{}):".format(a,b))
8: for prime_number in prime_numbers:
9:    print(prime_number, end=",")
10:print()
```

程序 7-10 的目的是用来显示介于变量 a 和 b 之间所有的质数。验证是否为质数的方法，我们使用了外部模块 sympy.isprime 这个函数，并把它应用在 filter 中。filter 会把在 numbers 变量中的所有数值逐一地传送到 sympy.isprime 中，如果该元素是 True，就保留在 prime_numbers 中。最后再利用 for 循环把所有留在 prime_numbers 中的元素全部显示出来。等于是第 6 行一行语句就可以完成判断 a~b 之间所有质数的工作。

以下为运行结果：

```
$ python 7-10.py
Prime numbers(500-600):
```

```
503,509,521,523,541,547,557,563,569,571,577,587,593,599,
```

7-3 例外处理

在处理数据时，经常会遇到一些例外的情况，如果没有注意，就会使程序产生错误信息并突然中断程序的执行。一个好的程序应该能够事先考虑到所有可能发生的情况，把这些例外的情况都拦截下来，并加以适当的处理，至少在程序停止之前要显示对用户来说比较友善的信息。而这些工作，就是所谓的例外处理。

7-3-1 例外处理的基本概念

一个常见的情况，例如要求用户输入年龄，照理输入的应该是数字，但要是输入的是文字，则会出现系统的错误信息，并结束程序的执行，例如：

```
age = input("What is your age?")
if age < 15:
    print("You are too young")
```

忘了把 input 函数所输入的内容转换成整数，因此一执行的时候，无论用户输入的是什么类型的内容，都会得到以下的错误信息：

```
What is your age?40
Traceback (most recent call last):
  File "7-11.py", line 4, in <module>
    if age < 15:
TypeError: unorderable types: str() < int()
```

这样的信息可不是什么好现象，除了编写程序的人之外，谁会懂这是什么天书信息？！因此，我们先在 input 外面加上 int 函数转换一下：

```
age = int(input("What is your age?"))
if age < 15:
    print("You are too young")
```

这样在用户输入数字之后程序即可正常执行,但是依然没有办法防止用户输入非数字的情况：

```
$ python 7-11.py
What is your age?12
You are too young

$ python 7-11.py
What is your age?Hello
Traceback (most recent call last):
  File "7-11.py", line 3, in <module>
    age = int(input("What is your age?"))
ValueError: invalid literal for int() with base 10: 'Hello'
```

7-3-2　try/except

这时候，Python 所设计的 try/except 例外机制就派上用场了，为了避免预期之外的事件发生，我们可以在程序中加上 try，意思是让程序先去试着执行一些可能出现预期之外情况的程序片段，然后再使用 except 来捕捉出现例外的情况。上述程序使用 try/except 来改写，就不怕用户的恶搞或者无意的错误输入了，请看程序 7-11。

程序 7-11

```
1: # 程序 7-11.py ( Python 3 version )
2:
3: while True:
4:     try:
5:         age = int(input("What is your age?"))
6:         break
7:     except:
8:         print("Please enter a number")
9:
10:if age < 15:
11:    print("You are too young")
```

在程序 7-11 中，我们使用 while 循环来输入 age，并在 age 之前使用 try 指令。凡是在 try 之内的语句（第 5 行）只要出现任何异常，程序控制流程就会自动跑到 except 之下的语句（第 8 行）让我们在程序中处理此例外的情况。因此，此时只要用户输入的值有问题，不管是什么原因，系统都不会出现错误信息，而是直接跳到 except 之下的 print 语句显示出相应的信息，让用户知道只能输入数值。

在执行完 print 之后，由于循环指令并未结束，因此会回到循环的最开头处，也就是 try 底下的 input 语句继续要求用户输入。一旦用户输入正确的值之后，由于没有产生任何的例外情况，就会执行下一行 break 语句而离开 while 循环，往下继续程序的流程，在此例中后续的语句为判断用户的年龄是否太小以决定是否要显示出 "You are too young" 的信息。

也就是程序的执行流程，在进入循环体之后会先去执行第 5 行，要求用户输入一个数值，在输入之后发生任何错误，流程都会直接跑到第 8 行，然后再回到第 5 行。如果在第 5 行没有发生问题，才会往下到第 6 行，接着到第 10 行，如果 age 小于 15 才会执行第 11 行，最后结束程序的执行。

以下为程序 7-11 的运行结果：

```
$ python 7-11.py
What is your age?Hello
Please enter a number
What is your age?   Python
Please enter a number
What is your age?12
You are too young
```

然而，会出现问题的情况并不会只有像是变量类型不同这么简单，有时候包括执行一些运算上的错误（如除以零的情况），一些设备输入输出的操作，例如存取磁盘文件，连接网络及网站等，也都有可能会出现错误，这时候也可以使用 try/except 来进行预防，例如要打开一个不存在的文件，不使用 try/except 机制时，结果如下：

```
>>> fp = open('Hello.txt','r')
Traceback (most recent call last):
  File "<stdin>", line 1, in <module>
FileNotFoundError: [Errno 2] No such file or directory: 'Hello.txt'
>>>
```

7-3-3 处理不同的例外种类

上述情况如果使用了 try/except 机制，就可以自定义一些用户可以了解的错误信息，程序也不会忽然就停止了执行，我们仍然可以保有程序流程的掌控权。在有些情况，错误可能会有许多种可能，例如我们要使用 os.remove 来删除某一个指定的文件名，程序如下：

```
import os
os.remove('filename')
```

顺利的话，该文件就会被删除了，可是如果要删除的文件并不存在，或者其实它是一个文件夹，无法以删除文件的函数来处理的话，这是两种不同的情况，我们可以选择不管什么情况，都回报"无法删除指定文件"这条信息：

```
import os
try:
    os.remove('filename')
except:
    print('无法删除指定文件')
```

但是，也可以更进一步地通过不同的例外信息来提供用户更明确的信息：

```
import os
try:
    os.remove('filename')
except FileNotFoundError:
    print('无法删除指定文件：找不到文件')
except PermissionError:
    print('无法删除指定文件：文件权限或种类错误')
except:
    print('无法删除指定文件：未知错误')
```

在上面的程序片段中，我们在 except 后面设置了要获取的例外（错误）种类，第一种是 FileNotFoundError（找不到文件），第二种是 PermissionError（文件权限或种类错误），而如果在 except 后面没有指定任何参数，就会捕捉所有的例外。

读者可以创建一个叫作 filename 的文件夹，或是把 filename 这个文件设置为只读类型，然后用此程序来试试看会显示出什么错误信息。

程序 7-12 则是可以显示出错误类型和信息内容的方法。

程序 7-12

```
# 程序 7-12 (Python 3 Version)
import os, sys
try:
    os.remove('hello.txt')
except Exception as e:
    print(e)

    e_type, e_value, e_tb = sys.exc_info()
    print("种类: {}\n消息: {}\n信息: {}".format(e_type, e_value, e_tb))
```

先通过 Exception 来捕捉所有的例外，并把例外事件以 e 当作是记录的对象。既可以使用 print(e) 把例外信息打印出来，也可以通过 sys.exc_info() 函数获取 3 个有关例外的信息数据，它们分别是：第 1 个返回值为例外的种类，第 2 个返回值为例外的信息内容，第 3 个返回值为例外的详细 trackback 追踪信息对象。可以通过此 trackback 对象获取更多的例外相关数据。

以下为程序 7-12 的运行结果（假设 hello.txt 为一个文件夹，要以删除文件的方式来操作该文件夹时所造成的例外情况）：

```
$ python 7-12.py
[Errno 1] Operation not permitted: 'hello.txt'
种类: <class 'PermissionError'>
消息: [Errno 1] Operation not permitted: 'hello.txt'
信息: <traceback object at 0x101c1b8c8>
```

一个好的程序设计一定要在所有可能发生例外情况的程序代码（可能发生运算错误、输入输出数据、网络连接等）之前加入例外处理，并给予用户更友善的信息和正确的流程控制，以避免程序产生预期之外的输出结果，或是异常中止程序的运行。

7-4　程序流程控制的应用

接下来，我们以成绩处理程序为例，综合之前各章所学习到的内容，整合应用。程序设计的主要功能如下：

1. 可以让用户输入学生的座号以及姓名。
2. 提供菜单功能。
3. 可以分别输入"语文""英语""数学"3 科成绩。

显示成绩单时，除了 3 科成绩之外，也要计算总分以及平均分。

首先，是要用来存储数据的变量：

变量名称	类型	使用目的及说明
class_101	dict	用来记录学生的座号和姓名，座号是 key，姓名是 value
chi_score	dict	用来记录学生语文成绩，座号是 key，成绩是 value
eng_score	dict	用来记录学生英语成绩，座号是 key，成绩是 value
mat_score	dict	用来记录学生数学成绩，座号是 key，成绩是 value

变量名称	类型	使用目的及说明
scores	list	把上述 3 个参数当作是列表来处理，以 scores 命名，即 scores = [chi_score, eng_score, mat_score]
subjects	list	科目名称的列表，其内容分别为'语文''英语'以及'数学'
subject_no	int	用来指出现在正在操作的是哪一科的成绩

在设置变量时，由于每一个学生都是由一个座号和姓名配对，然后通过此座号来存取学生的姓名以及他的每一科分数。

我们用了一个技巧，就是让 3 科成绩都分别记录在 3 个不同的字典变量中，再利用另外一个列表变量 scores 把这 3 科成绩的变量聚合在一起，这样就可以通过 scores[0]存取到第 1 科成绩，scores[1]存取到第 2 科的成绩，依此类推。如此，把 subject_no 当作是指定科目编号用的整数变量，就可以精简程序的内容，只要使用同一个成绩输入函数 enter_score()，但是传入不同的数字，就可以存取到不同科目的成绩了。

在此程序中需要定义几个自定义函数，分别如下：

函数名称	参数	说明
disp_menu	无	显示主菜单
enter_std_data	无	用来输入学生的座号以及姓名
enter_score	subject_no	输入指定科目中 subject_no 的成绩，subject_no 的内容可为 0、1、2
disp_score_table	无	显示成绩单

disp_menu ()函数简单明了，就是列出一个菜单供用户引用，菜单如下所示。

Class 101 班级成绩管理系统

```
1. 输入学生姓名
2. 输入语文成绩
3. 输入英语成绩
4. 输入数学成绩
5. 显示成绩单
0. 结束程序
```

在显示此菜单之后，只要紧接着再利用 input 函数来获取用户的输入，根据输入的内容（0~5）来决定要调用哪一个自定义函数进行后续的处理。如果输入的是 1，就调用 enter_std_data()函数，如果输入的是 2~4，就调用 enter_score()函数，如果输入的是 5，就调用 disp_score_table()显示成绩单，其他的输入值均视为结束程序。就如同 7-4 节所说明的，可以使用 while True 作为无限循环，当检测到要结束循环时再执行 break 指令离开循环。

以下是输入成绩的自定义函数 enter_score(subject_no)的程序片段。（请注意，在第 3 行和第 4 行最后的反斜线是为了同一行太长的程序代码断句之用，读者可以一模一样输入，也可以把反斜线去掉，把后面接着的内容移到同一行来，也就是，下面片段中的第 3~5 行其实是同一行程序。）

```
1:def enter_score(subject_no):
2:    for no, name in class_101.items():
3:        scores[subject_no][no] = \
```

```
4:         int(input("{},{}的{}成绩:". \
5:             format(no, name, subjects[subject_no])))
6:    print(scores[subject_no])
7:    x = input("按 Enter 返回主菜单")
```

在此片段中,我们利用 for 循环分别把在 class_101 中的学生座号以及姓名逐一取出,放在 no 和 name 这两个变量中,以方便在输入时同时显示出学生的座号以及姓名,避免输入错误。同时,利用 subject_no 指定处理的科目,到 subjects 列表中取出科目姓名,然后使用 scores[subject_no][no]来接收设置用户输入的该生此科目的成绩。

显示成绩的自定义函数程序片段如下:

```
1: def disp_score_table():
2:    for no in class_101.keys():
3:        print("{:<5}:".format(class_101[no]), end="")
4:        sum = 0
5:        for subject_no in range(0,3):
6:            sum = sum + scores[subject_no][no]
7:            print("{}:{:>3} ".format(subjects[subject_no], \
8:                scores[subject_no][no]), end="")
9:        print("总分:{:>3}, 平均:{:.2f}".format(sum, \
10:           float(sum)/len(scores)))
11:   x = input("按 Enter 返回主菜单")
```

在这个函数中我们使用了两层循环来显示学生的成绩单。最外层的循环(第 2 行和第 11 行)使用 class_101.keys()把学生座号取出来放在 no 变量中,并据此显示学生的个人信息(座号以及姓名),接着,再以一循环(第 3~10 行)把变量 subject_no 分别从 0 开始执行到 2(共 3 遍,因为有 3 科成绩),每一个循环可以取出一科成绩(以 scores[subject_no][no]取得该生的该科成绩),把取出的 3 科成绩除了显示出来之外,也要加总到 sum 变量中,全部取完之后,再显示总分以及计算平均分,并打印出来。

完整的成绩处理程序如程序 7-13 所示(请留意 os.system("clear")语句是为了要清除屏幕用的,在 Windows 命令提示符下请把 clear 改为 cls)。

程序 7-13

```
# _*_ coding: utf-8 _*_
# 程序 7-13 (Python 3 version )
import os
class_101 = dict() #记录学生座号及姓名
chi_score = dict() #记录语文成绩
eng_score = dict() #记录英语成绩
mat_score = dict() #记录数学成绩
subjects = ["语文", "英语", "数学"]
scores  = [chi_score, eng_score, mat_score]

def disp_menu():
    os.system("clear")
    print("Class 101 班级成绩管理系统")
    print("-------------------------")
```

```python
    print("1. 输入学生姓名")
    print("2. 输入语文成绩")
    print("3. 输入英语成绩")
    print("4. 输入数学成绩")
    print("5. 显示成绩单")
    print("0. 结束程序")
    print("-------------------------")

def enter_std_data():
    while True:
        no = int(input("座号（0==>停止输入）: "))
        if no <=0 or no >100: break
        name = input("姓名: ")
        class_101[no] = name
        print(class_101)

def enter_score(subject_no):
    for no, name in class_101.items():
        scores[subject_no][no] = \
          int(input("{},{}的{}成绩:". \
            format(no, name, subjects[subject_no])))
    print(scores[subject_no])
    x = input("按 Enter 返回主菜单")

def disp_score_table():
    for no in class_101.keys():
        print("{:<5}:".format(class_101[no]), end="")
        sum = 0
        for subject_no in range(0,3):
            sum = sum + scores[subject_no][no]
            print("{}:{:>3} ".format(subjects[subject_no], \
              scores[subject_no][no]), end="")
        print("总分:{:>3}, 平均:{:.2f}".format(sum, \
          float(sum)/len(scores)))
    x = input("按 Enter 返回主菜单")


### 主程序从这里开始

while True:
    disp_menu()
    user_choice = int(input("请输入你的选择: "))
    if user_choice==1:
        enter_std_data()
    elif user_choice>=2 and user_choice<=4:
        enter_score(user_choice-2)
    elif user_choice==5:
        disp_score_table()
    else:
        break
```

```
print("谢谢你的使用,再见!")
```

本程序执行之后会先显示主界面,用户需按照顺序输入学生姓名和语文、英语、数学的成绩等。输入完毕之后,再选择 5 即可显示出此班学生的成绩单。由于没有特别的设置与限制,因此输入学生的信息是按照新输入的座号和姓名为准的,如果后面输入的座号和之前输入过的一样,那么第二次输入的数据就会把之前输入的数据覆盖掉。以下是输入班级学生名单的执行界面。

```
Class 101 班级成绩管理系统
--------------------------
1. 输入学生姓名
2. 输入语文成绩
3. 输入英语成绩
4. 输入数学成绩
5. 显示成绩单
0. 结束程序
--------------------------
请输入你的选择:1
座号(0==>停止输入):1
姓名:林小明
{1: '林小明'}
座号(0==>停止输入):2
姓名:曾小花
{1: '林小明', 2: '曾小花'}
座号(0==>停止输入):3
姓名:王小花
{1: '林小明', 2: '曾小花', 3: '王小花'}
座号(0==>停止输入):
```

而在输入成绩的时候,无论之前是否已有输入过,全部是从头开始,按照现有的学生数据,逐一要求输入成绩。以下是输入语文成绩时的屏幕显示界面。

```
Class 101 班级成绩管理系统
--------------------------
1. 输入学生姓名
2. 输入语文成绩
3. 输入英语成绩
4. 输入数学成绩
5. 显示成绩单
0. 结束程序
--------------------------
请输入你的选择:2
1,林小明的语文成绩:95
2,曾小花的语文成绩:85
3,王小花的语文成绩:64
{1: 95, 2: 85, 3: 64}
按 Enter 返回主菜单
```

显示成绩单的屏幕显示界面则如下所示。

```
Class 101 班级成绩管理系统
------------------------
1. 输入学生姓名
2. 输入语文成绩
3. 输入英语成绩
4. 输入数学成绩
5. 显示成绩单
0. 结束程序
------------------------
请输入你的选择：5
林小明   ：语文： 95 英语： 95 数学： 95 总分:285, 平均:95.00
曾小花   ：语文： 85 英语： 68 数学： 84 总分:237, 平均:79.00
王小花   ：语文： 64 英语： 54 数学： 95 总分:213, 平均:71.00
按 Enter 返回主菜单
```

为了使程序简单易读，本程序没有做错误的预防措施，在输入的过程中若有输入数据错误的地方，程序则随时可能会被中断执行。例外处理的工作留在本章习题中，作为读者练习之用。

此外，因为每一次执行之后并未做存盘的操作，所以每一次执行都必须重新输入数据，此点留到下一章再说明如何把内存中的数据存到文件中，以便之后重复运用。

7-5 习　题

1. 请设计一个程序，可以按用户的输入模拟掷骰子的次数，然后列出每一个数字出现的百分比。

2. 请参考程序 7-8，将你的程序改为执行 10 次循环，但是遇到数字 1 或 6 的时候就不显示，遇到其他数字则显示出来。

3. 请为程序 7-13 加入成绩统计的功能（单科之最高、最低以及平均成绩）。

4. 在 Python 中语法错误（如变量的拼写错误或是缩排错误等）是否可以当作例外处理？请举例说明。

5. 请为程序 7-13 加入例外处理的功能。

第 8 章

文件、数据文件与数据库的操作

在第 7 章中,我们学习到了如何让用户输入数据并加以处理,然后按照用户的需求显示出计算的结果。然而,在程序的运行过程中,所有的数据都是存储在内存中,一旦结束程序再重新执行,之前输入的数据就会全部消失。没有把数据保存下来,之前输入数据的辛苦就都白费了。因此,把数据保存在磁盘驱动器上是处理数据时一个非常重要的部分。本章主要的内容旨在说明如何在 Python 中通过文件的操作来存取数据,以及如何更进一步地使用 Python 连接数据库,让数据的存取更结构化,更有效率。

8-1 文件与目录的操作
8-2 数据文件的操作
8-3 Python 与数据库
8-4 数据库应用程序
8-5 习　题

8-1 文件与目录的操作

磁盘操作是处理数据中非常重要的一环，善用磁盘操作功能，可以让我们通过程序的自动化功能，协助整理磁盘中的文件与文件夹，做好分类管理。例如，在本书中的程序 5-2 就是利用 Python 的磁盘管理函数把目标文件夹中的所有图像文件都放在同一个文件夹中，在本节中将会有更进一步的说明与介绍。

要在 Python 中操作磁盘文件，一定要介绍几个重要的内建模块，即 os.path、glob、os.walk、os.system 以及 shutil。

8-1-1 os.path

os.path 在使用之前要先导入：import os.path。它主要有以下几个重要的功能函数。

函数或方法	说明
abspath	提供任何一个路径或文件名，会返回完整的路径名称
basename	返回路径名称的最后一个文件名或目录名称
dirname	返回指定路径名称的上层完整路径名称
exists	检查某一指定的路径或文件是否存在
getsize	返回指定文件的文件大小（Byte）
isabs	检查指定的路径是否为完整路径名称（绝对路径）
isfile	检查指定的路径是否为文件
isdir	检查指定的路径是否为目录
split	把绝对路径的文件和上层路径分开（取出文件名）
splitdrive	把绝对路径的磁盘驱动器和下层路径分开（取出磁盘驱动器）
join	把路径和文件名正确地结合成完整路径

前 3 个函数的执行范例如下所示（Mac OS 执行范例）：

```
>>>import os.path
>>>a = os.path.abspath("7-1.py")
>>>a
'/Volumes/Transcend/Dropbox/2015books/python/book_sample/7-1.py'
>>>os.path.basename(a)
'7-1.py'
>>>os.path.dirname(a)
'/Volumes/Transcend/Dropbox/2015books/python/book_sample'
>>>a = os.path.abspath(".")
>>>a
'/Volumes/Transcend/Dropbox/2015books/python/book_sample'
>>>os.path.basename(a)
'book_sample'
>>>os.path.dirname(a)
'/Volumes/Transcend/Dropbox/2015books/python'
>>>
```

以下是在 Windows 10 下的执行范例：

```
>>>import os.path
>>>a = os.path.abspath("7-13.py")
>>>a
'D:\\Dropbox\\2015books\\python\\book_sample\\7-13.py'
>>>os.path.abspath(a)
'D:\\Dropbox\\2015books\\python\\book_sample\\7-13.py'
>>>os.path.basename(a)
'7-13.py'
>>>os.path.dirname(a)
'D:\\Dropbox\\2015books\\python\\book_sample'
>>>
```

以下是 split 和 splitdrive 在 Windows 10 下的执行范例：

```
>>>import os.path
>>>a = os.path.abspath("7-1.py")
>>>a
'D:\\Dropbox\\2015books\\python\\book_sample\\7-1.py'
>>>os.path.split(a)
('D:\\Dropbox\\2015books\\python\\book_sample', '7-1.py')
>>>os.path.splitdrive(a)
('D:', '\\Dropbox\\2015books\\python\\book_sample\\7-1.py')
>>>
```

以下则为 split 和 splitdrive 在 Mac OS 下的执行范例：

```
>>>import os.path
>>>a = os.path.abspath("7-1.py")
>>>a
'/Volumes/Transcend/Dropbox/2015books/python/book_sample/7-1.py'
>>>os.path.split(a)
('/Volumes/Transcend/Dropbox/2015books/python/book_sample', '7-1.py')
>>>os.path.splitdrive(a)
('', '/Volumes/Transcend/Dropbox/2015books/python/book_sample/7-1.py')
>>>
```

因为 Mac OS 的磁盘驱动器概念和 Windows 不同，所以使用 splitdrive 分割之后，磁盘驱动器的部分得到的是空字符串。

另外，在 Python 程序中有一个属性叫作"__file__"（请留意，在 file 的前后是两个下划线符号），它代表当前所在的这个程序文件中的文件名。如果在程序中使用了 os.path.abspath(__file__)，就会返回此程序文件所在的目录位置。在 Python 的交互式界面中执行的话，该属性是不存在的。

8-1-2 glob

glob 是用来处理文件列表非常好用的外部模块。只要使用 import glob 导入之后，通过 glob.glob("路径名称") 就可以获取一个文件列表，而路径名称中可以使用通配符，以方便找出各种组合的文件，例如想要列出范例程序文件目录中所有第 5 章的 Python 程序文件，我们可以如下操作：

```
>>>import glob
>>>files = glob.glob("5-*.py")
>>>for f in files:
...     print(f)
...
5-2.py
5-3.py
>>>
```

而搭配 8-1-1 小节列出完整路径的功能，可以如下操作：

```
>>>import os.path, glob
>>>files = glob.glob("5-*.py")
>>>for f in files:
...     print(os.path.abspath(f))
...
/Volumes/Transcend/Dropbox/2015books/python/book_sample/5-2.py
/Volumes/Transcend/Dropbox/2015books/python/book_sample/5-3.py
>>>
```

获取每一个文件的完整路径名称，就不用担心存取时会因为当前路径不一样而发生找不到文件的问题了。而 glob 主要就是列出所有符合条件的文件夹中的所有文件列表，如果指定的内容是一个文件夹的名称，就会返回一个名为该文件夹的单一元素列表，如下所示（假设 images 是当前程序所在文件夹下的另外一个子目录）：

```
>>>import glob
>>>glob.glob("images")
['images']
>>>
```

并不会因为 images 是一个文件夹名称而继续往下搜索。如果要能够把指定的文件夹中所有的文件名以及所属的子文件夹中所有的文件也全部都找出来，那么要使用的是 os.walk。

8-1-3 os.walk

我们先在文件夹中准备了一个示范用的范例树状结构文件夹 sampletree，其结构如下所示。其中，文件 f1、f2、f3 放置于 sampletree 文件夹下，而 f4、f5、f6 则放在 a 文件夹之下，另外 b 和 c 文件夹则为空的子目录。

```
D:\>tree sampletree
列出磁盘区 WINVISTA 的文件夹 PATH
卷序列号为 5ACE-070E
D:\SAMPLETREE
├─a
├─b
└─c
```

请看以下的操作示例：

```
>>>import os
>>>sample_tree = os.walk("sampletree")
```

```
>>>fordirname, subdir, files in sample_tree:
...    print(dirname)
...    print(subdir)
...    print(files)
...    print()
...
sampletree
['a', 'b', 'c']
['f1', 'f2', 'f3']

sampletree\a
[]
['f4', 'f5', 'f6']

sampletree\b
[]
[]

sampletree\c
[]
[]

>>>
```

os.walk 会返回一个由 3 个元素的 tuple 所组成的列表，tuple 里面的值分别是（文件夹名称，下一层文件夹列表，本文件夹内所有的文件列表），由这些数据组合出所有往下的树状目录结构的内容。从这个 tuple 的第一个参数可以知道当前在处理的文件夹是哪一个，而第二个参数用来了解在此文件夹中还有几个下层文件夹，分别叫什么名字，第三个参数就是此文件夹中的所有文件名。

由此可知，如上述的例子，只要再搭配 abspath，即可列出所有文件的完整路径名称，有了这些完整路径，在操作上就不会因为执行程序的位置不同而找不到文件了。

```
>>>import os
>>>sample_tree = os.walk("sampletree")
>>>for dirname, subdir, files in sample_tree:
...     for filename in files:
...         print(os.path.abspath(filename))
...
/Volumes/Transcend/Dropbox/2015books/python/book_sample/f1
/Volumes/Transcend/Dropbox/2015books/python/book_sample/f2
/Volumes/Transcend/Dropbox/2015books/python/book_sample/f3
/Volumes/Transcend/Dropbox/2015books/python/book_sample/f4
/Volumes/Transcend/Dropbox/2015books/python/book_sample/f5
/Volumes/Transcend/Dropbox/2015books/python/book_sample/f6
>>>
```

请留意上述程序在使用 for 循环时我们使用的小技巧，因为每一个 sample_tree 项目中都会有 3 个元素，所以在 for 循环设置时就使用了 3 个变量，分别用 dirname、subdir、files 来接受这 3 个元素的内容。又由于 files 是一个列表，要显示出 files 中的所有内容，也是使用一个 for 循环把它拆解开来，并以 print 分别显示。

8-1-4 os.system 和 shutil

通过前几个小节的模块在程序中即可精确地找到所需要的目标文件,那么要如何通过指令来操作这些文件呢？有两种简易的方法，一个是 os.system，另外一个则是 shutil。

os.system 很直截了当地把你的指令交由操作系统去执行：

```
os.system(cmd)
```

其中，cmd 就是可以执行操作系统命令的字符串（因此，不同的操作系统使用的指令不一样，响应的信息也会有很大的不同），以下是操作示例：

```
>>>os.system("ls -al 5-*.py")
-rwxrwxrwx@ 1 skynet   staff   822 12 30 16:19 5-2.py
-rwxrwxrwx@ 1 skynet   staff   804 12 30 17:51 5-3.py
0
>>>os.system("cp 5-2.py test.py")
0
>>>os.system("cat test.py")
# _*_ coding: utf-8 _*_
# Mac OS, Python 2.7.11

importos, shutil, glob
source_dir = "images/"
(...中间省略...)
shutil.copyfile(f, targetfile)
imageno += 1
0
>>>os.system("cls")
sh: cls: command not found
32512
```

如果指令正确，就会在执行完指令之后返回 0，如果指令无法执行（如上例的最后 os.system("cls")，因为在 Mac OS 中清除屏幕指令是 clear），除了显示 "command not found" 这个错误信息之外，也不会返回代表执行正确的 0 值。但是此命令并无法把运行结果取回程序中来处理，如果需要命令执行的输出结果，就请使用 "commands" 模块。另外一个要注意的点是，它执行的系统命令和使用的操作系统有很大的关系（Mac OS 和 Windows 接受的指令差异很大），因此在程序设计中，os.command 并不十分常用。

比较常用的文件操作是 shutil，它是高级的目录和文件操作模块，常见的方法如下表所示（仅列出常用的方法以及参数）。

函数或方法	简要说明
copyfile(s,d)	把文件 s 复制为 d（仅复制文件内容，不含属性）
copy(s,d)	把文件 s 复制为 d（含有文件的权限属性）
copy2(s,d)	把文件 s 复制为 d（含所有的文件属性）
copytree(s,d)	把整个目录 s（包含里面所有的内容）复制一份到 d
rmtree(p)	删除 p 这个目录以及里面所有的内容
move(s,d)	把 s 这个目录或文件搬移到 d

上述的方法中怎么没有删除文件和删除一个空的目录？其实这在 os 中就有了，删除文件使用 os.remove(file)，删除一个空的目录则使用 os.rmdir(directory)。

另外，在处理文件和目录的时候，由于 Windows 操作系统对于文件的属性定义较为直接，因此要留意的地方较少。但是，对于 Mac OS 以及 Linux 操作系统而言，文件以及目录的属性还包括了不同身份的访问权限以及有此文件其实是链接而非文件本身的这种情况，因而才会有看起来功能很像的执行方法。例如，copy 就是除了复制文件的内容之外，也会连同文件的访问权限一起复制，copyfile 则只复制文件的内容。每个函数各有其用途，这要看程序的设计需求而定。

8-2 数据文件的操作

在第 7 章最后一个范例程序中，每一次执行程序输入学生的数据并计算成绩之后并没有把这些数据都保存下来，因此每一次执行程序时都要重新输入一次数据，非常不方便。在这一节中，我们即将介绍的数据文件操作正好可以解决这个问题。

除了成绩处理程序之外，配合字符串的分析与处理函数，学完这一节之后，我们就有能力通过程序来自动处理许多的文字数据了。

8-2-1 文本文件的读取与写入

数据文件的读取与写入是 Python 的基本功能之一，要使用之前并不需要导入任何模块，只要使用 open 函数，先把想要打开的文件打开，获取其文件指针（如下例，我们放在变量 fp 中）即可，如下所示：

```
fp = open("文件名", "文件打开模式")
```

常用的文件打开模式分别有"r"、"w"以及"a"，其中"r"为读取，"w"为写入，而"a"则为附加（也是写入的一种，但是并不会删除原有的内容，而是把后来的内容附加到原有的内容之后）。在大部分的应用中，都是以文本文件的方式来存取文件的内容，简单地说，就是以字符串的类型来查看文件的内容。

读取文件的方法主要有 3 个，分别是 read()、readline()、readlines()。read()会一口气把所有的文件内容以字符串的形式读入变量中，而 readline()则是一次只读取文件的一行文本，同样也是返回一个字符串，readlines()则是把每一行拆开放在每一个不同的字符串变量中，并以列表的方式汇集在一起。程序 8-1 是读取文件内容，并把读到的内容显示在屏幕上的示范程序。

程序 8-1

```
# _*_ coding: utf-8 _*_
# 程序 8-1.py (Python 3 version)

fp = open("zop.txt", "r")
```

```
zops = fp.readlines()
fp.close()
i=1
print("The Zen of Python")
for zen in zops:
  print("Zen {}: {}".format(i, zen),end="")
  i += 1
```

程序 8-1 列出文件 zop.txt 的内容,并把它拆成一行一行分开显示,由于此文本文件的每一行后面已有换行符号,因此在 print 后面加上 end="" 以避免多换了一行。(其实在程序中使用 "import this" 也会显示出这些内容,这是 Python 内建的意思。)以下为 zop.txt 的内容(后面的 \n 换行符号在编辑程序中是看不到的):

```
Beautiful is better than ugly.\n
Explicit is better than implicit.\n
Simple is better than complex.\n
Complex is better than complicated.\n
Flat is better than nested.\n
Sparse is better than dense.\n
Readability counts.\n
Special cases aren't special enough to break the rules.\n
Although practicality beats purity.\n
Errors should never pass silently.\n
Unless explicitly silenced.\n
In the face of ambiguity, refuse the temptation to guess.\n
There should be one-- and preferably only one --obvious way to do it.\n
Although that way may not be obvious at first unless you're Dutch.\n
Now is better than never.\n
Although never is often better than *right* now.\n
If the implementation is hard to explain, it's a bad idea.\n
If the implementation is easy to explain, it may be a good idea.\n
Namespaces are one honking great idea -- let's do more of those!\n
```

程序 8-1 的运行结果如下:

```
$ python 8-1.py
The Zen of Python
Zen 1: Beautiful is better than ugly.
Zen 2: Explicit is better than implicit.
Zen 3: Simple is better than complex.
Zen 4: Complex is better than complicated.
Zen 5: Flat is better than nested.
Zen 6: Sparse is better than dense.
```

```
Zen 7: Readability counts.
Zen 8: Special cases aren't special enough to break the rules.
Zen 9: Although practicality beats purity.
Zen 10: Errors should never pass silently.
Zen 11: Unless explicitly silenced.
Zen 12: In the face of ambiguity, refuse the temptation to guess.
Zen 13: There should be one-- and preferably only one --obvious way to do it.
Zen 14: Although that way may not be obvious at first unless you're Dutch.
Zen 15: Now is better than never.
Zen 16: Although never is often better than *right* now.
Zen 17: If the implementation is hard to explain, it's a bad idea.
Zen 18: If the implementation is easy to explain, it may be a good idea.
Zen 19: Namespaces are one honking great idea -- let's do more of those!
```

如果打开了文件之后就不再处理该文件了，那么使用 with 语句可以使程序编写得更为简洁，离开 with 之后自动会帮我们关闭文件相关的内容，就不需要再主动使用 fp.close()了：

```
zops=[]
with open('zop.txt') as fp:
    zops = fp.readlines()
```

程序 8-1 把要被读取的文件名写在程序中其实并不是一个很好的做法，等于是每次要处理另外一个文件时，就要重新修改程序。一般对于此类文字处理程序（输入一个文件，改变格式之后再输出），都会把要处理的文本文件对象以执行参数的方式输入到程序中。程序执行时的命令行参数可以在程序中使用 sys.argv 来取得，请参考程序 8-2 的内容。

程序 8-2

```
# _*_ coding: utf-8 _*_
# 程序 8-2 (Python 3 version)

import sys

print("参数长度={}".format(len(sys.argv)))
i = 0
for arg in sys.argv:
    print("第{}个参数是:{}".format(i,arg))
i += 1
```

以下为程序 8-2 的运行结果：

```
$ python 8-2.py a1 a2 a3
参数长度=4
第 0 个参数是:8-2.py
第 1 个参数是:a1
第 2 个参数是:a2
第 3 个参数是:a3
```

搭配此方式，现在可以把学生的记录（含座号和姓名）先录入文本文件中，要使用的时候直接读入即可，例如含学生记录的文件 class_101.txt 的内容如果是像下列这个样子的话：

```
1,林小明
2,曾小花
3,王大华
4,李大有
5,张小金
6,林明华
7,沈家玉
```

就可以使用如程序 8-3 所示的内容来读取这个文件，并把数据放在适当的变量中。

程序 8-3

```python
# _*_ coding: utf-8 _*_
# 程序 8-3.py (Python 3 version)

import sys

if len(sys.argv)<2:
    print("使用方法: python 8-2.py 学生班级")
    exit(1)
std_data=dict()
with open(sys.argv[1],encoding='utf-8') as fp:
    alldata = fp.readlines()
for item in alldata:
    no, name = item.rstrip('\n').split(',')
    std_data[no] = name
print(std_data)
```

在打开文件时，我们多加了一行 encoding='utf-8'，主要目的在于解决 Windows 命令提示符在处理文字编码上的问题（Windows 的命令提示符默认使用的是 cp936，也就是简体中文的 GB 编码），如果你使用的是 Mac OS 或是 Linux 系统，此参数其实可以不用加。

在程序 8-3 中，一开始使用 len(sys.argv)判断参数的长度，如果长度小于 2，就表示用户在执行 8-3.py 的时候没有加上参数，要显示出使用的方法以提醒用户如何操作此指令，然后执行 exit(1)结束程序的运行。

在顺利执行打开文件的任务时，把所有的文件内容以分行的方式读取到 alldata 列表变量中，再通过 for 循环找出每一行，先把行末的换行符号 "\n" 使用 rstrip('\n')删除掉，再使用 split(',') 以逗号来分开座号和姓名，分别放在 no 和 name 变量中，把这两个变量放在 std_data 字典变量中。此种针对同一个数据（在此例中为字符串 item）串接一个以上的处理函数是 Python 中常见的小技巧，可以让程序的编写更加简洁。

在循环结束之后数据也就获取完成了。以下是程序的运行结果：

```
$ python 8-3.py
使用方法: python 8-2.py 学生班级
$ python 8-3.py class_101.txt
```

```
{'6': '林明华', '5': '张小金', '3': '王大华', '1': '林小明', '2': '曾小花', '7': '沈家玉',
'4': '李大有'}
```

使用此方法，下次要再做成绩处理程序的时候，就可以把学生的数据以文本文件的格式放到文件中，要使用时再读进内存，就不用每一次执行程序时都要重新输入学生的基本数据，而且在文本文件中的数据也很容易通过其他的文本编辑器加以编辑和修改，我们的程序就不用再另外处理基本数据编辑的相关操作了。

有读取文件的功能，就会有写入文件的功能。写入文件时一开始也是要用 open 来打开文件，不过这一次后面的模式要改为'w'或'a'，而且真正写入文件时，也是以 write(字符串)这个函数来进行。由于文本文件操作的 write 函数只接受字符串，因此当要写入的数据不是字符串时，要使用 str()函数来转换。程序 8-4.py 示范了如何接受输入成绩数据，然后把成绩写入到文件中。

程序 8-4

```python
# _*_ coding: utf-8 _*_
# 程序 8-4.py (Python 3 version)

import sys

if len(sys.argv)<2:
    print("使用方法: python 8-4.py 成绩文件")
    exit(1)

no=1
scores=dict()
while True:
    score = int(input('请输入第{}号的成绩:(-1 结束)'.format(no)))
    if score == -1: break;
    scores[no] = score
    no += 1

with open(sys.argv[1],'w') as fp:
    fp.write(str(scores))
print("{}已存储完毕".format(sys.argv[1]))
```

以下是程序的运行结果：

```
$ python 8-4.py
使用方法: python 8-4.py 成绩文件
$ python 8-4.py s1.txt
请输入第 1 号的成绩:(-1 结束)87
请输入第 2 号的成绩:(-1 结束)67
请输入第 3 号的成绩:(-1 结束)89
请输入第 4 号的成绩:(-1 结束)90
请输入第 5 号的成绩:(-1 结束)85
请输入第 6 号的成绩:(-1 结束)45
```

```
请输入第 7 号的成绩:(-1 结束)-1
s1.txt 已存储完毕
```

而 s1.txt 的内容（也就是实际存盘后的样子）如下所示：

```
{1: 87, 2: 67, 3: 89, 4: 90, 5: 85, 6: 45}
```

基本上就是字典变量，然后被直接转换成字符串存起来。要读取此类的文件并转换成字典的数据结构（如果以之前的方式读取进来，只能成为字符串数据），还需要另外一个 ast 模块的 literal_eval() 方法进行类型转换的操作，请参考程序 8-5 的内容。

程序 8-5

```python
# _*_ coding: utf-8 _*_
# 程序 8-5.py (Python 3 version)
import sys, ast

if len(sys.argv)<2:
    print("使用方法: python 8-5.py 成绩文件")
    exit(1)

scores = dict()
with open(sys.argv[1],'r') as fp:
    filedata = fp.read()
    scores = ast.literal_eval(filedata)
print("以下是{}成绩文件的字典类型数据:".format(sys.argv[1]))
print(scores)
```

只要在文件中以字符串类型存储的字典格式正确，通过 ast.literal_eval(filedata) 函数就可以正确地把 filedata 转换成字典类型以供后续程序代码使用。以下是程序 8-5 的运行结果：

```
$ python 8-5.py
使用方法: python 8-5.py 成绩文件
$ python 8-5.py s1.txt
以下是 s1.txt 成绩文件的字典类型数据:
{1: 87, 2: 67, 3: 89, 4: 90, 5: 85, 6: 45}
```

至此，已经能够解决第 7 章最后的范例程序存储数据的问题了。

8-2-2 文本文件的应用

在这一小节中，我们将示范如何从网页中获取数据（在此例中我们是以手动的人工方式获取数据，使用程序自动获取网页数据的方式，将在本书的第 9 章中说明），然后使用程序处理，进而成为可供查询的结构化数据。在此，以"道客巴巴"网站提供的中国主要城市月平均温度为例，直接前往网页获取这些数据，存盘之后使用程序加以分析应用。本例所使用的数据如图 8-1 所示（网址：http://www.doc88.com/p-3087526330093.html）。

城市 \ 月份	1	2	3	4	5	6	7	8	9	10	11	12
北京	-4.6	-2.2	4.5	13.1	19.8	24.0	25.8	24.4	19.4	12.4	4.1	-2.7
天津	-4.0	-1.6	5.0	13.2	20.0	24.1	26.4	25.5	20.8	13.6	5.2	-1.6
石家庄	-2.9	-0.4	6.6	14.6	20.9	23.6	26.6	25.0	20.3	13.7	5.7	-0.9
太原	-6.6	-3.1	3.7	11.4	17.7	21.7	23.5	21.8	16.1	9.9	2.1	-4.9
呼和浩特	-13.1	-9.0	-0.3	7.9	15.3	20.1	21.9	20.1	13.8	6.5	-2.7	-11.0
沈阳	-12.0	-8.4	0.1	9.3	16.9	21.5	24.6	23.5	17.2	9.4	0.0	-8.5
长春	-16.4	-12.7	-3.5	6.7	15.0	20.1	23.0	21.3	15.0	6.8	-3.8	-12.8
哈尔滨	-19.4	-15.4	-4.8	6.0	14.3	20.0	22.8	21.1	14.4	5.6	-5.7	-15.6
上海	3.5	4.6	8.3	14.0	18.8	23.3	27.8	27.7	23.6	18.0	12.3	6.2
南京	2.0	3.8	8.4	14.8	19.9	24.5	28.0	27.8	22.7	16.9	10.5	4.4

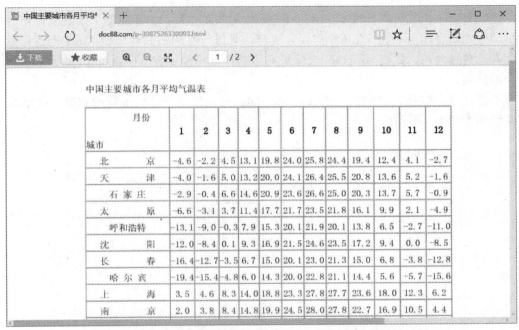

（图 8-1："道客巴巴"网站提供的中国主要城市月平均温度数据）

我们使用鼠标标记的方式把想要使用的数据复制下来，然后打开任一标准文本文件编辑程序（本例使用 Windows 的记事本）贴上刚刚选取的文字内容，如图 8-2 所示。

北京	-4.6	-2.2	4.5	13.1	19.8	24.0	25.8	24.4	19.4	12.4	4.1	-2.7
天津	-4.0	-1.6	5.0	13.2	20.0	24.1	26.4	25.5	20.8	13.6	5.2	-1.6
石家庄	-2.9	-0.4	6.6	14.6	20.9	23.6	26.6	25.0	20.3	13.7	5.7	-0.9
太原	-6.6	-3.1	3.7	11.4	17.7	21.7	23.5	21.8	16.1	9.9	2.1	-4.9
沈阳	-12.0	-8.4	0.1	9.3	16.9	21.5	24.6	23.5	17.2	9.4	0.0	-8.5
长春	-16.4	-12.7	-3.5	6.7	15.0	20.1	23.0	21.3	15.0	6.8	-3.8	-12.8
哈尔滨	-19.4	-15.4	-4.8	6.0	14.3	20.0	22.8	21.1	14.4	5.6	-5.7	-15.6
上海	3.5	4.6	8.3	14.0	18.8	23.3	27.8	27.7	23.6	18.0	12.3	6.2
南京	2.0	3.8	8.4	14.8	19.9	24.5	28.0	27.8	22.7	16.9	10.5	4.4
杭州	3.8	5.1	9.3	15.4	20.0	24.3	28.6	28.0	23.3	17.7	12.1	6.3
合肥	2.1	4.2	9.2	15.5	20.6	25.0	28.3	28.0	22.9	17.0	10.6	4.5
福州	10.5	10.7	13.4	18.1	22.1	25.5	28.8	28.2	26.0	21.7	17.5	13.1
南昌	5.0	6.4	10.9	17.1	21.8	25.7	29.6	29.2	24.8	19.1	13.1	7.5
济南	-1.4	1.1	7.6	15.2	21.8	26.3	27.4	26.2	21.7	15.8	7.9	1.1
台北	14.8	15.4	17.5	21.5	24.5	26.6	28.6	28.3	26.8	23.6	20.3	17.1
郑州	-0.3	2.2	7.8	14.9	21.0	26.2	27.3	25.8	20.9	15.1	7.8	1.7
武汉	3.0	5.0	10.0	16.1	21.3	25.7	28.8	28.3	23.3	17.5	11.1	5.4
长沙	4.7	6.2	10.9	16.8	21.6	25.9	29.3	28.7	24.2	18.5	12.5	7.1
广州	13.3	14.4	17.9	21.9	25.6	27.2	28.4	28.1	26.9	23.7	19.4	15.2
南宁	12.8	14.1	17.6	22.0	26.0	27.4	28.3	27.8	26.6	23.3	18.6	14.7
海口	17.2	18.2	21.6	24.9	27.4	28.1	28.4	27.7	26.8	24.8	21.8	18.7
成都	5.5	7.5	12.1	17.0	20.9	23.7	25.6	25.1	21.2	16.8	11.9	7.3
重庆	7.2	8.9	13.2	18.0	21.8	24.3	27.8	28.0	22.8	18.2	13.3	8.6
贵阳	4.9	6.5	11.5	16.3	19.5	21.9	24.0	23.4	20.6	16.1	11.4	7.1
昆明	7.7	9.6	13.0	16.5	19.1	19.5	19.8	19.1	17.5	14.9	11.3	8.2

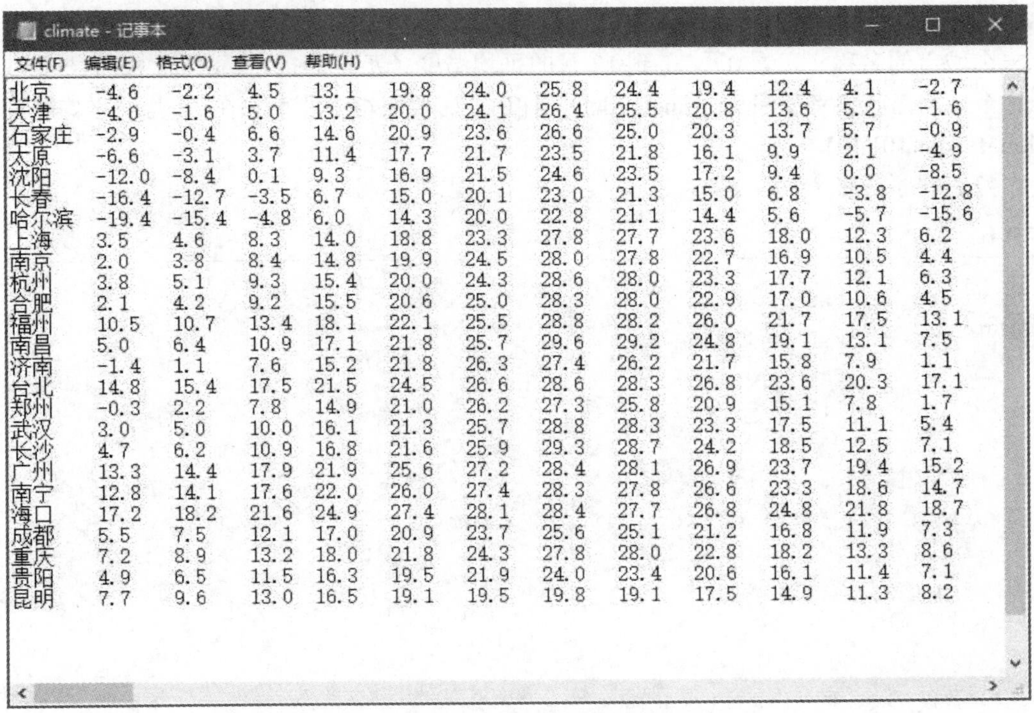

（图 8-2：使用标准文本文件编辑器存储此文件）

在此编辑器中把文件存储成 climate.txt（标准文本文件）。由于复制下来的文件内容所有的数据项之间均使用制表符（Tab）作为分隔符，且每一行的最后有一个"\n"换行符号，因此在读入此数据之后，先以 lstrip('\n') 去除最右边的换行符号，然后再以 split('\t') 分隔符来分割每一个数据项。

为了方便存取数据，在此例使用 climate_data 列表变量来存储加载的数据，climate_data 的数据结构如图 8-3 所示。

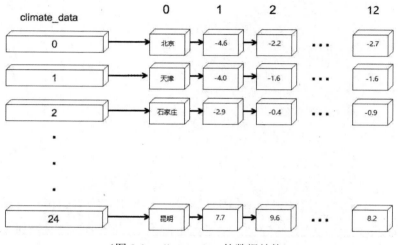

（图 8-3：climate_data 的数据结构）

climate_data 本身是一个列表，而其中的每一个元素也都是一个列表，这些列表的内容就是每一个城市的名称（元素 0）、1 到 12 月的平均温度（元素 1-12）。所以，如果要获取"昆明"这个地名，其参考变量为 climate_data[24][0]，而要取得"北京"在 12 月的平均温度，则为 climate_data[0][12]。

完整的程序请参考程序 8-6。

程序 8-6

```
1:# _*_ coding: utf-8 _*_
2:# 程序 8-6.py (Python 3 version)
3:
4:def disp_area():
5:    i = 0
6:    for a in climate_data:
7:        print("{:>2}:{:<6}\t".format(i,a[0]), end="")
8:        i += 1
9:        if not (i % 5): print()
10:   print()
11:
12:def disp_temp(data):
13:    print("显示城市:", data[0])
```

```
14:    print("---------------------")
15:    for i in range(1,12):
16:        print("{:>2}月平均气温:{:>.1f}度".format(i, float(data[i])))
17:
18:    print("---------------------")
19:
20:target_file = 'climate.txt'
21:with open(target_file, 'r', encoding='utf-8') as fp:
22:    raw_data = fp.readlines()
23:climate_data=[]
24:for item in raw_data:
25:    climate_data.append(item.rstrip('\n').split('\t'))
26:
27:while True:
28:    disp_area()
29:    area = int(input("请输入你要查询平均温度的城市:(-1 结束)"))
30:    if area == -1: break
31:    disp_temp(climate_data[area])
32:    x = input("请按 Enter 键回主菜单")
```

程序 8-6 由 4 个主要功能所构成，如下表所示。

程序 8-6 的主要功能	说明
读取数据文件 （第 20~25 行）	先定义 climate_data 为列表变量，在读取到经过分行后的原始文本文件数据 raw_data 之后，通过 rstrip 以及 split 适当地切割数据项，再用 append 附加到 climate_data 列表中
显示主菜单 （第 4~10 行）	disp_area()函数：从 climate_data 中取出各元素列表的第 0 个元素，即城市名称，采用适当的 format 格式化后输出
显示平均温度 （第 12~18 行）	disp_temp(data)函数：传进来的 data 即为记录单一城市的平均温度数据，只要按照各个元素位置取出其值，再使用 format 格式化输出后即可
查询主程序 （第 27~32 行）	使用一个无限循环 while True 执行显示菜单、获取用户输入的选择，先检查是否为-1，若是则以 break 结束循环以及程序的执行，若不是-1，则调用 disp_temp(data)显示该城市的平均温度

以下为程序 8-6 的运行结果：

```
$ python 8-6.py
 0:北京    1:天津    2:石家庄   3:太原    4:沈阳
 5:长春    6:哈尔滨   7:上海    8:南京    9:杭州
10:合肥   11:福州   12:南昌   13:济南   14:台北
15:郑州   16:武汉   17:长沙   18:广州   19:南宁
20:海口   21:成都   22:重庆   23:贵阳   24:昆明

请输入你要查询平均温度的地区:(-1 结束)12
```

```
显示城市：南昌
--------------------
 1 月平均气温:5.0 度
 2 月平均气温:6.4 度
 3 月平均气温:10.9 度
 4 月平均气温:17.1 度
 5 月平均气温:21.8 度
 6 月平均气温:25.7 度
 7 月平均气温:29.6 度
 8 月平均气温:29.2 度
 9 月平均气温:24.8 度
10 月平均气温:19.1 度
11 月平均气温:13.1 度
12 月平均气温:7.5 度
--------------------
请按 Enter 键回主菜单
```

此程序开始执行之后，会显示出所有的城市作为菜单，每一个城市均有一个编号，只要输入编号再按【Enter】键，就会显示该城市的每月平均气温，并等待用户按【Enter】键后回到主菜单再执行一次，直到用户输入-1 才会结束程序。

在此流程中，我们是以人工的方式获取网站上的数据，在本书的第 9 章中，会再介绍如何将此部分改为以自动的方式来获取所需要的数据。

8-2-3　读取 JSON 格式的数据

在存取网络数据时经常会遇到 JSON 格式，对于 JSON 格式的数据，Python 也能够轻易地获取。什么是 JSON 呢？JSON 是 JavaScript Object Notation 的简称，设计之初的目的是为了让 JavaScript 可以使用的轻量级（与 XML 相比）数据交换语言，通过精简的文字格式描述数据结构，便于在不同的系统间交换数据内容。使用 JSON 可以表达出对象 Object，集合值 collection 以及其他的基本数据类型的数据，并以文本文件的方式存储。通过这些文件，人们不仅可以很容易地解析出数据内容，也可以很容易地通过程序加以处理。这是当前许多网站后台各个系统之间主要的数据交换格式之一。

USGS（United States Geological Survey）Earthquake Hazards Program 是一个非常著名的提供地震观测信息的网站，他们所提供的地震数据就以是 JSON 的形式供用户下载，也就是当我们连接到此提供地震信息网址的时候，得到的就是 JSON 格式的数据。

图 8-4 即为 USGS 的地震信息 JSON 格式说明网页（http://earthquake.usgs.gov/earthquakes/feed/v1.0/geojson.php），在此网页的右侧有许多的选项，主要分成 Past Hour、Past Day、Past 7 Day 以及 Past 30 Days，分别代表了最近 1 个小时、最近 1 天、最近 1 周以及最近 1 个月的地震观测数据，每一个时段中均可以选择所有的地震信息、大于 1.0 的地震、大于 2.5 的地震、大于 4.5 的地震还是更大级别的地震信息。

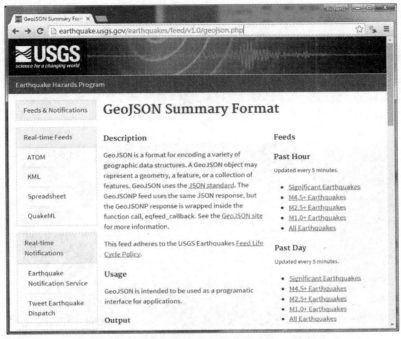

（图 8-4：USGS 的地震观测信息 JSON 格式说明网页）

因为这些信息是每 5 分钟就更新一次，等于是可以看到他们所观测到的最新信息。我们选择最近一周的大地震，可以得到如图 8-5 所示的数据。

（图 8-5：最近一周全世界发生重大地震的信息内容）

如图 8-5 所示，这是一个典型的 JSON 格式式信息，我们可以把这些数据存盘（earthquake.json），然后使用程序来解析其内容，并摘要显示出这些大地震的震级以及发生的地点。

但是，对于人的眼睛来说，乍看这些数据可以说是无从分析起，但是有一个网站（https://jsonformatter.curiousconcept.com/）提供了一个非常好的功能，可以把看起来杂乱无章的 JSON 文件整理成有结构的样子，也顺便帮我们检查在语法上是否有错误，只要把在图 8-5 中所得到的内容直接复制到该网站即可，这个网站如图 8-6 所示。

（图 8-6：把原始的 JSON 格式数据贴到网站中）

在单击"Process"按钮之后，就可以看到非常美观的格式，而且可以通过展开和收起按钮对每一个不同的元素进行开合的操作，更能了解此数据内容的结构，如图 8-7 所示。

（图 8-7：经整理过后的 JSON 数据格式）

从图 8-7 整理过的格式中就可以看出，加载之后的主要数据结构（字典结构）的第一层包含了 4 个键，分别是'type'、'metadata'、'features'以及'bbox'。其中所有的地震数据放在'features'键中，它是一个列表数据格式，有多少次地震就有多少个元素。每一个元素详细地记录了该次地震的相关数据，而我们有兴趣的数据是放在'properties'中的，这里面的'place'、'mag'和'time'

分别记录了地震的地点、最大震级和发生的时间。值得注意的是，这个时间是以 ms 为记录单位的，就是所谓的 epoch time 格式，要转换成人看得懂的格式才行。程序 8-7 解读了此 JSON 文件的格式。

程序 8-7

```
 1:#  *  coding: utf-8  *
 2:# 程序 8-7.py (Python 3 version)
 3:
 4:import json, datetime
 5:
 6:fp = open('earthquake.json','r')
 7:earthquakes = json.load(fp)
 8:
 9:print("过去 7 天全球发生重大的地震信息: ")
10:for eq in earthquakes['features']:
11:    print("地点:{}".format(eq['properties']['place']))
12:    print("震级:{}".format(eq['properties']['mag']))
13:    et = float(eq['properties']['time']) /1000.0
14:    d=datetime.datetime.fromtimestamp(et). \
15:    strftime('%Y-%m-%d %H:%M:%S')
16:    print("时间:{}".format(d))
```

在 Python 中解析 JSON 格式文件需要先 import json，然后使用 json.load(file)（第 7 行）来加载到程序的内存中。其中，只要 file 传入文件指针，json 这个模块就会自动去处理后续的操作。

我们在程序中把加载的地震数据放入 earthquakes 这个变量，它会自动被设置为字典类型，而真正的地震信息是放在 earthquakes['features']中的，所以对此元素执行一个循环（第 10 行），取出所有的地震信息，再按其结构列出有兴趣的信息即可。所有的操作都是在字典类型和列表类型变量中的操作。也就是说，原本是 JSON 格式，在使用 json.load 加载之后，就自动变成 Python 变量类型中的组合，只要使用 Python 自己的变量操作方式即可。

以下为程序 8-7 的运行结果。

```
$ python 8-7.py
过去 7 天全球发生重大的地震信息:
地点:230km SE of Sarangani, Philippines
震级:6.5
时间:2016-01-12 00:38:07
地点:32km NW of Fairview, Oklahoma
震级:4.8
时间:2016-01-07 12:27:58
地点:4km NNW of Banning, California
震级:4.39
时间:2016-01-06 22:42:34
```

8-3　Python 与数据库

数据库是传统上利用程序处理数据非常重要的一环，当我们要处理的数据量越来越多时，如果还是以文本文件的方式来存储数据，在编辑上会显得非常不方便。

例如，在第 7 章中的学生成绩处理范例、我们在第 8-2 节的时候使用程序存储和读取学生的数据，一次读取或写入时非常方便，可是如果需要对其中的数据加以修改或是新增数据在其中的元素时，文本文件就没有办法很容易地进行此类操作。反之，如果所有的数据都是放在数据库中，通过 SQL 指令，就可以有 SELECT、INSERT、UPDATE、DELETE 等功能，只要使用合适的语法就可以自由地操作数据，而不用担心实际文件存储和编辑的问题。

在数据库支持方面，Python 提供了很简便的接口，可以轻易地连接到 MySQL 等各种各样的数据库，但是为了简化本书的复杂度，我们以最轻量化的 SQLite 作为范例，让读者可以不用刻意为了学习数据库功能而再去安装一个数据库系统,而是直接到自己的计算机文件中就可以使用数据库的功能。

SQLite 是一个轻量化的文件型数据库，默认是直接使用文件的形式在本地计算机就可以直接拥有操作数据库的优势，也就是说，不用刻意去安装数据库系统，只要你的计算机语言（包括 Python）支持 SQLite，就可以直接通过 API 操作数据库，它的驱动程序会负责文件的存取细节，程序设计师只要以标准的 SQL 数据库操作语言来存取数据库即可，非常方便。

8-3-1　安装 Firefox 的 SQLite Manager 附加组件

虽然使用 SQL 指令也可以创建以及管理数据库和数据表，但是对于初学者来说，能够有一个可视化的界面来操作应该是更方便的事。知名的浏览器 Firefox 中有一个 SQLite Manger 附加组件实现了这项功能，让我们可以通过这个界面轻松地创建数据库和数据表，以利于后续的程序操作。因此在进入 Python SQL 程序设计之前，先来安装 SQLite Manager。首先，你必须要有 Firefox 浏览器，然后通过 Firefox 浏览器去搜索 SQLite Manager，如图 8-8 所示。

（图 8-8：通过 Firefox 浏览器搜索 SQLite Manager 附加组件）

搜索到此组件之后，用鼠标单击，就可以看到如图 8-9 所示的说明界面。

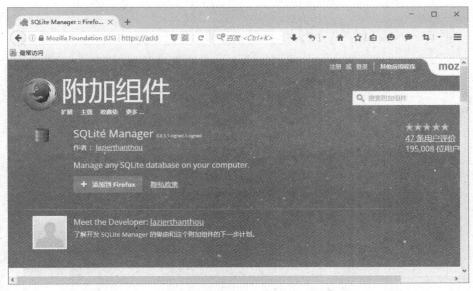

(图 8-9：SQLite Manager 附加组件的说明界面)

选择"添加到 Firefox",打开如图 8-10 所示的界面。

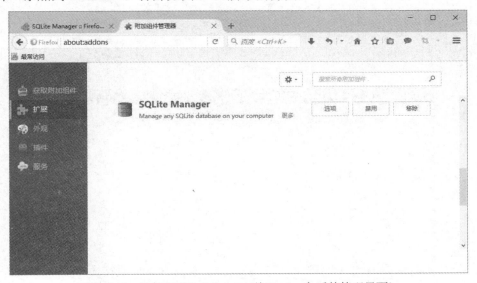

(图 8-10：添加 SQLite Manager 到 Firefox 之后的管理界面)

可以在自定义模式的地方把此组件加入快捷菜单,如图 8-11 所示。

（图 8-11：把 SQLite Manager 加入快捷菜单中）

接下来就可以执行该程序，进入其界面开始新增数据库和数据表了。为了示范程序，我们创建了一个专门用来存储成绩的数据库以及数据表。

8-3-2 创建简易数据库

在 8-3-1 小节中安装了 SQLite Manager 附加组件之后，执行该组件可以看到如图 8-12 所示的主界面。

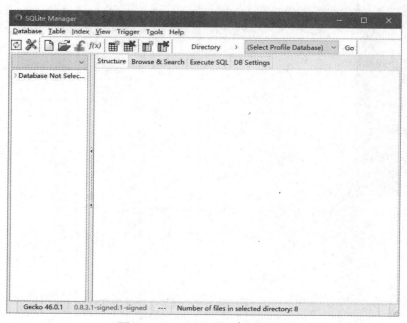

（图 8-12：SQLite Manager 主界面）

通过菜单选择创建数据库（Create Database），会出现如图 8-13 所示的对话框。

第 8 章 文件、数据文件与数据库的操作

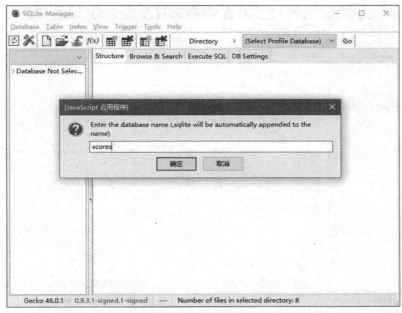

（图 8-13：创建数据库需要输入数据库的名称）

在此例，我们选用 scores 作为数据库名称，因为 SQLite 是文件型的轻量化数据库，所以下一个步骤会询问我们打算把文件存放在哪一个地方，如图 8-14 所示。

（图 8-14：选取要存放数据库的目录位置）

这个位置非常重要，因为我们的 Python 程序要使用此数据库时也会直接打开此文件。因为我们把数据库名称设为了 scores，所以 SQLite Manager 会在选择的目录下建立一个 scores.sqlite 的文件。创建完数据库（其实就是一个文件）之后，主界面就不一样了，如图 8-15 所示。

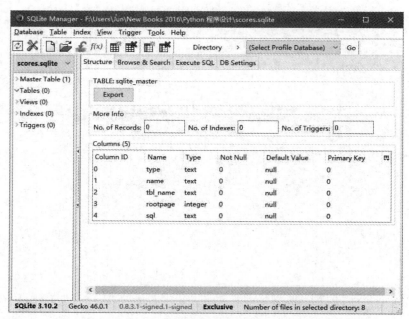

（图 8-15：创建数据库之后的 SQLite Manager 界面）

接下来单击新增数据表的按钮，创建一个在后续示范程序中要使用的数据表，如图 8-16 所示。

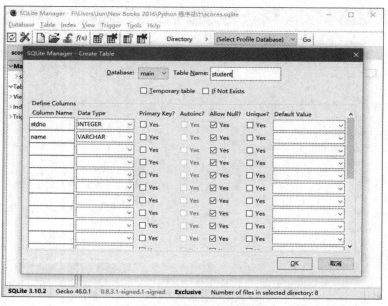

（图 8-16：创建数据表的界面）

在创建数据表的时候需要指定字段以及各字段的数据类型，当然在右上角也要设置此数据表的名称。为了方便示范起见，我们把数据表命名为 student，只有两个字段：第一个是 stdno，为整数 INTEGER 类型，并设置为主键（Primary key），且不能重复；第二个是 name，为可变字符 VARCHAR 类型，再单击 OK 按钮即大功告成。图 8-17 是创建好数据表之后的屏幕显示界面。

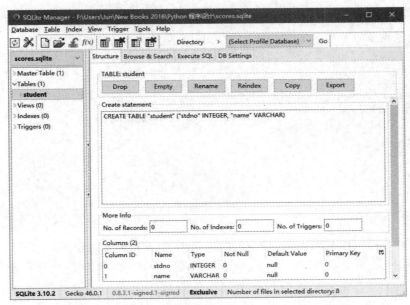

（图 8-17：创建好数据表之后的 SQLite Manager 主界面）

当然可以在此主界面直接输入此数据表的数据，但是我们主要是要示范如何通过 Python 程序来操作数据库功能，因此 SQLite Manager 的作用到此为止，接下来要通过 Python 程序来编辑和修改学生数据表的内容。

8-3-3 Python 存取数据库的方法

我们在 8-3-2 小节创建了一个数据库 scores.sqlite，且在其中创建了一个数据表 student。在 Python 中要存取 SQLite 数据库要先 import sqlite3，然后通过 connect 连接数据库，再以 execute 执行 SQL 指令的方式来操作数据库的内容。几个主要的 sqlite3 方法摘要如下表所示。

sqlite3 主要方法	说明
conn=sqlite3.connect(db)	连接数据库 db
conn.commit()	把之前的改变确实反应到数据库中
conn.rollback()	取消当前变更，恢复到上一次 commit 时的状态
conn.close()	关闭数据库连接
cursor=conn.execute(sql)	执行 SQL 指令
cursor.fetchone()	取得当前的一行数据
cursor.fetchall()	取得剩余的数据

在本节的范例程序中使用的数据表 student 有两个字段，分别是学生的座号 stdno 以及学生的姓名 name。下面的程序将示范如何新增一笔数据到 student 数据表中：

```
>>>import sqlite3
>>>conn = sqlite3.connect('scores.sqlite')
```

```
>>> conn.execute('insert into student values(1,"王小明");')
<sqlite3.Cursor object at 0x1014019d0>
>>>conn.commit()
>>>conn.close()
```

存了几笔数据之后,可以使用以下的程序片段把这些数据取出来:

```
>>>import sqlite3
>>>conn = sqlite3.connect('scores.sqlite')
>>>cursor = conn.execute('select * from student;')
>>>for row in cursor:
...     print('No {}: {}'.format(row[0],row[1]))
...
No 1: 王小明
No 2: 林小华
No 3: 王小花
No 4: 曾聪明
>>>conn.close()
```

遵循此步骤,就可以利用 SQL 指令的能力自由地操作数据库的内容了。不过一定要留意的是,所有的改变之后一定要记得调用 commit()函数,以免程序结束之后没有顺利地把数据存入数据库中。

8-4 数据库应用程序

结合数据库的功能,在这一节中修正成绩处理程序,让用户可以自由地编辑学生的姓名以及座号,并在更新之后随时存放在数据库中,让用户在输入成绩时所引用到的学生数据都是最新的,而且在下一次进入程序的时候也可以不用再重新输入学生的座号。

在本节中设计的程序主要由以下几个自定义函数所组成。

自定义函数名称	函数功能说明
disp_menu()	显示主菜单
append_data()	新增学生数据,通过一个循环让用户可以一直输入学生数据直到输入-1 之后结束。在新增每一笔学生数据之前会先以座号检查此数据是否存在,如果是已经存在的数据就不允许新增
edit_data()	编辑学生数据,要求用户输入座号,只有有一样座号的学生数据才能够修改其内容
del_data()	删除指定座号的学生数据
disp_data()	显示当前所有的学生数据

在主程序中也是使用一个 while True 的无限循环,按照用户的输入决定要调用哪一个相对应的函数,直到用户输入 0 结束程序的执行。请参考程序 8-8 的内容。

程序 8-8

```
# -*- coding: utf-8 -*-
# 程序 8-8.py (Python 3 version)

import sqlite3
```

```python
def disp_menu():
    print("学生数据编辑")
print("------------")
    print("1.新增")
    print("2.编辑")
    print("3.删除")
    print("4.显示所有学生")
    print("0.结束")
print("------------")

def append_data():
    while True:
        no = int(input("请输入学生座号(-1停止输入):"))
        if no == -1: break
        name = input("请输入学生姓名:")
        sqlstr = "select * from student where stdno={};".format(no)
        cursor = conn.execute(sqlstr)
        if len(cursor.fetchall()) > 0:
            print("你输入的座号已经有数据了")
        else:
            sqlstr = \
            "insert into student values({},'{}');".format(no,name)
            conn.execute(sqlstr)
            conn.commit()


def edit_data():
    no = input("请输入要编辑的学生座号:")
    sqlstr = "select * from student where stdno={};".format(no)
    cursor = conn.execute(sqlstr)
    rows = cursor.fetchall()
    if len(rows) > 0:
        print("当前的学生姓名:",rows[0][1])
        name = input("请输入学生姓名: ")
        sqlstr = \
        "update student set name='{}' where stdno={};".format(name, no)
        conn.execute(sqlstr)
        conn.commit()
    else:
        print("找不到要编辑的学生座号")

def del_data():
    no = input("请输入要删除的学生座号:")
    sqlstr = "select * from student where stdno={};".format(no)
    cursor = conn.execute(sqlstr)
    rows = cursor.fetchall()
    if len(rows) > 0:
        print("你当前要删除的是座号{}的{}".format(rows[0][0], rows[0][1]))
        answer = input("确定要删除吗？(y/n)")
        if answer == 'y' or answer == 'Y':
```

```
            sqlstr = "delete from student where stdno={};".format(no)
            conn.execute(sqlstr)
            conn.commit()
            print("已删除指定的学生...")
        else:
            print("找不到要删除的学生")

def disp_data():
    cursor = conn.execute('select * from student;')
    for row in cursor:
        print("No {}: {}".format(row[0],row[1]))


conn = sqlite3.connect('scores.sqlite')

while True:
    disp_menu()
    choice = int(input("请输入你的选择:"))
    if choice == 0 : break
    if choice == 1:
        append_data()
    elif choice == 2:
        edit_data()
    elif choice == 3:
        del_data()
    elif choice == 4:
        disp_data()
    else: break
    x = input("请按 Enter 键回主菜单")
```

几个比较常见的 SQL 语法分别是查找数据 select、新增数据 insert into，更新数据 update 以及删除数据 delete。其中 select 主要用到的语句为：

```
select * from student where stdno=1;
```

其中的 "*" 表示要读取所有的字段，而 student 是数据表的名称，stdno 是学生座号字段。此语句表明要到数据库中读取 student 数据表中所有 stdno 字段是 1 的该笔记录的所有字段。因为我们在数据表设置此字段具有非重复特性，即同一个值只能有一笔记录——唯一性，所以此指令顺利执行之后只能返回 0 或 1 个记录。

insert into 用到的语句如下：

```
insert into student values(no, name);
```

此语句表示要把座号 no 以及姓名 name 的这两个数据加入到 student 数据表中成为其中的一笔记录。因为 stdno 字段具有唯一性，所以在执行此指令之前，在程序中还要先使用 select 检查有没有相同座号（no）的记录，如果有就不能执行此指令。

update 用到的语句如下：

```
update student set name='name' where stdno=no;
```

此语句到数据表 student 中找出 stdno 为 no 的那笔记录，把其 name 字段更新为我们在程序中设置的值（从用户输入而来）。同样，在此之前，也要先检查是否有此笔记录，有的话再要求用户输入新的 name，如果没有就显示出查无此人的信息，然后回到主菜单。

delete 用到的语句如下：

```
delete from student where stdno=no;
```

同样，在删除之前也要先使用 select 查询是否有此记录，有的话再执行删除的操作。

在程序 8-8 中，使用了以下的程序片段查询是否存在指定座号的记录：

```
sqlstr = "select * from student where stdno={}".format(no)
cursor = conn.execute(sqlstr)
rows = cursor.fetchall()
if len(rows) > 0:
...
```

以 select 命令查询，然后通过 cursor.fetchall()取回所有的记录，此函数会返回一个记录列表，利用 len()函数即可查询返回列表的元素个数，每一个元素均代表一笔记录，如果此值大于 0 表示有此查询的记录存在，反之则否。

返回的 rows 可以使用 for 循环找出所有的记录再加以运用，但是在我们的数据表设计中每一个座号只能有一笔记录，因此可以直接使用 row[0]取出此记录。row[0][0]代表此记录的第 1 个字段值（座号），而 row[0][1]代表此记录的第 2 个字段值（姓名），以此方法，在处理整个数据表时就非常方便了。以下是程序 8-8 新增数据的执行过程。

```
C:\>python 8-8.py
学生数据编辑
------------
1.新增
2.编辑
3.删除
4.显示所有学生
0.结束
------------
请输入你的选择:4
No 1: 王大明
No 2: 林小华
No 3: 王小花
No 4: 林森森
No 5: 陈大明
No 6: 李大中
请按 Enter 键回主菜单
学生数据编辑
------------
1.新增
2.编辑
3.删除
4.显示所有学生
0.结束
```

```
------------
请输入你的选择:1
请输入学生座号(-1 停止输入):7
请输入学生姓名:张大成
请输入学生座号(-1 停止输入):-1
请按 Enter 键回主菜单
学生数据编辑
------------
1.新增
2.编辑
3.删除
4.显示所有学生
0.结束
------------
请输入你的选择:4
No 1：王大明
No 2：林小华
No 3：王小花
No 4：林森森
No 5：陈大明
No 6：李大中
No 7：张大成
请按 Enter 键回主菜单
```

以下是编辑以及删除学生数据的操作过程。

```
C:\>python 8-8.py
学生数据编辑
------------
1.新增
2.编辑
3.删除
4.显示所有学生
0.结束
------------
请输入你的选择:2
请输入要编辑的学生座号:3
当前的学生姓名：王小花
请输入学生姓名：周花花
请按 Enter 键回主菜单
学生数据编辑
------------
1.新增
2.编辑
3.删除
4.显示所有学生
0.结束
------------
请输入你的选择:3
请输入要删除的学生座号:2
```

```
你当前要删除的是座号 2 的林小华
确定要删除吗？(y/n) y
已删除指定的学生...
请按 Enter 键回主菜单
学生数据编辑
------------
1.新增
2.编辑
3.删除
4.显示所有学生
0.结束
------------
请输入你的选择:4
No 1: 王大明
No 3: 周花花
No 4: 林森森
No 5: 陈大明
No 6: 李大中
No 7: 张大成
请按 Enter 键回主菜单
```

更高级的 SQL 指令请参考相关的数据库程序设计书籍。以上的所有存取内容都会被存储在 scores.sqlite 这个文件中，需要复制或迁移数据库时，别忘了带着这个文件。

8-5 习 题

1. 设计一个程序，可以列出指定文件夹下的所有文件列表。
2. 请为程序 8-6 加入例外处理的功能。
3. 请为第 7 章中的成绩处理程序加上数据文件的存取功能。
4. 按照程序 8-7 的内容，自行下载更多的地震观测数据，并用程序显示出更多的信息。
5. 参考程序 8-8 的内容，试着把地震观测数据解析之后存入数据库中，以供用户查询。

第 9 章

Python 提取网站数据——基础篇

近年来 Python 最为人所津津乐道的功能就是提取网页的能力。在以往传统的程序设计语言想要到网站上去下载网页，需要花费非常多的力气，要做的事情非常烦琐。然而，在 Python 中，只要导入一些模块之后，不要说是下载网页，就连分析网页的内容、根据一些特征提取网页中特定的数据都变得轻而易举。在接下来的几章中，我们就以提取网页分析数据内容为主轴，详细说明如何通过 Python 自动且轻松地运用因特网上丰富的网站数据。

9-1 因特网程序设计基础
9-2 网页分析与应用
9-3 网络应用程序
9-4 习　题

9-1 因特网程序设计基础

现代社会大家都在使用网络,几乎所有的数据都可以在网上找到。传统上,我们要搜索某些数据(如天气信息、新闻甚至是第 8 章中所介绍的地震测报数据等)时都是以人工的方式通过浏览器去查看,把需要的信息记忆到脑海里或是整理到文件中。把这些工作交由程序来做,不只是工作可以自动化,还可以不限时间和空间,帮助我们浏览到更多的信息,只要有合适的网站和可以处理通过这些网址得到的数据的方法,不管是半结构化的数据(HTML 格式)还是结构化的数据(JSON 格式或是 XML 格式)都可以轻松"入袋"。

在这一章,我们会从网址的处理开始,接着再进一步探讨如何通过网址的改变获取更多的信息,然后探讨分析网页以及提取网页数据的基本原则与方法。主要的网络程序处理对象为因特网的 HTTP 协议,其他的协议(如 FTP 或是 Socket 程序设计)则不在本章的讨论范围。

9-1-1 因特网与 URL

在所有的数据都放在网上的时代,只要有正确的网址,就可以提取许多想要的数据,而这些数据有些以网页的方式显示(如气象统计数据、百度和谷歌的搜索结果、列车或者航班时刻表等),有些是以 DOC、PDF、ODS 或是 XLS 的方式存储,有些则是以 JSON 的方式提供(如美国的地震观测数据)。不管是什么类型的数据,在下载之前它们都只是一个网址,正确地说,是一个 URL。

以本书前面所介绍的 USGS 地震观测数据网站为例,除了可以从网站(网址 http://earthquake.usgs.gov/earthquakes/,网站界面如图 9-1 所示)上以视觉的方式看到全球地震相关信息之外,他们也提供了各种不同格式的数据以供程序提取之用(见图 9-2 左上角的各个链接)。

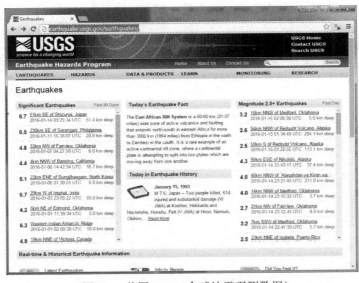

(图 9-1:美国 USGS 全球地震观测数据)

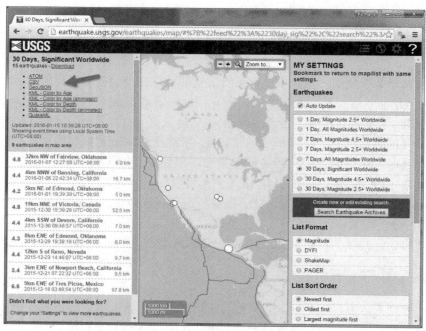

（图 9-2：USGS 提供的 30 天重大地震数据下载）

在图 9-2 箭头所指的地方选择一个想要下载的格式对应的链接，用鼠标单击之后即可看到所有需要的数据，如图 9-3 所示。这些数据是提供给程序分析用的原始数据，我们在第 8 章中已有分析，且使用程序处理过。

（图 9-3：USGS 提供的 JSON 格式数据供程序下载之用）

第 9 章　Python 提取网站数据——基础篇

对我们的程序而言，只要拿到上述网址（此网址基本上是不会任意变动的，在此例中为 http://earthquake.usgs.gov/earthquakes/），通过程序提取此网址的数据，等于是随时可以拿到每 5 分钟更新一次的全球大型地震观测数据，通过自动化的设置，甚至你可以比新闻媒体更早得知世界某处发生的大型地震信息。（例如，可以在自己程序内设置只要震级超过 6.5，就马上寄电子邮件通知你自己或在你的网站上更新信息，如果你的程序每 5 分钟就来提取数据，等于是最慢 5 分钟内就可以得知发生了大地震。）

类似的情况在各大网站也都有，以固定的网址来更新一些实时变化的信息。例如，新浪网的股票频道，网址为 http://finance.sina.com.cn/realstock/company/sh000001/nc.shtml，网站如图 9-4 所示。

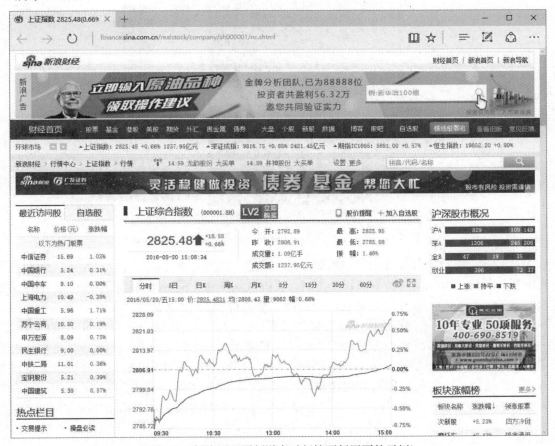

（图 9-4：新浪网股票频道实时行情更新网页的示例）

以及中国气象局网站的当天实时天气情况，网址为 http://www.cma.gov.cn/2011qxfw/2011qtqyb/，网站如图 9-5 所示。

（图9-5：中国气象局当前实时天气情况的网站界面示例）

由上可知，我们如果想要以程序提取上述的数据，只要有网址就行了，只是不同的网页有不同的数据格式，也有不同的界面编排方式，要提取其中特定的内容，还需要使用一些特定的模块和方法，这也是在接下来的课程内容中要说明的部分。

其实，大部分网站上的数据都有特定的渠道——政府机构的数据可以通过申请的方式获取，而私人机构则是以付费的方式购买，这样可以得到具有一定结构化的数据，在处理上会比较方便。但是，对于个人用途而言，从公开的网页上提取数据再加以分析是比较低成本且快速的方式，只是网页上的数据较没有结构化，尤其是现代的商业网站充满了各种各样的技术和广告单元，在分析上有一定的复杂度，要花比较多的思考以及程序设计时间，此点可以自行考虑。

9-1-2　解析网址

大部分网页中数据的数量较大，要能够有结构地找到所有我们想要的数据，了解网址组合是第一步。因为可能必须通过搜索或是分页的方式才能够提取需要的所有数据。以新浪股市新闻为例，某一天的股市新闻网页内容如图9-6所示。

第 9 章 Python 提取网站数据——基础篇

（图 9-6：新浪股市新闻网页示例）

当我们向下滚动屏幕时，就可以看到右边栏的"个股点评"分栏屏幕显示界面，如图 9-7 所示。

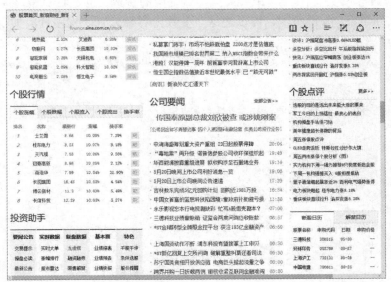

（图 9-7：新浪股市的"个股点评"分栏示例）

用鼠标单击"选股的目的是选出未来能大涨的票来"标题的链接，看到的结果如图 9-8 所示。

179

(图 9-8:新浪股市个股点评内容的示例)

网址看起来像是这样:

```
http://blog.sina.com.cn/s/blog_4e345ca90102wm9v.html?tj=fina
```

用肉眼看,http 是通信协议,而 blog.sina.com.cn 则是域名,/s/blog_4e345ca90102wm9v.html 是网页所在的位置和网页文件名,?tj=fina 则是查询用的参数,也是 GET 的参数。通过 Python 的 urllib 模块的 urlparse 分析函数,可以把这些参数内容都分开。程序片段如下:

```
>>>from urllib.parse import urlparse
>>>uc = urlparse('http:/blog.sina.com.cn/s/blog_4e345ca90102wm9v.html?tj=fina')

>>>uc
ParseResult(scheme='http', netloc=' blog.sina.com.cn ',
path='/s/blog_4e345ca90102wm9v.html
, params='', query='?tj=fina ', fragment='')

>>>uc.netloc
' blog.sina.com.cn'

>>>uc.path
'/s/blog_4e345ca90102wm9v.html'

>>>uc.query
'?tj=fina'
```

当然,我们在抓取网页数据的时候除了一些固定会更新的内容,网址大部分不会变化。另外,如果像是上述的例子,需要读取的信息内容可能超过一页,就需要分析网址的特色,在抓取时再加以组合。在遇到比较复杂的网址时,通过解析之后就可以比较了解如何自定义这些网址的参数了。我们以中华英才网站招募英才的网页网址为例,招聘信息第一页的网页界面如图9-9所示,而在用鼠标选择了"北京通信工程师"职位之后,其网页界面如图9-10所示。

(图9-9:中华英才网站招募英才的网页之第1页界面示例)

(图9-10:中华英才网站招募英才的网页之"北京通信工程师"职位的示例)

可以发现在"北京通信工程师"职位这个网页中,其网址复杂了许多,因此我们根据此网址编写一个程序分析其网址,如程序9-1所示。

程序9-1

```
# _*_ coding: utf-8 _*_
```

```
# 程序 9-1  (Python 3 version)
from urllib.parse import urlparse

url = 
'http://www.chinahr.com/sou/?city=398&keyword=%E9%80%9A%E4%BF%A1%E5%B7%A5%E7%A8%8B%
E5%B8%88&companyType=3&degree=0&refreshTime=0&workAge=0 '

uc = urlparse(url)
print("NetLoc:", uc.netloc)
print("Path:", uc.path)

q_cmds = uc.query.split('&')
print("Query Commands:")
for cmd in q_cmds:
    print(cmd)
```

程序 9-1 中可以把 query 查询命令以 "&" 分割开，本例中没有，请读者根据实际情况填写。

```
C:\>python 9-1.py
NetLoc: www.chinahr.com
Path: /sou/
Query Commands:
city=398
keyword=%E9%80%9A%E4%BF%A1%E5%B7%A5%E7%A8%8B%E5%B8%88
companyType=3
degree=0
refreshTime=0
workAge=0
```

从上述的结果就可以清楚地发现，只要通过网址把这些 query commands 等号后面的参数加以修改（例如，把 companyType 后面的 3 改为 4，或是把 workAge 后面的 18 改为 30 等），就可以按照我们的查询要求去查询，如果找到匹配的项就可以把结果呈现在页面上。读者可以自行试试。

9-1-3 提取网页数据

有了 9-1-2 小节的知识，大部分的网站就可以按照我们的要求在网页上呈现出我们需要的信息。接着，如何利用 Python 程序来提取这些网页到程序中呢？只要通过模块 requests 就可以了。

这个模块并不是默认的模块，所以在使用之前，可能需要在你的系统中先执行过 "pip install requests" 或是 "pip3 install requests" 才行。确定安装完毕之后，接下来就可以在我们的程序中使用 requests.get 指令读取我们想要处理的网页内容了，操作过程如下所示。

程序 9-2

```
# _*_ coding: utf-8 _*_
# 程序 9-2  (Python 3 version)
```

```
import requests

url = ' http://www.moe.gov.cn/ jyb_xxgk/ '

html = requests.get(url).text.splitlines()
for i in range(0,15):
    print(html[i])
```

程序 9-2 以中华人民共和国教育部信息公开平台的网页为目标，使用 requests.get 提取此网页的内容，并以文本文件的形式存放在 html 变量中，同时在存放入 html 之前先以 splitelines() 把内容按换行符分割成一行一行字符串所组成的列表，所以 html 变量就成为一个列表类型的变量，可以通过 for 循环取出任何行数的内容。在此例中，只取出前 15 行进行打印。

```
C:\>python 9-2.py
<!DOCTYPE html PUBLIC "-//W3C//DTD XHTML 1.0 Transitional//EN"
"http://www.w3.org/TR/xhtml1/DTD/xhtml1-transitional.dtd">
<html xmlns="http://www.w3.org/1999/xhtml">
<head>
<meta http-equiv="Content-Type" content="text/html; charset=utf-8" />
<meta name="filetype" content="0">
<meta name="publishedtype" content="1">
<meta name="pagetype" content="2">
<meta name="catalogs" content="index">
<meta name="uctk" content="enabled">
<meta name="baidu-site-verification" content="gsQnnXVkuH" />
<title>中国人民共和国教育部</title>
<meta name="keywords" content="中国人民共和国教育部" />
<meta name="description" content="中国人民共和国教育部" />
```

利用程序 9-2 可以修改网址变量 url 的内容，下载任何的公开网站信息。此外，在程序 9-2 中为了方便展示起见，我们使用换行符号来分割下载的网页数据，但是换行符号对于网页内容是没有意义的，因为网页的组成主要是由 HTML 语言来描述的，此语言的语句是由一系列的标签（tag）所组成的。浏览器就是按照这些标签来决定如何显示网页的数据以及排版的方式。在大部分的时候，排版的样式也是由 CSS 层叠样式表语言甚至是 JavaScript 语言等的语句来决定的。

9-1-4 使用正则表达式提取网页内的电子邮件账号

要分析所得到的网页数据并从中提取所需要的数据，有许多种可行的方式，比较复杂的方法需要分析网页的组成结构，尤其是以 HTML 语言描述的各个标签，我们将在 9-2 节中说明。在本小节，先把提取的网页信息全部当作一个字符串来看，然后使用正则表达式（Regular Expression）过滤字符串的内容，并取出我们要的格式。

如果只是要找出某一个或某些单词、字符串是否出现在某个网页中，在 Python 中只要使用 in 就可以了。例如，我们要设计一个程序来协助我们去查找某人的姓名是否存在于某个网页上（最简单但无效率的查榜服务）。目标网页是某一个大学院系的榜单：http://www.xxx.edu.cn/exam/check_001_NO_0_2015.html（某大学的 2015 学年的计算机 Python 考试榜单）。我们只要利用程序 9-3 即可查询某个姓名是否在此网页中。

程序 9-3

```
# _*_ coding: utf-8 _*_
# 程序 9-3 (Python 3 version)

import requests

url = ' http://www.xxx.edu.cn/exam/check_001_NO_0_2015.html '
name = input("请输入要查询的姓名:")
html = requests.get(url).text
if name in html:
    print("恭喜名列金榜")
else:
    print("不好意思,榜单中找不到{}".format(name))
```

每次执行程序时，此程序就会去下载该网页，然后把网页转换成单一字符串变量放在 html 变量中，再以 in 运算符来检测输入的姓名（放在 name 字符串变量中）是否在 html 内。以下是运行结果的范例：

```
$ python 9-3.py
请输入要查询的姓名:林小明
不好意思,榜单中找不到林小明
$ python 9-3.py
请输入要查询的姓名:吴太一
恭喜名列金榜
```

然而，大部分的时候我们并不是要查找某一个特定的文字，而是某一种特定类型的文字，例如电子邮件账号、链接符号或是电话号码等。此类信息均有特定的格式，但是其文字内容可能为任何的字母或数字符号，使用 in 是找不出来的，此种情况就需要使用正则表达式才能达到目的。

所谓的正则表达式，简单地说，就是用一套严谨的语法来表达出我们想要的某种格式的字符串。例如，标准的电话号码格式"(010) 8765-1234"，如果用中文口语的方式来描述填写此数据的人一定要使用此种格式来书写北京市区的电话号码，只能说"用左小括号开头，然后接着是 3 个数字的区号，再用右小括号结束区号的部分，接着是 4 个数字的前置码，接着一个-,再加上 4 个数字的后置码"。这么长串的文字描述，是不是显得很没有效率？而且要如何在程序中表达呢？上述的描述，如果使用正则表达式，那么只要这样表示就好了："\(\d\d\d?\)\d\d\d\d?-\d\d\d\d"。是不是精简多了？下表是正则表达式中几个常用的符号。

正则表达式记号	例子与说明
[abc]	代表一个可以符合 a 或 b 或 c 的任一个字符
[a-z]	代表一个可以符合 a, b, c, ..., z 的任一个字符
.	代表一个除了\n（换行符号）之外的所有字符符号
*	代表前一项可以出现 0 次或无限多次
+	代表前一项可以出现 1 次或无限多次
?	代表前一项可以出现 0 次或 1 次
\	表示后面接着的字符以一般字符处理
{n}	n 是一个数字，用来指定前一项出现的次数（要一样才算是符合）
{n,}	n 是一个数字，用来指定前一项出现的次数，至少是 n，最多不限
{n,m}	n, m 均为数字，用来指定前一项出现的次数至少是 n、最多是 m
\d	一个数字字符，等于[0-9]
^	非运算或者反运算，例如[^a]代表不是 a 的所有字符
\D	一个非数字的字符，等于[^0-9]
\w	代表数字、字母或下划线
\W	非\w
\t	制表符号
\n	换行符号
\r	回车（return）符号
\s	所有空白符号（非显示符号）
\S	非\s

网站 http://pythex.org/ 提供了可以测试正则表达式实际作用的分析，可以在该网站上先测试正确之后再放在自己的程序中使用。

所以，只要想要在网页上找出所有类似的内容，就可以使用正则表达式，然后到网页字符串中去找出来即可。以下是电子邮件账号的正则表达式（参考网站 http://emailregex.com/的内容，但是应用在网页的时候把前后的^和$去掉）：

[a-zA-Z0-9_.+-]+@[a-zA-Z0-9-]+\.[a-zA-Z0-9-.]+

程序 9-4 即以 Python 的正则表达式模块中的 findall() 函数来找出某一个网页中所有的电子邮件账号，并列出来（基于隐私权，目标网址请自行搜索网站上提供了电子邮件账号的网页测试）。

程序 9-4

```
# -*- coding: utf-8 -*-
# 程序 9-4 (Python 3 version)

import requests, re

regex = r"([a-zA-Z0-9_.+-]+@[a-zA-Z0-9-]+\.[a-zA-Z0-9-.]+)"
url = 'http://xxxx.xxx.xxx'

html = requests.get(url).text

emails = re.findall(regex,html)
```

```
for email in emails:
    print(email)
```

此程序的运行结果会列出所有在网页中找到的电子邮件账号。在程序 9-4 中，url 用来放置要下载的网页网址，而 regex 后就是放置我们设计的正则表达式。其中，在字符串符号 "" 之前的 "r" 是让 Python 解释器知道在其后的字符串内容请保留原来的样子，不要做任何的解译操作。解译动作交由 re.findall(regex,html)即可。

一个设计好的正则表达式可以找出非常多种类的字符串组合,只要把提取到的文件当作是一个字符串来看，re.findall()可以找出像是电子邮件账号、电话号码、外部链接甚至是某些特定的网址类型。然而，如果是更复杂的形式，例如要找出某一个表格内的某些数据（如实时气温、股票实时报价等），从 HTML 结构下手反而会比较轻松，我们将在 9-2 节介绍此方法。

9-2 网页分析与应用

如同 9-1 节所说明的，要利用 Python 程序提取网页的内容非常简单，只要短短的几行程序代码就可以实现。但是，拿到的原始网页内容是给浏览器解析的 HTML 格式，如果要提取的是其中比较复杂的文字或数字数据（例如只想要提取当前天气预报中的所有温度），如何在这些繁杂的内容中找出所需的数据呢？最好的方式就是去解析 HTML 的网页结构，找出所有的标签，然后再以人眼去观察想要提取的数据，其网页原始文件所使用的标签是哪些，这些将是本节的重点。

9-2-1 HTML 网页格式简介

除非特殊情况，现今大部分网站的网页都是使用 HTML（Hyper Text Markup Language）编写的。在发明的时候，HTML 的主要目的在于协助浏览器了解网页文件中每一段内容的编排方式，也就是要显示的外观模样，主要的结构大约如下所示。

```
<html>
<head>
<meta 文档属性设置>
<title>
</title>
<script ...></script>
<link rel=stylesheet type="text/css" ...>
</head>
<body>
<h1>标题</h1>
<pclass='选择器'id='识别符号' style='css 格式命令'>
内文段落
</p>
<table>
```

```
<tr><td>表格内容</td></tr>
</table>
<imgsrc=...>
<a href='...'>外部链接</a>
</body>
</html>
```

由小于号"<"和大于号">"所括住的字符串叫作标签（tag）。大部分的标签都是成对出现的，但是后面出现的标签则多使用了一个除号，例如<body></body>，少部分的标签因为要呈现的信息可以通过自身的属性完成，所以只要一个就好，例如<img src='images/pic.png'>，即在当前的位置显示服务器上的 images 文件夹下的 pic.png 图像文件。几个比较常见的标签如下表所示。

标签示例	用途
<html></html>	标示此文件为 HTML 格式，放在文件的第一行和最后一行
<head></head>	标示文件的标头位置，用来放置网页设置用的数据
<title></title>	放置此网页文件的标题，通常会被显示在浏览器的标题栏
<body></body>	标示网页文件显示内容的地方，所有要被显示在浏览器网页页面的内容均被放置在此处
<script></script>	放置描述语言内容的地方，也可以用 src 属性指定外部文件的网址，此描述语言会被浏览器执行，以建立更多的效果或执行与用户互动的功能
<h1></h1>	强调标签内文字显示的轻重程度，h1 最重，h6 最轻。通常在格式的设置上，h1 内的文字都会以最大字体以及粗体来显示
<p></p>	用来呈现主文内容分段显示
<div></div>	排版用的格式标签，通常网页设计者会把同一个 div 标签内的文字以同样的格式进行设置和调整，可以视为是网页内文的大段落或显示分块
<span></span>	同<div>，但应用在比较小的范围，大部分都是一些可以用描述语言替换文字内容或显示效果的少量文字
<table></table>	以表格形式显示的内容
<imgsrc='...'>	图像文件的显示设置
<a href='...'>	外部链接的设置
<iframe></iframe>	把另外一个文件或网页以窗框的方式无缝地放在当前的网页中一起显示的技巧

简单的标签如<h1> <title>等，大部分的情况只有标签本身，并没有什么属性可以提取，最多就是完整的标签描述"<h1>内容</h1>"，或是提取其 content（内容）。但是有些标签本身还有自有的属性需要设置，例如"<img src='images/01.jpg' title='第一张图' alt='北京风景' width='300'>"，此标签名称是 img，而 src、title、alt、width 等都是此标签的属性，可以另外处理。此外，现代越来越复杂的网页内容，也让网页设计者替许多标签加上了各种各样的自定义属性名称，这也是现代浏览器允许的，而这些外加的属性往往就是网页分析和提取特定数据的关键。

如前所述，HTML 并不在意文件内每一段文字代表的意义（是摘要、内文、作者还是商品价格等），所呈现的就只有对于某些内容进行显示或编排格式上的设置。此外，因为读取以及解析此文件的是浏览器，所以收到的 HTML 内容有可能是这样：

```
<html><head><meta 文档属性设置><title></title><script ...></script><link
rel=stylesheet type="text/css" ...></head><body><h1>标题</h1><pclass='选择器'id='识别
符号' style='css格式命令'>内文段落</p><table><tr><td>表格内容
</td></tr></table><imgsrc=...><a href='...'>外部链接</a></body></html>
```

不只没有按照良好阅读格式编排，甚至还会遗漏部分成对的标签（并非每一个网站都被良好地维护着），这也是为什么我们把 HTML 文件分类为半结构化文件的原因之一。为了正确解析网页中的内容，取出想要的数据，通常会有几种做法，其中之一就是先把一些不需要的信息去掉，只留下想要的内容。例如，描述语言的<script>标签以及网页的<head>信息，就是第一批要被去掉的目标。

对于留下来的网页内容，要根据对于网页源文件的观察，找出所需要信息前后放置的标签是什么。现代大部分的网页都会以<div>搭配 id 或是 class 来给主要的文本块分类，有了这些标签，就比较容易通过程序自动地找出所需的文字信息或链接信息。

至于如何去观察这些信息呢？通过浏览器查看原始文档是最基本的方法，不管是使用什么浏览器，直接在网页上单击鼠标右键再选择网页的源代码，即可以看到原始的 HTML 内容，有经验的用户可以从其中看出想要提取的数据所在的位置，以及它们是被什么标签所指定或括住，从而找出要提取的数据的类型设置。而 Chrome 的开发者工具，提供了更加方便好用的界面。以"中国中央气象台网站"为例，进入网站之后，选择菜单中的"开发者工具"选项，如图 9-11 所示。

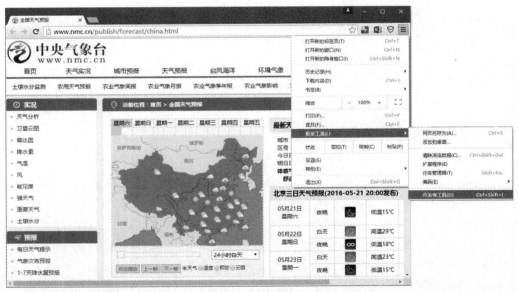

（图 9-11：中国中央气象台网站，进入"开发者工具"选项）

在选择了"开发者工具"选项之后，网页的右侧就会出现经过 Chrome 浏览器解析后的 HTML 源文件内容，如图 9-12 所示。

第 9 章　Python 提取网站数据——基础篇

（图 9-12：Chrome 开发者工具的界面）

在此界面中，图 9-12 中鼠标箭头所指的地方是 Inspect Element 的功能，启用之后，将鼠标指针移到网页的任何一个地方都会显示出当前该网页元素所使用的标签，如图 9-13 所示。

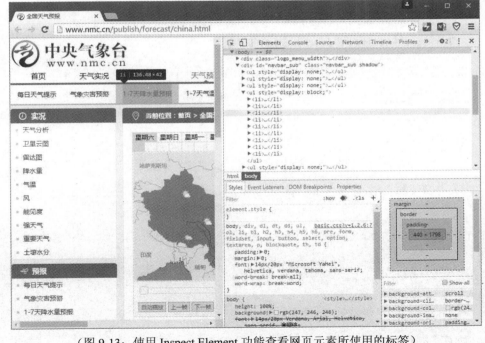

（图 9-13：使用 Inspect Element 功能查看网页元素所使用的标签）

善用此工具，可以让我们更容易分析网页的内容，找出特定数据的目标标签，然后再使用 9-2-2 小节中要介绍的 BeautifulSoup 模块去提取这个标签的内容。

9-2-2　安装 BeautifulSoup

BeautifulSoup 是一套协助程序设计师解析网页结构的项目，起始于 2004 年，当前最新的版本是 4.4.1，官方网页的网址是 http://www.crummy.com/software/BeautifulSoup/，而图 9-14 则是官网的界面。

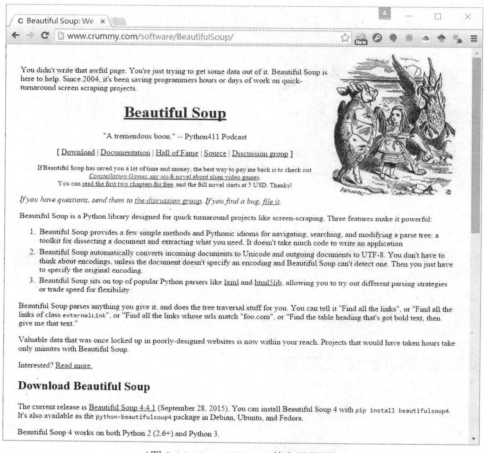

（图 9-14：BeautifulSoup 的官网界面）

在使用之前需先以 "pip install beautiifulsoup4" 安装此模块（其他版本的差异请参考官网上的说明）：

```
C:\ >pip install beautifulsoup4
Collecting beautifulsoup4
  Downloading beautifulsoup4-4.4.1-py3-none-any.whl (81kB)
    40% |████████████            | 32kB 306kB/s eta 0:00:01
    45% |█████████████           | 36kB 341kB/s eta 0:00:
    50% |██████████████          | 40kB 375kB/s eta 0:00
```

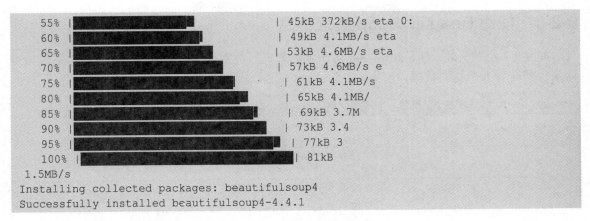

```
55% |                               | 45kB 372kB/s eta 0:
60% |                               | 49kB 4.1MB/s eta
65% |                               | 53kB 4.6MB/s eta
70% |                               | 57kB 4.6MB/s e
75% |                               | 61kB 4.1MB/s
80% |                               | 65kB 4.1MB/
85% |                               | 69kB 3.7M
90% |                               | 73kB 3.4
95% |                               | 77kB 3
100% |                              | 81kB
1.5MB/s
Installing collected packages: beautifulsoup4
Successfully installed beautifulsoup4-4.4.1
```

以下程序片段是 BeautifulSoup 第 4 版的最基本使用方式：

```
C:\>python
Python 3.5.1 (v3.5.1:37a07cee5969, Dec  6 2015, 01:38:48) [MSC v.1900 32 bit (In
tel)] on win32
Type "help", "copyright", "credits" or "license" for more information.
>>>from bs4 import BeautifulSoup
>>> import requests
>>>url = 'http://www.timeanddate.com/weather/'
>>>html = requests.get(url).text
>>>sp = BeautifulSoup(html, "html.parser")
>>>
```

先使用 from bs4 import BeautifulSoup 导入模块，搭配 requests 模块提取网页的数据，提取的网页数据转换成文本文件之后放在 html 字符串变量中，然后把 html 使用 BeautifulSoup 加以解析，解析之后的结果存在 sp 中，之后就可以应用 BeautifulSoup 所提供的函数存取 sp 中解析后的数据，而这些函数主要是以标签为目标来操作的。例如，想要取出网页中所有的链接，可以使用以下指令：

```
>>>links = sp.find_all('a')
```

因为在 HTML 中链接的标签是 "a"，所以找出所有的 a 标签就等于是找出所有的 链接，其结果会以列表变量的方式返回，在上例中我们把它们存放在 links 变量中。因此，可以通过 links 列表的操作来列出链接的内容。

```
>>>>>>links[10]
<a href="/custom/site.html">My Units</a>
>>>links[10].contents
['My Units']
>>>links[10].get('href')
'/custom/site.html'
>>>
```

在此例中，我们列出第 11 个（索引值为 10）链接的原始字符串、标签内容（contents）以及 href 属性的值。

9-2-3 使用 BeautifulSoup 提取信息

如 9-2-2 小节所述，BeautifulSoup 协助我们整理网页数据，让程序设计人员可以通过指定标签找到网页中想要的数据，下表是几个 BeautifulSoup 最常用的分析网页格式的指令或属性。

BeautifulSoup 常用的方法及属性	使用说明（假设执行过 sp = BeautifulSoup(html)）
title	返回此网页的标题 sp.title
text	除去所有 HTML 标签，把网页变为字符串返回 sp.text
find	返回第一个符合条件的内容 sp.find('img')
find_all	返回所有符合条件的内容 sp.find_all('a')
select	返回以 CSS 选择器作为运算结果的所有内容，主要操作对象为 id 和 class sp.select('#Showtd')

如同 9-2-2 小节的范例，在这里面最常用的就是 find_all 函数，因为它可以设置一个搜索的条件以缩小欲锁定的数据范围。例如，可以使用以下函数找到文章中所有的链接（以下假设网页均已使用 BeautifulSoup 分析并放在 sp 变量中）：

```
all_links = sp.find_all('a')
```

而因为 HTML 的标准链接格式如下：

```
<a href='http://go.to.com'>link text</a>
```

所以可以通过"all_links[0]"提取该链接的全部内容（如上例即为全部字符串），"all_link[0].get('href')"提取实际链接的网址（如上例即为 http://go.to.com），"all_links.text"提取链接的文字内容（如上例即为 link text）。程序 9-5 示范了如何提取某一网页的全部链接，并把这些链接的完整网址列出来（以是否为 http://开头作为判断的根据）。

程序 9-5

```
# _*_ coding: utf-8 _*_
# 程序 9-5 (Python 3 version)

from bs4 import BeautifulSoup
import requests
import sys

if len(sys.argv) < 2:
    print("用法: python 9-5.py <<target url>>")
    exit(1)

url = sys.argv[1]

html = requests.get(url).text
```

```
sp = BeautifulSoup(html, 'html.parser')
all_links = sp.find_all('a')

for link in all_links:
    href = link.get('href')
    if href != None and href.startswith('http://'):
        print(href)
```

在程序 9-5 中，我们先使用 find_all('a') 提取所有的链接，然后把结果放入 all_links 变量中，再以一个 for 循环取出所有的 link，并以 link.get('href') 提取此链接中的实际网址，由于有些链接可能没有设置 href，因此要检查 href 是否为 None，另外也要检查 href 是否以 'http://' 起始，两个条件都符合才打印出来。以下是程序执行的过程以及部分结果：

```
$ python 9-5.py http://www.baidu.com
http://www.nuomi.com/?cid=002540
http://news.baidu.com
http://www.hao123.com
http://map.baidu.com
http://v.baidu.com
http://tieba.baidu.com
http://www.baidu.com/gaoji/preferences.html
http://www.baidu.com/more/
http://news.baidu.com/ns?cl=2&rn=20&tn=news&word=
http://tieba.baidu.com/f?kw=&fr=wwwt
http://zhidao.baidu.com/q?ct=17&pn=0&tn=ikaslist&rn=10&word=&fr=wwwt
http://music.baidu.com/search?fr=ps&ie=utf-8&key=
http://image.baidu.com/search/index?tn=baiduimage&ps=1&ct=201326592&lm=-1&cl=2&nc=1&ie=utf-8&word=
http://v.baidu.com/v?ct=301989888&rn=20&pn=0&db=0&s=25&ie=utf-8&word=
http://map.baidu.com/m?word=&fr=ps01000
http://wenku.baidu.com/search?word=&lm=0&od=0&ie=utf-8
http://home.baidu.com
http://ir.baidu.com
http://www.baidu.com/duty/
http://jianyi.baidu.com/
```

因为我们通过命令行参数的方式指定网址，所以读者们可以利用此程序试试看你熟悉的网页是否能够提取所有的完整链接。我们也可以用同样的方法来提取网页中所有的图像文件链接。程序 9-6 就是一个简单的示范。

程序 9-6

```
# _*_ coding: utf-8 _*_
# 程序 9-6 (Python 3 version)

from bs4 import BeautifulSoup
import requests
import sys
from urllib.parse import urlparse
```

```
if len(sys.argv) < 2:
    print("用法: python 9-6.py <<target url>>")
    exit(1)

url = sys.argv[1]
domain = "{}://{}".format(urlparse(url).scheme, urlparse(url).hostname)
html = requests.get(url).text
sp = BeautifulSoup(html, 'html.parser')
all_links = sp.find_all(['a','img'])

for link in all_links:
    src = link.get('src')
    href = link.get('href')
    targets = [src, href]
    for t in targets:
        if t != None and ('.jpg' in t or '.png' in t):
            if t.startswith('http'):
                print(t)
            else:
                print(domain+t)
```

程序 9-6 多做了几件事，其中之一就是把搜索的目标扩大，除了<a>之外，也搜索<img>。此外，<a>的标准链接属性是 href，而<img>的标准链接内容是 src，因此我们把 href 和 src 都纳入检索的目标，只要这两个属性不是空的（None），就找找其内容中有无.jpg 或是.png，只要有，就准备显示。但是在显示出来之前，还要检查其是否为完整的网址（看看是否为 http 开头的字符串），如果不是，就为其补上该网站的网址（使用 urlparse 模块找出目标网页的主机网址）。经过此程序的处理，只要输入某一个网页的网址，程序 9-6 就会把此网页中所有放在 a 和 img 中的所有图像文件链接的网址都显示出来。基于网页隐私权的原因，这里就不列出运行结果了，请读者自行试用。

有了网址，如何把对应的图像文件内容存下来呢？请参考程序 9-7 的内容。

程序 9-7

```
# _*_ coding: utf-8 _*_
# 程序 9-7 (Python 3 version)

from bs4 import BeautifulSoup
import requests
import sys, os
from urllib.parse import urlparse
from urllib.request import urlopen

if len(sys.argv) < 2:
    print("用法: python 9-7.py <<target url>>")
    exit(1)

url = sys.argv[1]
domain = "{}://{}".format(urlparse(url).scheme, urlparse(url).hostname)
html = requests.get(url).text
```

```python
sp = BeautifulSoup(html, 'html.parser')
all_links = sp.find_all(['a','img'])

for link in all_links:
    src = link.get('src')
    href = link.get('href')
    targets = [src, href]
    for t in targets:
        if t != None and ('.jpg' in t or '.png' in t):
            if t.startswith('http'): full_path = t
            else:                    full_path = domain+t
            print(full_path)
            image_dir = url.split('/')[-1]
            if not os.path.exists(image_dir): os.mkdir(image_dir)
            filename = full_path.split('/')[-1]
            ext = filename.split('.')[-1]
            filename = filename.split('.')[-2]
            if 'jpg' in ext: filename = filename + '.jpg'
            else:            filename = filename + '.png'
            image = urlopen(full_path)
            fp = open(os.path.join(image_dir,filename),'wb')
            fp.write(image.read())
            fp.close()
```

程序 9-7 使用 urlopen 来打开远端的文件，并通过 fp = open(...)的方式打开本地的文件，最后再以 fp.write(image.read())的方式，一次从远端的文件中读取所有的数据之后，直接写入本地计算机成为图像文件。而真正存盘之前，主要的工作就是要确定出要存盘的文件夹名称以及文件名。在本范例中会检查要存取的文件夹是否存在，如果不存在就通过 os.mkdir() 创建一个新的。但是在存盘的部分，程序 9-7 并没有检查是否有一样的文件名，因此如果有一样名字的图像文件，后来的文件就会覆盖掉之前的文件。要避免此种情况发生，这部分设计留在习题中给读者作为练习之用。

基于网站隐私权的考虑，请读者自行搜索有图像文件的网页来试用本程序。但在使用时，请自行留意相关的法律责任问题，切勿因此造成被测试的目标网站的负担，因此在测试时建议先使用自己的网站测试。

9-2-4 进一步分析网页的内容

在 9-2-3 小节中，我们一视同仁地把所有的<img>以及<a>都找出来了，但是在大部分的情况下，我们要找的是一些特定的数据信息。例如，中国台湾地区的当地石油公司列在网站上的历年油价信息，如图 9-15 所示。

（图 9-15：历年油价调整表）

观察网页，很显然油价是以表格的方式来呈现的，查看其网页源代码，如图 9-16 所示。

（图 9-16：历年油价调整表网页的源代码）

果然所有的油价数据都被放在 HTML 的<table>的标签中，一大堆<tr><td>等标签都没有特定的属性，要如何锁定呢？所幸的是，在图 9-16 中有一个地方被笔者反白了，那是一个<span>的标签，而其 id 是被设置为了"Showtd"，这是一个很好的线索。在程序中，可以先通过 CSS Selector 的方式选定属性为 Showtd 的<span>，再根据里面的<tr>和<td>来进行分析。

在 HTML 的表格设计中，以<table></table>为最上层，接下来每一行用<tr></tr>括起，然后在里面用<td></td>来设置表格中的单元格。观察图 9-15 的表格可以发现，在油价数据中，各个行是调价日期，而后面各列则是油品的种类，只要数值有变化，就会有数字，如果没有改变，就是空的单元格，但是第 2 列一定是 92 无铅，第 3 列一定是 95 无铅，依此类推。

因此，我们可以在提取<span></span>之后，再按<tr>来提取所有的行数，把每一行以列来分割，取出我们想要的信息。程序 9-8 示范了整个分析的过程。

程序 9-8

```python
# _*_ coding: utf-8 _*_
# 程序 9-8 (Python 3 version)

from bs4 import BeautifulSoup
import requests

url = 'http://new.cpc.com.tw/division/mb/oil-more4.aspx'

html = requests.get(url).text
sp = BeautifulSoup(html, 'html.parser')
data = sp.find_all('span', {'id':'Showtd'})
rows = data[0].find_all('tr')

prices = list()
for row in rows:
    cols = row.find_all('td')
    if len(cols[1].text) > 0:
        item = [cols[0].text, cols[1].text, \
                cols[2].text, cols[3].text]
        prices.append(item)
for p in prices:
    print(p)
```

其实看起来也很简单，先通过 find_all('span', {'id':'Showtd'})来找出记录油价所有单元格的内容，再将其放在 data 中。CSS 的选择方法是在 find_all 函数的第 1 个参数中输入要被查找的标签，然后用第 2 个参数以字典格式传入要筛选的属性以及其内容。

因为找到的内容是先以行再以列来显示，所以使用 rows = data[0].find_all('tr')找出行，再使用 cols = row.find_all('td')找出每一列。最后要使用时，先以字符串的长度来判断该单元格内是否有数据，如果第 1 列 col[1].text 是有数据的，就再把它们存进 prices 列表变量中。以下是程序的运行结果（因篇幅的关系，仅显示部分结果，实际的数据是到 1999/01/6）。

```
$ python 9-8.py
['2016/01/18', '18.4', '19.9', '21.9']
['2016/01/11', '19.5', '21.0', '23.0']
['2015/12/28', '19.9', '21.4', '23.4']
['2015/12/21', '20.1', '21.6', '23.6']
['2015/12/14', '20.8', '22.3', '24.3']
['2015/12/07', '21.6', '23.1', '25.1']
['2015/11/30', '21.7', '23.2', '25.2']
['2015/11/23', '21.5', '23.0', '25.0']
```

```
['2015/11/16', '22.2', '23.7', '25.7']
['2015/11/09', '22.8', '24.3', '26.3']
```

不过，因为这不是经常会变动的数据，所以在下载一次之后，理论上要存放在我们自己的数据库中，以避免过度使用别人的网页。这是下一节的教学内容。

9-3 网络应用程序

我们在前几节中介绍的程序都是属于单打独斗式的，也就是每次要提取数据的时候，都要从别人的网页上去提取，其实这是一种相当没有效率的做法。除非要提取的网页信息是实时更新的，每一次都不一样，这样到网页上去提取数据才有意义，否则，像是油价的信息已知是定期才会更新一次,只要定期去取一次就好了,那么拿到的数据要如何处理呢？有以下两个方法。

其一，存放在数据库中，这是最标准的做法，我们到下一章再加以说明。其二，以文件的形式存储，而且通过 HTML 网页的方式来进行检索。下面将分成几个小节来说明。

9-3-1 将数据存储为文件

就如同程序 9-6 所做的事情一样，如果是要下载图像文件，第一个步骤就是把这些图像文件存储在专门的文件夹中，日后要查看的时候，只要以本地计算机操作系统中的图像浏览器浏览即可。同样的方式也适用于 .pdf、.txt 以及所有可以浏览的文件格式。

但是，如果像程序 9-8 那样所提取的是整理过的文字数据，要如何处理呢？除了存放到数据库的选择之外，我们也可以写成 HTML 格式的网页文件，此类型的文件是一般的文本文件，除了便于 Python 写入之外，写入之后的文件以 .html 作为扩展文件名之后，即可用浏览器打开浏览，非常方便。此外，也可以存储到 CSV 格式（以逗号分隔的标准文本文件形式），此种格式在各种电子表格以及数据库系统中都非常容易导入。

我们把程序 9-8 改为存储成网页形式，如程序 9-9 所示。

程序 9-9

```
# _*_ coding: utf-8 _*_
# 程序 9-9 (Python 3 version)

from bs4 import BeautifulSoup
import requests

pre_html = '''
<!DOCTYPE html>
<html>
<head>
<meta charset='utf-8'>
<title>油价历史数据</title>
</head>
<body>
<h2>油价历史数据（取自网站）</h2>
```

```
<table width=600 border=1>
<tr><td>日期</td><td>92无铅</td><td>95无铅</td><td>98无铅</td></tr>
'''

post_html = '''
</table>
</body>
</html>
'''

url = 'http://new.cpc.com.tw/division/mb/oil-more4.aspx'

html = requests.get(url).text
sp = BeautifulSoup(html, 'html.parser')
data = sp.find_all('span', {'id':'Showtd'})
rows = data[0].find_all('tr')

prices = list()
for row in rows:
    cols = row.find_all('td')
    if len(cols[1].text) > 0:
        item = [cols[0].text, cols[1].text, \
                cols[2].text, cols[3].text]
        prices.append(item)

html_body = ''
for p in prices:
    html_body += "<tr><td>{}</td><td>{}</td><td>{}</td><td>{}</td></tr>".\
        format(p[0],p[1],p[2],p[3])
html_file = pre_html + html_body + post_html

fp = open('oilprice.html','w')
fp.write(html_file)
fp.close()
```

在程序中我们导入了长字符串的设置方法,就是以 3 个引号(单引号或双引号都可以)开头,直到另外一个成对的引号结束,中间的所有字符内容都会被视为字符串的一部分。通过长字符串的设置,我们设置了文件所需的前置标签 pre_html 以及后置标签 post_html。另外,把从网页中搜集到的信息放在 html_body 中。最后把这 3 个变量组合成 html_file 字符串,再以 open('oilprice.html','w')的方式存成文本文件 oilprice.html。

此程序只要执行一遍,就会在当前的文件夹中产生上述的 html 文件,我们就可以随时通过浏览器打开此文件,看到我们想要的结果。程序 9-9 的运行结果以浏览器打开之后如图 9-17 所示。

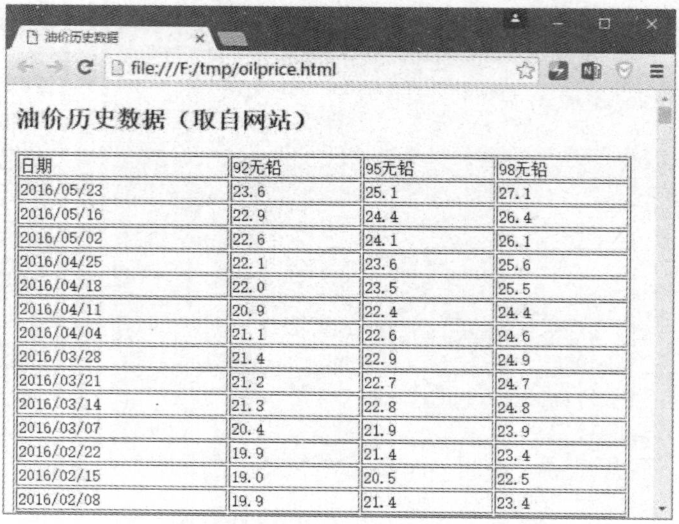

日期	92无铅	95无铅	98无铅
2016/05/23	23.6	25.1	27.1
2016/05/16	22.9	24.4	26.4
2016/05/02	22.6	24.1	26.1
2016/04/25	22.1	23.6	25.6
2016/04/18	22.0	23.5	25.5
2016/04/11	20.9	22.4	24.4
2016/04/04	21.1	22.6	24.6
2016/03/28	21.4	22.9	24.9
2016/03/21	21.2	22.7	24.7
2016/03/14	21.3	22.8	24.8
2016/03/07	20.4	21.9	23.9
2016/02/22	19.9	21.4	23.4
2016/02/15	19.0	20.5	22.5
2016/02/08	19.9	21.4	23.4

（图 9-17：程序 9-9 的运行结果）

9-3-2 以网页的形式整理数据

除了直接查看数据之外，我们也可以通过网页的方式创建一个索引用的 html 文件，方便自行整理和查找。简单地说，就是通过 HTML 网页格式中的表格功能，再搭配上链接的功能制成一个 index.html 的网站，在该目录之下只要点开 index.html 这个文件，就可以使用这个网页上面的链接，找到所有存储的文件信息。如果把这个文件放在虚拟主机的目录中，就成了可以被浏览的网页数据了。

所有的 HTML 标签以及格式都可以在程序中加入，之后可以全部写入 index.html 文件中，能做的变化非常多。以程序 9-7 为例，它是通过网页的搜索把所有目标网页上的图像文件都存放到某一个文件夹中，而在 HTML 中有一个叫作 Bootstrap 的框架（framework），可以使用简单的语句就做到图像幻灯片跑马灯的效果（请参考网页 http://getbootstrap.com/javascript/#carousel）。程序 9-10 示范了如何把这些效果加到我们的 index.html 中。

程序 9-10

```
#  *  coding: utf-8  *
# 程序 9-10 (Python 3 version)

from bs4 import BeautifulSoup
import requests
import sys, os
from urllib.parse import urlparse
from urllib.request import urlopen

post html = '''
</body>
</html>
'''
```

```python
if len(sys.argv) < 2:
    print("用法: python 9-10.py <<target url>>")
    exit(1)

url = sys.argv[1]
domain = "{}://{}".format(urlparse(url).scheme, urlparse(url).hostname)
html = requests.get(url).text
sp = BeautifulSoup(html, 'html.parser')

pre_html = """
<!DOCTYPE html>
<html>
<head>
<meta charset='utf-8'>
<title>网页搜索来的数据</title>
  <meta name="viewport" content="width=device-width, initial-scale=1">
  <link rel="stylesheet" href="http://maxcdn.bootstrapcdn.com/bootstrap/3.3.6/css/bootstrap.min.css">
  <script src="https://ajax.googleapis.com/ajax/libs/jquery/1.12.0/jquery.min.js"></script>
  <script src="http://maxcdn.bootstrapcdn.com/bootstrap/3.3.6/js/bootstrap.min.js"></script>
  <style>
  .carousel-inner > .item >img,
  .carousel-inner > .item > a >img {
    border: 5px solid white;
    width: 50%;
    box-shadow: 10px 10px 5px #888888;
    margin: auto;
  }
  </style>
</head>
<body>
<center><h3>以下是从网页搜索来的图像跑马灯</h3></center>
"""

all_links = sp.find_all(['a','img'])

carousel_part1 = ""
carousel_part2 = ""
picno = 0

for link in all_links:
    src = link.get('src')
    href = link.get('href')
    targets = [src, href]
    for t in targets:
        if t != None and ('.jpg' in t or '.png' in t):
            if t.startswith('http'): full_path = t
            else:                    full_path = domain+t
            print(full_path)
            image_dir = url.split('/')[-1]
            if not os.path.exists(image_dir): os.mkdir(image_dir)
            filename = full_path.split('/')[-1]
            ext = filename.split('.')[-1]
            filename = filename.split('.')[-2]
            if 'jpg' in ext: filename = filename + '.jpg'
            else:            filename = filename + '.png'
```

```
            image = urlopen(full_path)
            fp = open(os.path.join(image_dir,filename),'wb')
            fp.write(image.read())
            fp.close()

        if picno==0:
            carousel_part1 += "<li data-target='#myC' data-slide-to='{}' class='active'></li>".format(picno)
            carousel_part2 += """
                <div class='item active'>
                <img src='{}' alt='{}'>
                </div>""".format(filename, filename)

        else:
            carousel_part1 += "<li data-target='#myC' data-slide-to='{}'></li>".format(picno)
            carousel_part2 += """
                <div class='item'>
                <imgsrc='{}' alt='{}'>
                </div>""".format(filename, filename)
        picno += 1

    html_body = """
    <div id='myC' class='carousel slide' data-ride='carousel'>
        <ol class='carousel-indicators'>
            {}
        </ol>
        <div class='carousel-inner' role='listbox'>
            {}
        </div>
        <a class="left carousel-control" href="#myC" role="button" data-slide="prev">
            <span class="glyphiconglyphicon-chevron-left" aria-hidden="true"></span>
            <span class="sr-only">前一张</span>
        </a>
        <a class="right carousel-control" href="#myC" role="button" data-slide="next">
            <span class="glyphiconglyphicon-chevron-right" aria-hidden="true"></span>
            <span class="sr-only">后一张</span>
        </a>
    </div>
    """.format(carousel_part1, carousel_part2)
fp = open(os.path.join(image_dir,'index.html'), 'w')
fp.write(pre_html+html_body+post_html)
fp.close()
```

程序主要架构的部分和程序 9-9 是差不多的，但是使用 bootstrap 时需要在网页前加上一些 bootstrap 这个框架所需要的链接和设置，所以 pre_html 的内容多了许多。此外，为了配合幻灯片跑马灯 Carousel 的语句，我们多使用了 carousel_part1 以及 carousel_part2 这两个变量把搜索到的图像文件的链接加入，最后再把 pre_html、carousel_part1、carousel_part2 以及 post_html 全部加在一起写入 index.html。换句话说，程序 9-10 不仅会帮我们把图像文件全部下载到计算机中，还会在同一个文件夹中创建一个 index.html，把这些图像文件用幻灯片跑马灯的方式来展示。出于知识产权的考虑，请读者自行执行程序，观看运行的成果（用浏览器打开 index.html 文件即可）。程序使用方法如下：

```
c:\>python 9-10.py 你要下载的网页
```

9-3-3　在本地建立网页应用

9-3-2 小节为特定的网站创建了自己的文件夹以及 index.html。觉得每次都要去打开 index.html 很麻烦吗？没问题，你也可以在自己的计算机中创建一个网页服务器，日后要查找这些数据，只要打开自己的网页 localhost://localweb 就可以浏览了。

在 Windows 操作系统下，要创建网页服务器可以选用 WAMP（Windows + Apache + MySQL + PHP），而在 Mac OS 操作系统下则使用 MAMP（Mac + Apache + MySQL + PHP）是最方便的选择。WAMP 的网址为 http://www.wampserver.com/en/，网页如图 9-18 所示，而 MAMP 的网址为 https://www.mamp.info/en/，网页如图 9-19 所示。不管是哪一个操作系统，这些服务器（网页服务器、MySQL 数据库服务器以及 PHP 执行模块）都已经被包装成应用程序，只要下载适当的安装文件，然后执行安装程序完成安装即可。

（图 9-18：Windows 用的 WAMP 服务器软件包）

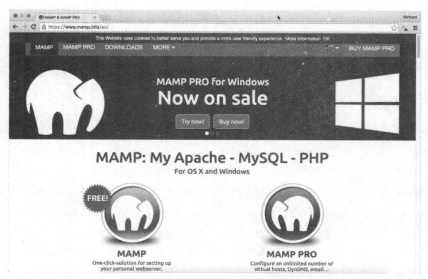

（图 9-19：Mac OS 用的 MAMP 服务器软件包）

以 WAMPServer 为例，在安装完成并执行该程序之后，它会在后端执行一个管理程序，并同时启用 Apache、MySQL 服务器，在默认的情况下它们会自动监听本地 localhost 的网页连接，此外在桌面的右下角工具栏中也会有一个小图标，用于开启管理界面来设置各种各样的相关参数。此外，我们只要启动浏览器并连接到 localhost，就可以看到如图 9-20 所示的屏幕显示界面。

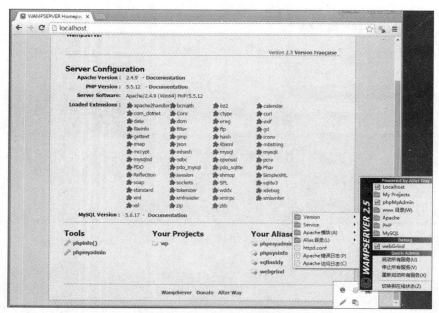

（图 9-20：WAMPServer 的默认网页以及管理界面）

如图 9-20 所示，在管理界面中可以找到 www 目录的文件夹位置，我们只要把程序 9-10

所写入的 index.html 以及相关文件数据都放在此文件夹中,就可以在本地像浏览网页一样浏览下载的脱机内容了,如图 9-21 所示。

(图 9-21:在自己的计算机中浏览下载成果)

9-4 习　题

1. 参考程序 9-5,将其改为可以显示所有 http:// 以及 https:// 的链接。
2. 程序 9-7 在存盘的同时如果有同名的文件会直接覆盖掉,请修正此种情况,让所有的文件都能被保留下来。
3. 请参考程序 9-9 的内容,把目标网址改为气象局的当前气温网页,并存储提取后的数据结果。
4. 请利用在第 8 章中所学习到的 SQLite 知识,把下载后的油价信息以及气温数据存储到数据库中。
5. 请在你的计算机中安装 WAMP 或是 MAMP,并把程序 9-10 的运行结果自动写到本机网页服务器的根目录文件夹中。

第 10 章

Python 网页数据提取的实践

在前一章我们介绍了如何提取网页数据并加以分析，最后还以文件的形式存储在磁盘驱动器上。为了让提取下来的数据能够更有效率地使用，把整理过的数据存储在数据库是非常重要的技巧。此外，在本章中，我们还将介绍如何设置操作系统的定时执行程序的功能，让我们的程序可以进一步地自动去网络提取数据再存放在数据库中。最后，如果遇到需要登录会员数据的网站，与其去辛苦分析网页内容，不如直接让浏览器去登录。下面我们将会介绍如何使用 Python 通过 Selenium 控制浏览器来完成这样的工作。

10-1 把网页数据存储到数据库中
10-2 自动提取数据
10-3 通过 Python 操作浏览器
10-4 习　题

10-1 把网页数据存储到数据库中

在第 9 章学习到了如何把网页上的数据下载到本地计算机中,并使用文件的方式存储这些数据以供后续使用。然而,有些数据可以通过不同形式来加以分析和运用,如果能够以数据库的方式来存储,那么在使用上就会更具弹性。例如,程序 9-8 下载了历年的油价信息,然后以 HTML 的表格格式来存储,可是如果我们想要再找出历年最高油价或者平均油价,还是要查询某一时间区间内的平均油价,并没有简单的方法可以实现这一功能。

若是以数据库的数据表方式把每一个油价信息存储下来,需要查询的时候再重新设置查询功能以及查询方式,就可以轻松实现数据重新筛选、计算和统计的功能了。此外,同样的数据,只要定期提取一次就好了,不需要每次使用的时候都要到网站上去现"抓",这样应用程序执行的速度也最快,还不会浪费网页主机的流量。

在本章中,我们先从加入数据库功能的数据提取程序应用模式开始谈起,然后再说明如何把提取到的数据存储在 SQLite 本地数据库中,以及如何进一步地存储到网络数据库中,让它发挥最大的优势。此外,让计算机可以自动地持续为我们更新数据也是自动化非常重要的一环,这些技巧也会在本章中加以说明。

不过在设计你的程序之前,在此先声明一点,随意从别人的网站提取数据来使用,有可能会违反相关的法规,建议读者在使用之前先行了解该网站的规范。最重要的是,千万不要使用别人的网站测试你的程序,以免因为你的程序设计错误而引发不必要的问题。

10-1-1 网页数据的运用模式

到当前为止,我们的程序都是需要数据的时候即上网去提取,但是有些数据其实不是时时更新的,在大部分情况下只要下载一次就够了,不需要每次使用的时候都浪费网络的资源把同样的事情再做一遍,不仅仅执行的时间过长,而且还会造成网页服务器不必要的负担。

因此,在下载网页之前,除了要判断此网页在上一次造访之后是否更新过之外,还要有一个地方存储数据提取之后的状态信息。这时候,通过数据库来存储这些信息是最方便的。

也就是说,要获取某一个网页上的数据,其步骤应该是这样:

1. 从本地数据库中获取目标网页上次提取数据的时间。
2. 获取目标网页上次的更新时间,如果两者时间一样,直接前往第 4 个步骤。
3. 获取数据并加以分析,然后把结果存储在数据库中。
4. 从数据库中取出数据并输出。

其中,把第 3 步(导入数据)和第 4 步(导出数据)操作分开,各有各的程序,而其中的中介存储库就是我们的数据库,此模式如图 10-1 所示。

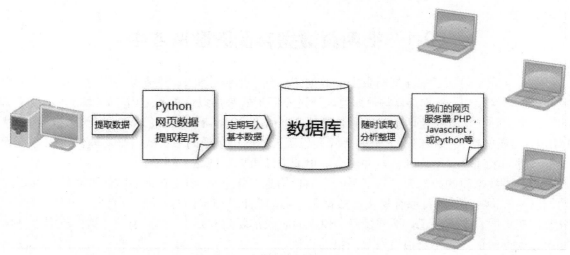

（图 10-1：网页数据的应用模式）

如图 10-1 所示，我们可以设置网页数据提取程序定期去特定的网页中搜索需要的数据，经过初步的筛选和分析之后，把基本的数据存储在数据库中，然后在这个数据库所在的位置建立一个可以读取此数据库的服务器网站，通过 PHP、JavaScript 或是 Python，在网友浏览此网页的时候，按照浏览者设置的数据和需求，分析整理数据之后成为网页显示在浏览器中。

例如，统一发票兑奖号码、历年油价信息、地震测报数据、气温数据或是银行的现行汇率、某些股票的相关信息等，都可以成为你网页中的一部分，提供给自己或网友查询。不过，如果你打算在网站公开这些数据，千万要留意相关的知识产权问题。此外，有很多的信息（如股价或新闻）其实是有另外的数据获取渠道的，只要付费或申请就可以了，而且提供的数据也更简单、更好整理。如果是用于商业目的，还是以正规的渠道获取为宜。

10-1-2　把数据存储到 SQLite

为了实现图 10-1 的模式，我们先以最简单，也是在本书的第 8 章就介绍过的 SQLite 为数据库，说明如何把提取到的数据存储在数据库中。

要存储数据，需要先分析要存储的数据内容以及类型，以便创建正确的数据表。在本小节的例子中，我们打算存储历年的油价信息。从图 9-15 的表格分析，要存储的内容包括日期、92 无铅汽油、95 无铅汽油、98 无铅汽油 4 项。其中，日期可以文字格式来存储，而汽油的价格则以数字来存储，因此，通过 Firefox 浏览器的附加组件 SQLite Manager 新创建一个数据库 gasoline（会新增一个叫作 gasoline.sqlite 的文件在当前的文件夹中），并新增一个数据表 prices，如图 10-2 所示。

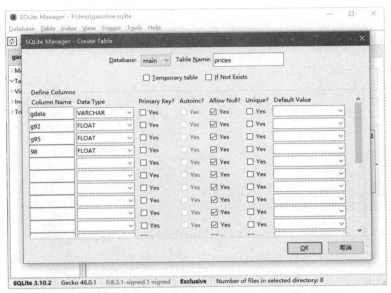

（图 10-2：用来存储油价数据的数据库和数据表）

第一个字段 gdate 使用可变长度的文字来存储就可以了，因此其类型指定为 VARCHAR；另外 3 个字段则因为有小数点，而且日后可能需要进行计算，所以设置为 FLOAT（浮点数类型），分别命名为 g92、g95 以及 g98。根据之前定义的模式，我们把它们放在同一个程序中，所以一开始执行程序的时候，会先在屏幕界面上显示出一个菜单，如下所示：

```
历年油价查询系统
------------
1.从网站载入最新油价
2.显示历年油价信息
3.最近 10 周油价信息
4.油价走势图
0.结束
------------
请输入你的选择：
```

如菜单所示，程序中不再是一执行就去网页提取数据了，相反，我们把到网页提取数据成为其中的一个选项，只有用户选用的时候才去执行，而且在提取了数据之后就存储在之前定义的数据表中，之后的其他 3 个选项都是从数据库中获取数据而不是从网页，速度就会快很多，而且节省了许多的网络数据流量。主程序代码如下所示。

```
# _*_ coding: utf-8 _*_
# 程序 10-1.py (Python 3 version)

import sqlite3
from bs4 import BeautifulSoup
import requests
import NumPy as np
import matplotlib.pyplot as pt

conn = sqlite3.connect('gasoline.sqlite')
```

```
while True:
    disp_menu()
    choice = int(input("请输入你的选择:"))
    if choice == 0 : break
    if choice == 1:
        fetch_data()
    elif choice == 2:
        disp_alldata()
    elif choice == 3:
        disp_10data()
    elif choice == 4:
        chart()
    else: break
    x = input("请按 Enter 键回主菜单")
```

如同在第 8 章的说明，先打开 SQLite 数据库的链接，此链接设置为 conn 全局变量，在所有的函数中均可直接使用。各项功能的程序代码均放到相对应的函数中，显示菜单使用 disp_menu()，提取网页数据使用 fetch_data()，显示所有的油价数据使用 disp_alldata()，显示前 10 笔的数据则是使用 disp_10data()，最后要绘出油价走势图则是放在 chart() 函数中。

在 fetch_data() 函数中，我们直接把第 9 章中的油价网页提取程序放在函数中，不同的地方在于，原本提取后的数据是直接输出成文本文件，现在改为以 SQL 的 Inert into 指令写入数据库中，这样做的好处是，当其他的函数要使用的时候（包括下次重新执行程序的时候），只要从本地的数据库中取出即可。所以，其他的 3 个函数要使用数据时，使用的都是 SQL 的 Select 指令。以下是 fetch_data() 的程序片段：

```
def fetch_data():
    url = 'http://new.cpc.com.tw/division/mb/oil-more4.aspx'

    html = requests.get(url).text
    sp = BeautifulSoup(html, 'html.parser')
    data = sp.find_all('span', {'id':'Showtd'})
    rows = data[0].find_all('tr')

    prices = list()
    for row in rows:
        cols = row.find_all('td')
        if len(cols[1].text) > 0:
            item = [cols[0].text, cols[1].text, \
                    cols[2].text, cols[3].text]
            prices.append(item)
    for p in prices:
        sqlstr = "select * from prices where gdate='{}';".format(p[0])
        cursor = conn.execute(sqlstr)
        if len(cursor.fetchall()) == 0:
            g92 = 0 if p[1]=='' else float(p[1])
            g95 = 0 if p[2]=='' else float(p[2])
            g98 = 0 if p[3]=='' else float(p[3])
            sqlstr = "insert into prices values('{}', {}, {}, {});". \
                format(p[0], g92, g95, g98)
            print(sqlstr)
            conn.execute(sqlstr)
            conn.commit()
```

在提取网页数据的部分（第一个 for row in rows 循环），通过 append 方法把所有关于油价的数据放在 prices 列表中，接下来在写入数据库的部分（第二个 for p in prices 循环）则是使用 select 指令先以日期为依据检查此项数据是否已在数据库中，确定不在数据库中才以 insert into 指令添加此项数据，以避免数据重复。在存入数据的同时，也要留意数据的格式，确实把油价的信息字段都调整为 float 浮点数类型才加入，如果有缺值的部分也要明确地设置为 0。至于绘图的部分将在第 13 章进行完整的说明。完整的程序则请参考程序 10-1。

程序 10-1

```python
# * coding: utf-8 *
# 程序 10-1.py (Python 3 version)
import sqlite3
from bs4 import BeautifulSoup
import requests
import NumPy as np
import matplotlib.pyplot as pt

def disp_menu():
    print("历年油价查询系统")
    print("------------")
    print("1.从网站载入最新油价")
    print("2.显示历年油价信息")
    print("3.最近 10 周油价信息")
    print("4.油价走势图")
    print("0.结束")
    print("------------")

def fetch_data():
    url = 'http://new.cpc.com.tw/division/mb/oil-more4.aspx'

    html = requests.get(url).text
    sp = BeautifulSoup(html, 'html.parser')
    data = sp.find_all('span', {'id':'Showtd'})
    rows = data[0].find_all('tr')

    prices = list()
    for row in rows:
        cols = row.find_all('td')
        if len(cols[1].text) > 0:
            item = [cols[0].text, cols[1].text, \
                cols[2].text, cols[3].text]
            prices.append(item)
    for p in prices:
        sqlstr = "select * from prices where gdate='{}';".format(p[0])
        cursor = conn.execute(sqlstr)
        if len(cursor.fetchall()) == 0:
            g92 = 0 if p[1]=='' else float(p[1])
            g95 = 0 if p[2]=='' else float(p[2])
            g98 = 0 if p[3]=='' else float(p[3])
            sqlstr = "insert into prices values('{}', {}, {}, {});". \
                format(p[0], g92, g95, g98)
            print(sqlstr)
            conn.execute(sqlstr)
            conn.commit()

def disp_10data():
```

```python
        cursor = conn.execute('select * from prices order by gdatedesc;')
        n = 0
        for row in cursor:
            print("日期：{}，92无铅：{}，95无铅：{}，98无铅：{}".  \
                format(row[0],row[1],row[2],row[3]))
            n = n + 1
            if n == 10:
                break

def chart():
    data = []
    cursor = conn.execute('select * from prices order by gdate;')
    for row in cursor:
        data.append(list(row))
    x = np.arange(0,len(data))
    dataset = [list(), list(), list()]
    for i in range(0, len(data)):
        for j in range(0,3):
            dataset[j].append(data[i][j+1])
    w = np.array(dataset[0])
    y = np.array(dataset[1])
    z = np.array(dataset[2])
    pt.ylabel("NTD$")
    pt.xlabel("Weeks ( {} --- {} )".  \
        format(data[0][0], data[len(data)-1][0]))
    pt.plot(x, w, color="blue", label="92")
    pt.plot(x, y, color="red", label="95")
    pt.plot(x, y, color="green", label="98")
    pt.xlim(0,len(data))
    pt.ylim(10,40)
    pt.title("Gasoline Prices Trend (Taiwan)")
    pt.legend()
    pt.show()

def disp_alldata():
    cursor = conn.execute('select * from prices order by gdatedesc;')
    n = 0
    for row in cursor:
        print("日期：{}，92无铅：{}，95无铅：{}，98无铅：{}".  \
            format(row[0],row[1],row[2],row[3]))
        n = n + 1
        if n == 20:
            x = input("请按 Enter 键继续...(Q:回主菜单)")
            if x == 'Q' or x == 'q': break
            n = 0

conn = sqlite3.connect('gasoline.sqlite')

while True:
    disp_menu()
    choice = int(input("请输入你的选择:"))
    if choice == 0 : break
    if choice == 1:
        fetch_data()
    elif choice == 2:
        disp_alldata()
    elif choice == 3:
        disp_10data()
    elif choice == 4:
        chart()
    else: break
    x = input("请按 Enter 键回主菜单")
```

执行过程如图 10-3 所示。执行 python 10-1.py 之后首先会出现菜单，第一次执行此程序需选择第一个选项执行网页数据提取的操作，日后除非网站数据有更新，不然都不需要再执行提取操作，因为所有的数据都已在本地的数据库中了。

当提取了数据之后，选择第 2 选项会显示全部的油价数据，每 20 行会暂停等待用户按【Enter】键后才继续显示接下来的 20 笔数据。如果用户选择先按【Q】键再按【Enter】键，则会回到主菜单。若选择第 3 选项则只显示最近的 10 笔油价信息。

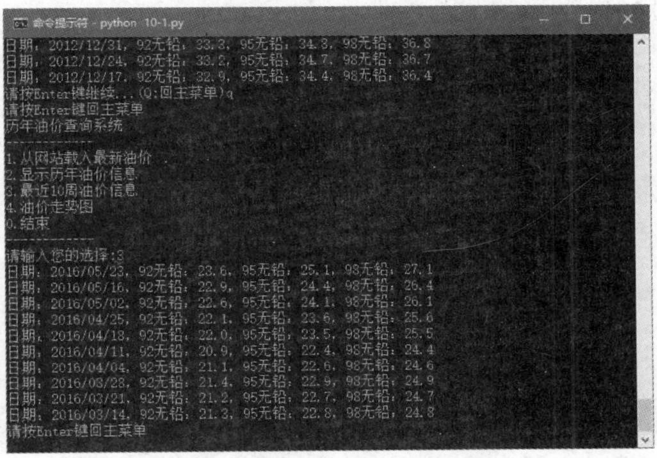

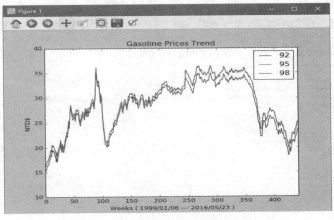

（图 10-3：程序 10-1 执行的过程）

执行第 4 个选项，画出的油价走势图如图 10-4 所示。

（图 10-4：油价走势图）

10-1-3　把数据导入到网络 MySQL 数据库中

要把数据放在网页上供自己或网友浏览，最重要的就是把数据放在网络的数据库服务器中并建立一个自己的网页（网站）。而大部分的网页服务器所支持的数据库服务器均为 MySQL，因此在本小节我们将以 MySQL 服务器为主，先教大家如何把现有的数据导入到 MySQL 服务器中，然后再通过简单的 PHP 程序设计语言把此数据显示在网页上。

在进入本小节的内容前，读者需要有自己的网页服务器（虚拟主机空间），既有免费的可以申请，也有付费的网站可供选用。虽然网上提供的免费或者付费的虚拟主机均有内建的 MySQL 服务器可供使用，但是为了方便使用 Python 建立数据，我们还是使用免费的 MySQL 服务器 http://db4free.net 来存储我们从网页提取的数据。在把数据导入到 db4free 之前，我们先通过 Firefox 浏览器的 SQLite Manager 导出数据。为了提供兼容性，我们选择导出为 CSV 格式。首先执行 Firefox 浏览器，并启动 SQLite Manager，并打开之前的油价数据库文件 gasoline.sqlite，如图 10-5 所示。

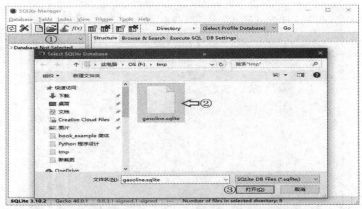

（图 10-5：在 SQLite Manager 中打开原有的油价数据库文件）

打开之后，找到 prices 数据表，在数据表名称上方单击鼠标右键，选择"Export Table"功能，如图 10-6 所示。

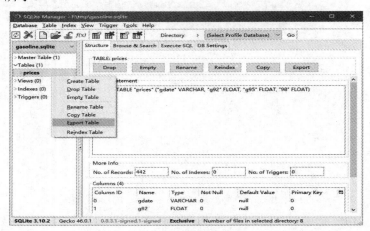

（图 10-6：选择导出数据表的菜单选项）

接着在图 10-7 中设置所有需要的参数选项。

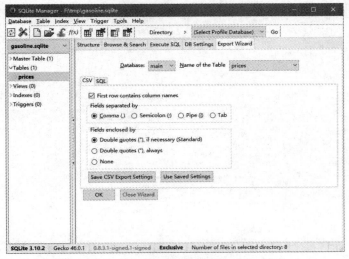

（图 10-7：导出数据表为 CSV 格式文件）

基于最高兼容性，我们导出成为 CSV（以逗号分隔的数据文件）格式，并指定第一行为字段名（勾选中间的选项 First row contains column names），单击"OK"按钮之后就会出现存盘的对话框，如图 10-8 所示。

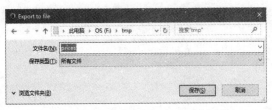

（图 10-8：指定存储的 CSV 文件名）

指定了存储的文件名和文件夹位置之后，即可前往 db4free.net 申请建立一个免费的 MySQL 数据库，如图 10-9 所示。

（图 10-9：在 db4free.net 注册一个新的数据库）

由于该网站已经全面中文化，所以申请注册的细节就不在此多做说明了。在此例中，申请了一个叫作 juntest 的数据库，在登录之后，马上就会出现最受欢迎的 MySQL 数据库管理界面 phpMyAdmin，如图 10-10 所示。

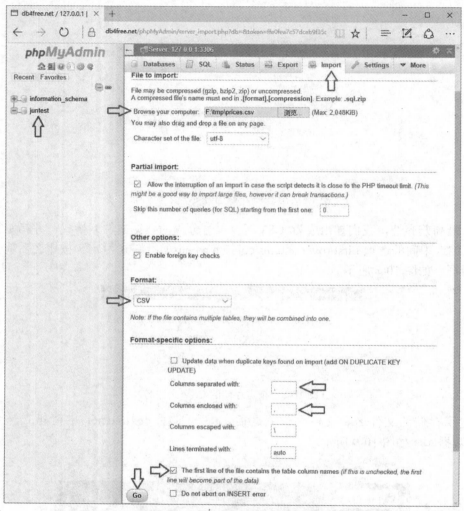

（图 10-10：在 db4free 的 phpMyAdmin 界面中导入数据表）

请在图 10-10 上所标记的箭头处进行必要的设置。注意，字段分隔符和内容分隔符都要设置为半角型的逗号","才能够正常导入。单击"Go"按钮，一会就可以顺利地导入数据表了，如图 10-11 所示。

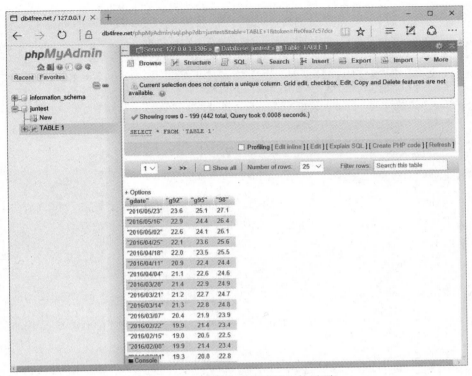

(图 10-11:油价信息顺利导入的界面)

有了此数据表之后,由于此数据库是因特网上的开放数据库,因此只要启用了确认邮件中的链接网址、账号及密码,在任何一个地方均可以编写程序读取这些数据,而且不需要再浪费时间以及不必要的网络流量去重新提取网页数据。

10-1-4 编写本地程序读取网络 MySQL 数据库中的数据

在 10-1-3 小节,我们已经把数据库放在 db4free.net 中了,也就是说,只要你的计算机有网络连接,在任何地方编写 Python 程序都可以获取这些数据,而不用再重新到别人的网页中去提取了。

然而,要在个人计算机中使用 Python 存取 MySQL 数据库,需要在计算机中安装可以存取 MySQL 的接口模块,最简单的方式是以如下指令安装:

```
pip install mysql-python
```

但是,计算机系统有可能会找不到这个模块(尤其是之前按照本书的做法安装了 anaconda 模块之后),遇到这种情况时,可以使用 conda 的方法安装:

```
conda install mysql-connector-python
```

如果计算机系统是 Mac 或 Linux,别忘了在指令的前面加上 sudo。上述方式都不行的话,就到 MySQL 的官网下载安装的应用程序,网址是 https://dev.mysql.com/downloads/connector/python/,那里有适用于各种操作系统的安装程序。

安装完成之后，就可以通过以下程序代码进行连接 MySQL 数据库服务器的工作了：

```
db = connector.connect(
    host = '主机连接地址',
    user = '数据库管理员名称',
    passwd = '管理员密码',
    database='数据库名称'
)
```

在连接完成之后，还需要获取一个数据库的指针 cur：

```
cur = db.cursor()
```

通过这个指针，即可使用 SQL 指令执行检索操作，并获取所需要的数据。例如，下面这段程序就是取出所有在 PRICES 数据表中的内容，并放在 rows 这个列表中。

```
cur.execute('select * from PRICES;')
rows = list()
for row in cur:
    rows.append(row)
```

通过 SQL 指令的运用，其实我们也可以只提取前 10 笔数据的日期和 95 无铅汽油油价的字段：

```
cur.execute('select gdate, g95 from PRICES limit 10;')
```

综合以上的说明，我们就可以编写一段程序，连接数据库之后，把所有的数据从 db4free.net 中下载到 rows 这个列表变量中，然后再全部打印出来。请参考程序 10-2 的内容。

程序 10-2

```
# _*_ coding: utf-8 _*_
# 10-2.py (Python 3 version)

from mysql import connector

db = connector.connect(
    host='db4free.net',
    user='juntest',
    passwd='****',
    database='juntest')
cur = db.cursor()
cur.execute('select * from PRICES;')
rows = list()
for row in cur:
    rows.append(row)

for i in range(0,10):
    print("日期: {}, 92 无铅: {}, 95 无铅: {}, 98 无铅: {}".\
        format(rows[i][0], rows[i][1], rows[i][2], rows[i][3]))
```

程序的运行结果如下。

```
$ python 10-2.py
日期: "2016/01/25", 92无铅: 18.3, 95无铅: 19.8, 98无铅: 21.8
日期: "2016/01/18", 92无铅: 18.4, 95无铅: 19.9, 98无铅: 21.9
日期: "2016/01/11", 92无铅: 19.5, 95无铅: 21.0, 98无铅: 23.0
日期: "2015/12/28", 92无铅: 19.9, 95无铅: 21.4, 98无铅: 23.4
日期: "2015/12/21", 92无铅: 20.1, 95无铅: 21.6, 98无铅: 23.6
日期: "2015/12/14", 92无铅: 20.8, 95无铅: 22.3, 98无铅: 24.3
日期: "2015/12/07", 92无铅: 21.6, 95无铅: 23.1, 98无铅: 25.1
日期: "2015/11/30", 92无铅: 21.7, 95无铅: 23.2, 98无铅: 25.2
日期: "2015/11/23", 92无铅: 21.5, 95无铅: 23.0, 98无铅: 25.0
日期: "2015/11/16", 92无铅: 22.2, 95无铅: 23.7, 98无铅: 25.7
```

可以从 MySQL 中读取数据，当然也能够写入数据。这个部分就留给读者作为习题使用。

10-1-5 使用 PHP 建立信息提供网站

在 10-1-4 小节中，我们使用 Python 在个人计算机创建了一个程序可以读取在因特网上的 db4free.net 的数据库，这样做的好处是，不管你使用哪一台计算机执行范例程序 10-2，都可以存取到同一个数据库。然而，如果要把这些数据分享给其他的网友，此种方式就不方便了，最好的方式是通过建立一个网站来当作显示这些信息的接口。如果你原本就有网站，就可以轻易地通过这项功能，在你的网站中提供来源于其他网页数据但是经过你分析整理的信息（例如实时汇率、股价、天气以及地震消息等）。

Python 也可以作为网页服务器的后端语言，这点我们将在第 14 章中详细介绍。在这一小节中，我们以大家最常用的 PHP 作为范例，示范如何在 PHP 中读取 10-1-4 小节中的数据，并显示在网页中。同样，如果你没有网站虚拟主机，也可以到网上去申请免费的，或是在付费网站购买一个网站虚拟主机。

在任一个网页服务器中的 PHP 文件要存取远程的 MySQL 数据库，只要使用以下的程序片段即可（请注意，在 PHP 中，所有的变量都要以"$"开头）：

```
$dbuser='juntest';
$dbname='juntest';
$dbhost = 'db4free.net';
$dbpasswd = '******';

$conn = mysql_connect($dbhost, $dbuser, $dbpasswd) or die ('connect error');
```

主要是使用 mysql_connect 这个函数进行数据库连接的工作，一旦连接完成，PHP 后台自动会为我们处理持续的连接工作，这时只要通过 mysql_query 来送出 MySQL 的查询指令即可，当然在此之前，也要先使用 mysql_select_db 来指定要操作的数据库名称，如以下程序片段所示：

```
mysql_select_db($dbname);
$res = mysql_query('select * from PRICES order by gdatedesc limit 20;');
```

此时所有的数据都已放在$res 变量中了，只要通过以下的循环即可取出所有的数据（因为 PHP 使用的是 C 语言的语法，所以在循环指令 while 的后面要使用大括号才行，而且在每一行语句的后面也一定要使用";"作为该语句的结束。相比而言，缩排在 PHP 中反而不是那么重要。这些地方和 Python 有很大的不同）：

```
while($row = mysql_fetch_array($res)) {
    echo $row[0] . $row[1] . $row[2] . $row[3];
}
```

其中，$row[0]和$row[1]分别代表了每一个数据记录中的第 0 个字段和第 1 个字段。如此搭配 HTML 和 PHP 的语法，我们即可轻松编写出可以从 db4free.net 数据库中取出数据的程序。请参考程序 10-3 的内容。

程序 10-3

```
<!-- 程序 10-3 (PHP version) -->
<!DOCTYPE html>
<html lang='zh-Hant-TW'>
<head>
<title>Python Mysql 测试网页</title>
</head>
<body>
<table align='center' width='60%' bgcolor='#cccccc'
cellpadding=5 cellspacing=2>
<caption align='center'>最近 20 周油价</caption>
<tr><th>公告日期</th><th>92 无铅</th><th>95 无铅</th><th>98 无铅</th></tr>
<?php
  $dbuser='juntest';
  $dbname='juntest';
  $dbhost = 'db4free.net';
  $dbpasswd = '******';

  $conn = mysql_connect($dbhost, $dbuser, $dbpasswd) or die ('connect error');
mysql_select_db($dbname);
  $res = mysql_query('select * from PRICES order by gdatedesc limit 20;');
  $i=0;
while($row = mysql_fetch_array($res)) {
    $i++;
    if($i%2)
    echo '<trbgcolor=#ccffcc>';
    else
    echo '<trbgcolor=#ffccff>';
    echo '<td width=200 align=center>' . $row[0] . '</td>' .
         '<td align=center>' . $row[1] . '元</td>' .
         '<td align=center>' . $row[2] . '元</td>' .
         '<td align=center>' . $row[3] . '元</td>';
    echo '</tr>';
}
mysql_close($conn);
?>
</table>
</body>
```

```
</html>
```

此程序是用 PHP 语言所写成的，要在能够执行 PHP 的网页服务器中才可使用，既可以放在虚拟主机中，也可以在 MAMP 或 WAMP 的网页目录中执行（在个人计算机中安装过 MAMP 或 WAMP）。请注意，不是直接执行，而是通过浏览器存取该文件或网址。以程序 10-3 为例，我们将程序 10-3 命名为 index.php，并放在网站 http://so8d.tw 的 pmysql 文件夹之下，通过浏览器前往 http://so8d.tw/pmysql，即可看到执行结果。读者可以把这个范例程序的实现放在自己的虚拟主机网站上测试一下。

程序 10-3 的运行结果如图 10-12 所示。

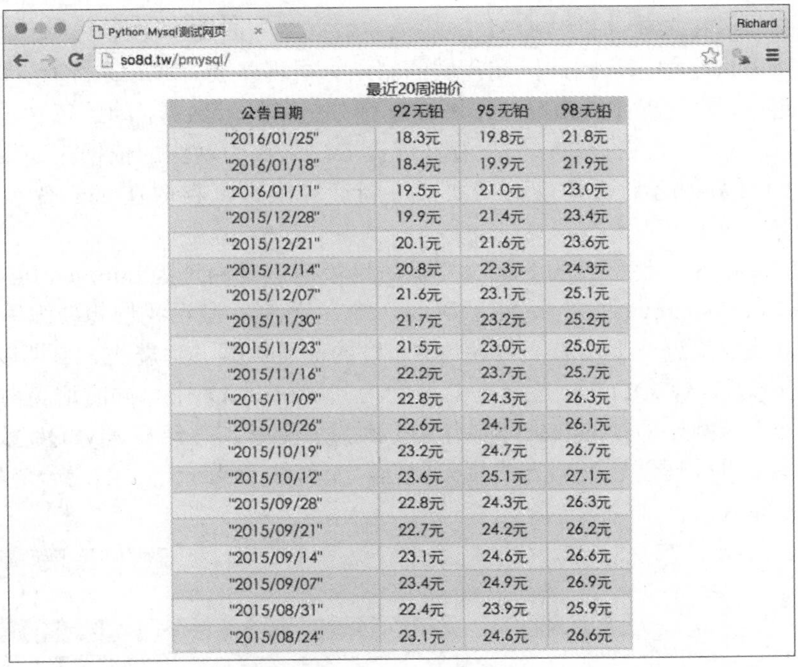

公告日期	92无铅	95无铅	98无铅
"2016/01/25"	18.3元	19.8元	21.8元
"2016/01/18"	18.4元	19.9元	21.9元
"2016/01/11"	19.5元	21.0元	23.0元
"2015/12/28"	19.9元	21.4元	23.4元
"2015/12/21"	20.1元	21.6元	23.6元
"2015/12/14"	20.8元	22.3元	24.3元
"2015/12/07"	21.6元	23.1元	25.1元
"2015/11/30"	21.7元	23.2元	25.2元
"2015/11/23"	21.5元	23.0元	25.0元
"2015/11/16"	22.2元	23.7元	25.7元
"2015/11/09"	22.8元	24.3元	26.3元
"2015/10/26"	22.6元	24.1元	26.1元
"2015/10/19"	23.2元	24.7元	26.7元
"2015/10/12"	23.6元	25.1元	27.1元
"2015/09/28"	22.8元	24.3元	26.3元
"2015/09/21"	22.7元	24.2元	26.2元
"2015/09/14"	23.1元	24.6元	26.6元
"2015/09/07"	23.4元	24.9元	26.9元
"2015/08/31"	22.4元	23.9元	25.9元
"2015/08/24"	23.1元	24.6元	26.6元

（图 10-12：在网站上通过 PHP 读取数据之后的网页）

当然，你也可以把这些程序片段放在你现有的网页中，丰富你的网站信息。

至于如何让本地的 Python 程序可以直接把数据存储到 db4free.net 数据库中，请参考下一节的内容。

10-2　自动提取数据

在前面几节中，我们学会了如何编写 Python 程序从网页上提取数据，然后放在网站数据库中，并通过本地的 Python 程序或是服务器后端程序设计语言 PHP 来获取已存储在数据库中的数据。接着在本节中，我们将学习如何让这些过程自动化。

也就是说，在我们的本地计算机中设置自动执行程序，定期去执行我们编写的网页数据提取程序，并存储在数据库中以供日后使用。

10-2-1 检测网页内容是否曾经更新

为了避免同样的网页被重复分析,在这一节中我们将教大家一个简单的判断技术,即通过 md5 函数获取网页的摘要,如果此次的摘要和上次的一样,就表示网页内容并没有被更新过,不需要再重新分析以及存储数据了。方法如下:

```
import requests
import hashlib
r = requests.get('http://target.web.site.page')
sig = hashlib.md5(r.text.encode('utf-8')).hexdigets()
```

把计算后的 sig 和之前计算过的 sig(记录在数据库中或文本文件中)相比较,两个值不一样才会继续往下执行程序。因此,在我们的网站分析程序要有此记录才行。

为了简化起见,假设程序只针对一个网站进行分析和提取数据,因此每次一开始执行的时候就会先查找 eq_sig.txt 是否存在,如果存在就读取出来作为对比的依据,如果文件更新了就在分析处理完网页数据之后再把新的摘要(最新计算出来,存放在 sig 变量中的)更新到 eq_sig.txt 中以备下次使用。

在此,我们以第 8 章使用过的 USGS 提供的地震信息(网址为 http://earthquake.usgs.gov/earthquakes/feed/v1.0/summary/4.5_week.geojson)作为范例,假设我们想要编写一个程序从该网站下载数据,获取最近一周所有震级超过 4.5 度的地震数据(含震级、日期以及地点),然后把这些数据存放在 MySQL 数据库(在此例中为 db4free.net)中,同时避免对一模一样的数据重复分析及处理(例如后续的数据库操作)。因为要把数据存储在 MySQL 数据库中,所以为了简化程序不用再处理创建数据表的相关问题,先前往 db4free.net 创建一个名为 eq 的数据表,如图 10-13 所示。

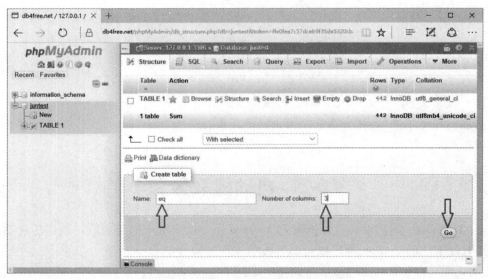

(图 10-13:在 db4free.net 中建立数据表)

在单击 "Go" 按钮之后,接下来要设置字段的格式,如图 10-14 所示。

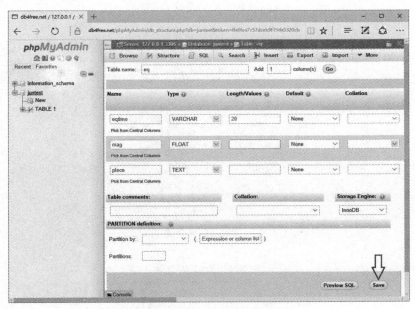

（图10-14：设置 eq 数据表的字段格式）

在此我们设置 3 个字段，分别是 eqtime（VARCHAR）、mag（FLOAT）以及 place（TEXT），分别用来记录地震发生的时间、震级以及地点。设置完成的屏幕显示界面如图 10-15 所示。

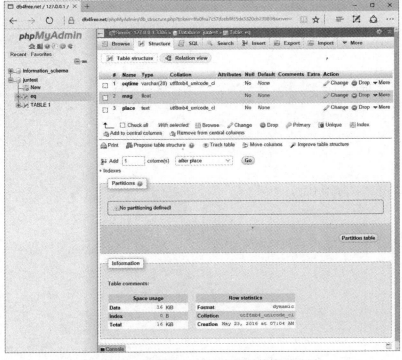

（图 10-15：数据表 eq 设置完毕后的摘要界面）

主要的程序内容如程序 10-4 所示。

程序 10-4

```
# _*_ coding: utf-8 *_*
# 程序 10-4 (Python 3 version)

import json, requests, hashlib, datetime, os.path
from mysql import connector

url = 'http://earthquake.usgs.gov/earthquakes/feed/v1.0/summary/4.5_week.geojson'
r = requests.get(url)
sig = hashlib.md5(r.text.encode('utf-8')).hexdigest()
old_sig=''

if os.path.exists('eq_sig.txt'):
with open('eq_sig.txt', 'r') as fp:
old_sig = fp.read()
with open('eq_sig.txt', 'w') as fp:
fp.write(sig)
else:
with open('eq_sig.txt', 'w') as fp:
fp.write(sig)

if sig == old_sig:
    print('数据未更新，不需要处理...')
exit()

earthquakes = json.loads(r.text)
dataset = list()
for eq in earthquakes['features']:
item = dict()
eptime = float(eq['properties']['time']) /1000.0
d = datetime.datetime.fromtimestamp(eptime). \
strftime('%Y-%m-%d %H:%M:%S')
item['eqtime'] = d
item['mag'] = eq['properties']['mag']
item['place'] = eq['properties']['place']
dataset.append(item)

db = connector.connect(
host = 'db4free.net',
user = 'juntest',
passwd = '******',
database = 'juntest')
cur = db.cursor()
cur.execute('delete from eq')
for data in dataset:
sql = 'insert into eq (`eqtime`,`mag`,`place`) values("{}",{},"{}");'.format( \
data['eqtime'], data['mag'], data['place'])
cur.execute(sql)
```

```
print(sql)
print('数据更新完成')
db.commit()
db.close()
```

程序 10-4 的第一段使用 with 指令来打开文本文件 eq_sig.txt，用来作为识别所提取的网络数据是否和上一次提取数据一样的验证数据，只有不一样才会继续往下执行数据库的导入操作。如果网页的数据经常在更新，其实你也可以跳过这一段测试，每一次执行的时候都执行导入数据库的工作。

在导入数据库之前，我们先把所得到的 json 格式数据转换成为列表数组，需要的数据放在 dataset 中。有了所有的数据之后，再连接 db4free.net 的数据库，并用 SQL 的指令把 dataset 中所有的数据都导入到数据库中。由于数据量并不多，因此我们简化了数据库重复数据的检查操作，直接在执行导入之前把表格内所有的数据都先用"delete from eq"全部删除后再导入新的数据。值得注意的是，如果需要保留原有的数据，但是当前提取到的网络数据又有可能会有一些重复数据项，在 insert into 之前就要先用 select 指令查找，看看当前的数据库中有没有你要新增的数据，没有的话再导入。

最后，要确认数据库内所有的数据都确实被更新了，在退出程序之前还要有一个 commit 操作，程序结束之后也别忘了用 close 关闭数据库的连接。运行结果如图 10-16 所示，所有的数据都会被导入到 db4free.net 的数据库中。

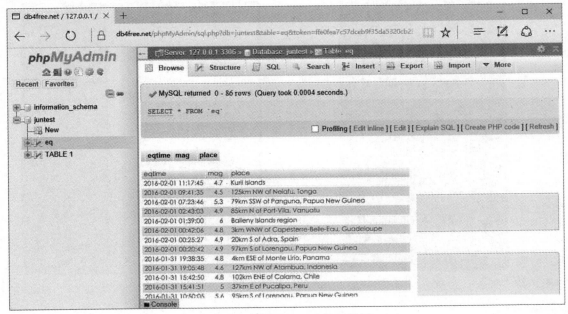

（图 10-16：程序 10-4 的运行结果）

既然每一次执行都可以自动为我们更新数据库，那么接下来就来看看如何在自己的计算机操作系统中设置自动执行的功能。为了简化说明起见，因为我们所获取的数据量并不多，所以我们把程序 10-4 简化为程序 10-5，下载之后不做重复检查，直接更新数据库，而且也不做任何输出。

10-2-2　Windows 自动化设置

在 10-2-1 小节中，程序 10-4.py 每执行一次，就会把位于 db4free.net 中的数据表更新一次，因为地震数据是每 5 分钟更新一次，所以如果想要时时在数据库中保持最新的数据，我们的程序最好也能够每隔一段时间就执行一次。而这个操作，当然不需要由人工来做，操作系统本身就提供了定时执行程序的功能，只要做好设置，在计算机开机的时候，程序就会被按时执行，达到自动化搜索和收集数据的目的。

首先，为了管理方便，我们在 C:\磁盘驱动器的根目录下创建一个专门用来放置自动执行程序的目录 C:\auto_python，然后把程序 10-5.py 复制到此目录之下。

Windows 操作系统中有一个"任务计划程序"可以负责自动化执行指定程序的工作，若是 Windows 10 则如图 10-17 所示，而 Windows 7 则如图 10-18 所示。

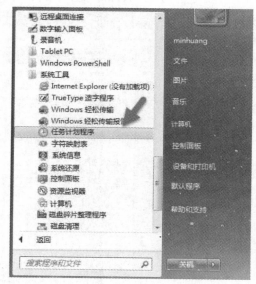

（图 10-17：Windows 10 启动"任务计划程序"的地方）　　（图 10-18：Windows 7 启动"任务计划程序"的地方）

启动"任务计划程序"之后，打开如图 10-19 所示的屏幕显示界面。

第 10 章 Python 网页数据提取的实践

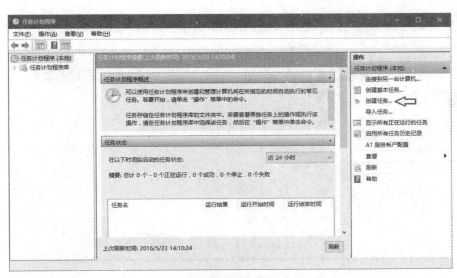

（图 10-19：任务计划程序的主界面）

在右侧选择"创建任务"选项，就会出现如图 10-20 所示的设置界面。

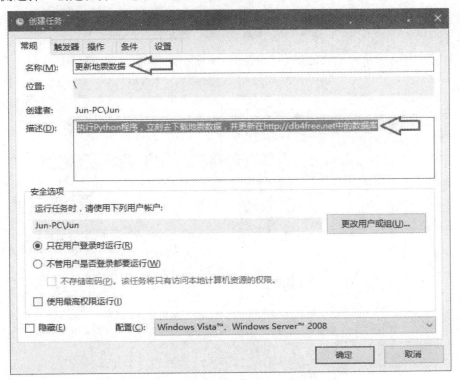

（图 10-20："任务计划程序"的设置界面）

如图 10-20 所示，先指定一个名称，并在"描述"中简单说明一下这个任务的目的，以免日后忘记。接下来单击"触发器"标签，如图 10-21 所示。

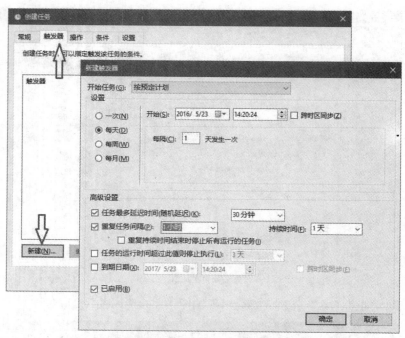

（图 10-21："任务计划程序"的"触发器"选项设置）

在图 10-21 中可以设置此程序的运行时间以及重复工作的细节。我们可以在一天中的任一时间开始这项工作，并设置每隔多长时间要再重复一次，当然也可以设置停止此工作的日期或条件。在单击"确定"按钮之后，再设置触发之后要执行的程序，如图 10-22 所示。

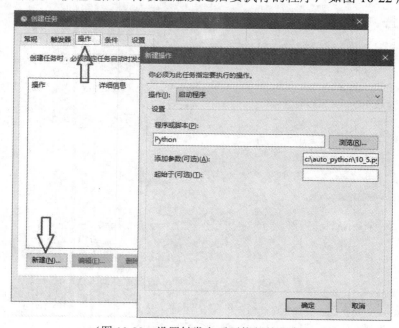

（图 10-22：设置触发之后要执行的程序）

在这里我们只要设置要执行的程序是 Python，而自变量的地方外设置为 c:\auto_python\10-5.py，再单击"确定"按钮就可以了。设置完毕回到主界面，如图 10-23 所示。

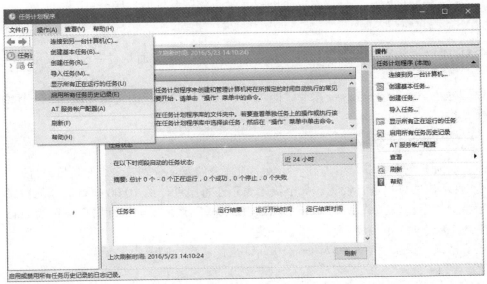

（图 10-23：任务计划程序主界面可以执行的操作）

如图 10-23 所示，在"操作"菜单中也有许多的项目可以选用。想要确定所设置的程序是否如期执行，除了观察结果之外，也可以选择"启用所有任务历史记录"，便于日后追踪核查。全部设置完成之后，回到主界面中单击左侧的"任务计划程序库"，就可以看到我们设置的成果了，如图 10-24 所示。

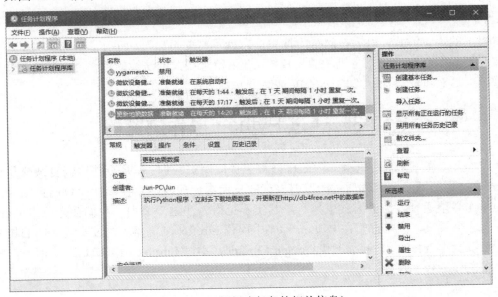

（图 10-24：新创建任务的相关信息）

10-2-3 Mac OS 自动化设置

在 Mac OS 下负责任务计划的和在 Linux 下一样，都是 crontab，而且因为在 Mac OS 下可以直接在程序 10-5.py 的第一行放置以下的设置来执行此文件的程序：

```
#! /usr/bin/python
```

因此，在 Mac OS 操作系统下不需要再以 python 10-5.py 执行，而是直接设置执行 10-5.py 就可以了。

在终端程序下执行 crontab -e 指令，即可进入设置自动执行的编辑环境，每一行均可设置一个程序，格式如下：

```
0 10 * * 1 ~/auto_python/10-5.py
```

其中，前面 5 个参数以空格隔开，其数字所代表的意义分别是分、时、日、月、周。如果是 "*" 就表示该项目不进行设置。如上例，表示在每星期一的 10:00 执行后面的程序。"~" 符号表示用户的根目录，所以 "~/auto_python/10-5.py" 就是要求执行用户根目录 auto_python 文件夹中的 10-5.py 这个程序。

上述的格式如果要设置成每天每隔 10 分钟执行一次，则改为：

```
*/10 * * * * ~/auto_python/10-5.py
```

如果要设置的是每个月 1 日上午 10 点 15 分和 45 分各执行一次，则改为：

```
15,45 10 1 * * ~/auto_python/10-5.py
```

编辑器是使用系统默认的 vi 编辑器，使用方法请参考相关的数据。在设置完毕之后，可以使用以下指令查看：

```
crontab -l
```

就以上的设置方式，以后在网络上搜集信息就不需要再自己动手了，非常方便。不过，因为提取网页数据会造成对方主机的额外负担，敬请留意相关的法律问题，同时不能太过于频繁以及规律，这有可能会而让你的网络 IP 被对方网站封锁。

10-3 通过 Python 操作浏览器

在前面几节中我们都是使用 requests 模块来提取网页数据，但是有些比较复杂或是有使用 JavaScript 执行的网站有时候通过浏览器来读取反而会比较方便。在以往，我们直觉地认为浏览器的操作必须通过人为的方式来执行，其实不见得。在这一节中，我们会介绍 Selenium 模块。通过这个模块，可以直接在 Python 程序中操作 Firefox 浏览器（经过安装其他的相关模块后，也可以操作 Internet Explorer 和 Google Chrome，不过 Firefox 浏览器是默认值），就好像是人工在操作一样。

10-3-1 安装 Selenium

安装 Selenium 的方法很简单，一般只要使用 pip install 就可以了：

```
pip install selenium
```

如果在之前为了要使用 Python 绘图功能而安装了 Anaconda，那么有可能在上面的那行指令执行之后出现如下所示的错误信息：

```
Cannot open e:\Anaconda3\Scripts\pip-script.py
```

这个信息表示在 Anaconda 中并没有安装过 pip 模块，以至于无法在此环境下使用 pip 安装新的模块。要解决这种情况，只要使用如下指令在 Anaconda 环境下安装 pip 即可：

```
conda install pip
```

Selenium 的网址为 http://selenium-python.readthedocs.org/ （在官网中有详细的安装说明）。图 10-25 所示是在 Windows 10 操作系统下安装成功的屏幕显示界面。

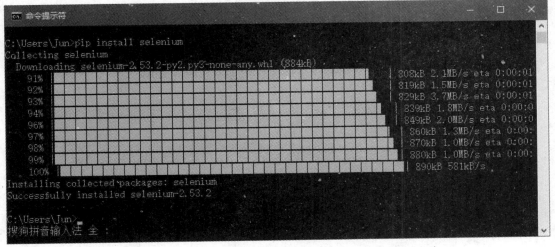

（图 10-25：Selenium 在 Windows 10 完成安装的屏幕显示界面）

此外，由于 Selenium 默认使用的浏览器是 Firefox，因此如果你的计算机中没有这个浏览器，也要去安装才行。Firefox 浏览器的网址为 https://www.mozilla.org/zh-CN/firefox/new/。

还有，为了分析网页方便，在 Firefox 浏览器中有一个很好用的附件，即 firebug，如图 10-26 所示。

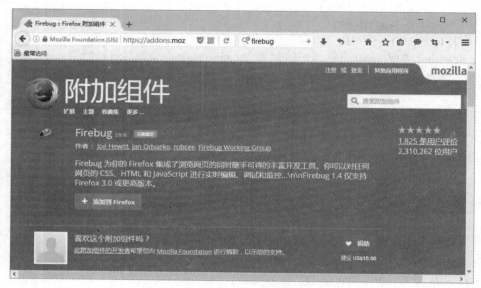

（图 10-26：Firefox 的 Firebug 附加组件）

在安装了 Firebug 之后，在网页的右上角会有一个 Firebug 的图标，单击该图标之后即可在下方实时看到网页的源代码以及相关的信息，同时在任一网页元素上单击鼠标右键之后即会出现一个 Firebug 选项，单击该选项，网页元素所对应到的网页源代码就会立即出现在下方，对于分析网页非常有帮助，如图 10-27 所示。

（图 10-27：通过 Firebug 分析网页元素）

请确定以上的程序模块都安装完毕，接着进入下一小节。

10-3-2 使用 Selenium 操作 Firefox

要确定 Selenium 是否能够正确运作最简单的方法就是进入 Python 的交互式界面，输入以下的程序代码：

```
from selenium import webdriver
web = webdriver.Firefox()
web.get('http://www.sina.com.cn')
web.quit()
```

事实上，不用等到整个程序写完，在执行到第 2 行的时候，一个空白全新的 Firefox 浏览器就会被启动执行，而在第 3 行程序代码输入之后，该浏览器就会去打开新浪网站，就好像是我们自己在网址栏输入该网址一样，如图 10-28 所示。

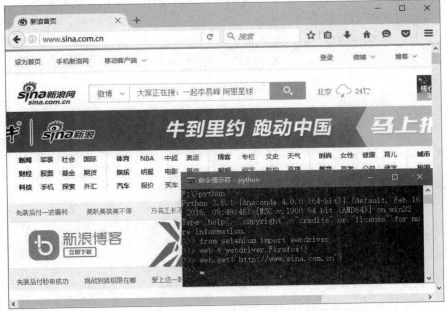

（图 10-28：通过 Python 来操作 Firefox 浏览器的屏幕显示界面）

当然，在上述程序的最后一行（web.close()）输入之后，这个浏览器的窗口就会被关闭了。除了 close() 之外，Selenium 还提供了非常多的方法可以操作浏览器，例如 get_window_position、set_window_position、maximize_window、get_window_size、set_window_size、refresh、back、forward 等。许多人工操作的功能都可以通过这些方法来取代，几个主要的简单功能如下表所示。

webdriver 的方法	主要功能
get_window_position()	获取窗口的位置（左上角）
set_window_position(x, y)	设置窗口的位置（左上角）
maximize_window()	最大化窗口尺寸
get_window_size()	获取窗口的尺寸
set_window_size(x, y)	设置窗口的尺寸

(续表)

webdriver 的方法	主要功能
refresh()	刷新页面
back()	回上一页
forward()	到下一页
close()	关闭窗口
quit()	结束浏览器的执行
get(url)	浏览 url 这个网址
save_screenshot(filename)	把当前的屏幕界面存成 PNG 格式，文件名设置为 filename
current_url	当前的网址
page_source	网页的原始文件（源代码文件）
title	当前网页的 title 设置

其中，在名称后面加小括号的是方法（函数），需要采用调用的方式才可以使用，其他的则是属性，直接取用即可。除了可以直接获取 page_source（网页源代码）之外，比较有趣的是可以存储网页的截图（截屏）。也就是说，如果我们有 5 个网页要浏览，并想截取这几个网页的屏幕显示界面，就可以编写一个程序自动完成这些工作，如程序 10-6 所示。

程序 10-6

```
# _*_ coding: utf-8 *_*
# 程序 10-6 (Python 3 version)

from selenium import webdriver
urls = [
'http://www.sina.com.cn',
'http://www.sohu.com',
'http://www.eastmoney.com',
'http://www.newone.com.cn/',
'http://www.baidu.com']

web = webdriver.Firefox()
web.set_window_position(0,0)
web.set_window_size(800,600)
i = 0
for url in urls:
    web.get(url)
    web.save_screenshot("webpage{}.png".format(i))
    i += 1
web.quit()
```

执行程序 10-6 之后，你会发现系统马上会启动一个 Firefox 浏览器，并被移到左上角，同时把窗口的大小切换成 800×600，并开始自动去浏览我们指定的页面，直到 5 个网页都浏览完毕之后关闭窗口。接着，到和此程序同一个目录下可以找到 5 个图像文件，分别是 webpage1.png、webpage2.png 到 webpage5.png，而且特别的是，每一个图像文件存储的都是完整的网页截屏界面，并不会受限于窗口的大小。非常有趣，你一定要试试。

10-3-3 通过 Selenium 读取网页信息

在通过 selenium 的 webdriver 打开了某个网页之后,其实这个网页的源代码已经在我们的掌握之中了,我们既可以通过 page_source 获取所有的原始网页内容,也可以通过一些函数找出某个或某些特定的网页元素进行操作。不需要 BeautifulSoup,webdriver 本身就提供了网页元素的检索功能,请参考下表。

webdriver 的方法	主要功能
find_element(by, value)	使用 by 所指定的方法,查找第一个符合 value 的元素
find_element_by_class_name(name)	使用类名称来查找符合的元素
find_element_by_css_selector(selector)	使用 CSS 选择器来查找符合的元素
find_element_by_id(id)	使用 id 名称查找符合的元素
find_element_by_link_text(text)	使用链接文字来查找符合的元素
find_element_by_name(name)	使用名称来查找符合的元素
find_element_by_tag_name(name)	使用 HTML 标签来查找符合的元素
上述的方法在 element 后面再加上 s	同上,但是返回的是数组,其中含有所有符合的元素

通过上述函数,可以找到当前使用 Firefox 打开的网页中的任一元素,至于要使用哪一个函数,则视网页分析的结果而定。我们在第 10-3-1 小节中所安装的 Firebug 就可以帮上许多忙。例如,网站 http://www.eastmoney.com/就是一个综合的财经证券门户网站,如果我们想要利用程序打开此网站并自动选取其中一个频道,就必须要找到该频道所对应的按钮。要找到按钮在网页中的位置,只要在打开网页之后启用 Firebug 即可,如图 10-29 所示。

(图 10-29:在 Firefox 中启用 Firebug 的功能)

此时下方就会显示出当前所对应的网页源代码文件。假设此时我们想要知道"查行情"按钮的网页源代码,只要在该按钮上单击鼠标右键,屏幕下方就显示出对应的源代码,如图 10-30 所示。

（图 10-30：利用 Firebug 观察网页中的按钮元素）

此时在屏幕显示界面的下方会呈现此按钮所使用的原始 HTML 代码。有了这个源代码，观察其内容，找出此按钮在网页中独有的地方（一般都会先寻找 id 这个变量，通常都是独一无二的），利用 find_element_by……类的函数锁定之后，再加以处理即可。

也就是说，我们想要在打开网页之后更进一步地去操作网页上的元素，例如输入数据、单击链接或是选择某些选项等，都可以在找到对象之后再针对该对象操作。可以操作的方法（函数）如下表所示。

webdriver 的方法	主要功能
clear()	清除内容，通常用在文字字段
click()	单击，通常使用于按钮、链接或菜单
is_displayed()	检查此元素在网页中是否为可见的
is_enabled()	检查此元素在网页中是否为可用的
is_selected()	检查此元素是否处于被选中的状态
send_keys(value)	对此元素送出一串字符，也可以是特定的按键

以图 10-30 所示的"查行情"按钮为例，我们可以使用 hqBar_btn1 来操作该按钮。要单击该按钮，只要对 id 为 hqBar_btn1 的元素送出 click() 函数即可。程序 10-7 示范如何打开该网站之后按照顺序单击每个按钮后各停留 10 秒的时间，然后再关闭浏览器。

程序 10-7

```
# _*_ coding: utf-8 *_*
# 程序 10-7 (Python 3 version)
```

```
import time
from selenium import webdriver
url = ' http://www.eastmoney.com'

web = webdriver.Firefox()
web.get(url)
for i in range(1,3):
web.find_element_by_id('hqBar_btn{}'.format(i)).click()
time.sleep(10)
web.quit()
```

程序很简单，就是利用一个循环去找出 hqBar_btn1~ hqBar_btn3 这 3 个按钮，每次找到之后就模拟鼠标单击，同时设置让程序停止 10 秒之后再进入下一个循环。最后再以 web.close() 关闭浏览器。

10-3-4　登录会员网站的方法

在本节的最后，我们再来示范一个可以自动登录会员网站的方法。假设你要登录"京东"商城的网站(http://www.jd.com)，想要执行程序帮你自动登录到该网站，要如何实现这样的操作呢？方法很简单，我们可以直接前往"京东"网页，然后使用 Firebug 进行观察，如图 10-31 所示。

（图 10-31：要登录会员的示范网站）

如图 10-31 所示，由于要登录账号需要先单击网页中间上部的"你好，请登录"按钮，因此我们可以启用 Firebug，然后在登录按钮上单击鼠标右键。但是由于许多的网站都有右键锁，因此遇到在网页上方无法单击鼠标右键，只要安装 RighToClick 附加组件就可以了，如图 10-32 所示。

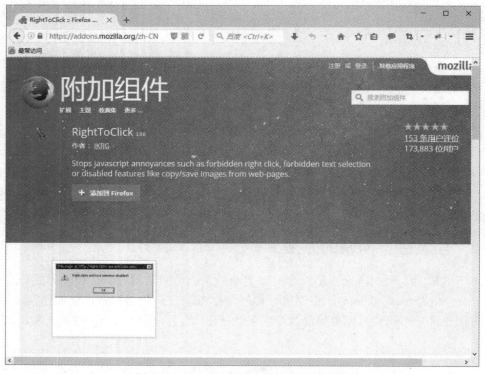

(图 10-32:Firefox 解除右键锁的附加组件)

然后就可以观察到"你好,请登录"按钮的源代码(见图 10-33),以及接下来真正要登录网站时与账号有关的源代码(见图 10-34)。

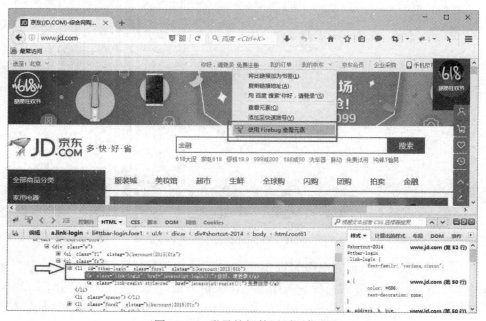

(图 10-33:登录按钮的网页源代码)

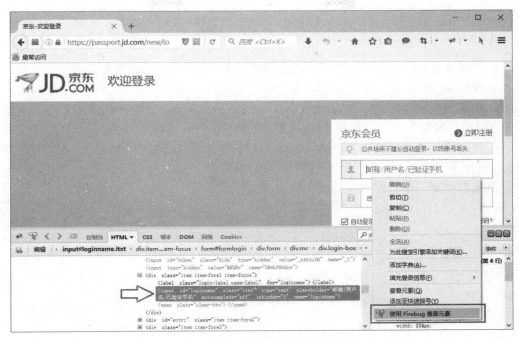

（图10-34：账号字段的网页源代码）

按照同样的方法可以找出账号、密码和登录按钮的源代码，然后按照这些信息编写用于自动登录时输入账号和密码的程序，如程序10-8所示。

```
# _*_ coding: utf-8 *_*
# 程序 10-8 (Python 3 version)

from selenium import webdriver

url = 'http://www.jd.com'

web = webdriver.Firefox()
web.get(url)
web.find_element_by_id('ttbar-login').click()
web.find_element_by_name('loginname').clear()
web.find_element_by_name('loginname').send_keys('your account')
web.find_element_by_name('nloginpwd').clear()
web.find_element_by_name('nloginpwd').send_keys('your password')
web.find_element_by_id('loginsubmit').click()
```

当然，你也可以直接前往"京东"的登录页面 https://passport.jd.com/new/login.aspx?ReturnUrl=http%3A%2F%2Fwww.jd.com%2F，这样可以省去 ttbar-login 的 click()操作，但是这个登录界面的网址太长了，因而还是从首页开始比较简单。

10-4 习　题

1. 请前往 db4free.net（或是使用你现有的虚拟主机所提供的 MySQL）创建一个数据库。

2: 请使用 MySQL 服务器的连接功能改写程序 10-1。

3. 请设置一个程序，可以针对 http://www.eastmoney.com/ 这个网站打开某一个频道（如单击"查行情"按钮），并在你的系统中设置为每日早上 7 点自动打开。

4. 某些网站一进入就会有分级的按钮，要按下同意或已满 18 岁才能够进入浏览，请问此类网站如何利用程序登录？

5. 请练习编写一个程序可以登录你的 Hotmail 账号。

第 11 章

Firebase 在线实时数据库操作实践

Firebase 不同于传统的关系数据库系统，它提供了一些不同以往的数据存储和处理方法，而且传递的内容均是以 JSON 的数据格式为主，非常适合直接对应到 Python 的字典类型变量加以处理。同时由于其免费且实时的特性，还提供了各种前端网页的操作程序接口，可以很快地建立具有实时显示特性的网站。因此我们特别使用一章的篇幅来介绍它，让读者可以更快地了解如何利用 Python 整合 Firebase 的特色，快速地建立出具有自己特色的信息网站。

11-1 Firebase 数据库简介
11-2 Python 存取 Firebase 数据库的实例
11-3 网页连接 Firebase 数据库
11-4 Firebase 数据库的安全验证
11-5 习　题

11-1 Firebase 数据库简介

　　Firebase 是网站上一个非常受欢迎的云计算实时数据库服务，通过标准化的 API 程序设计接口，不需要使用后端程序就可以对数据库进行存取操作，让前端的网站设计人员不用担心数据的存储问题，甚至使用浏览器提供的 JavaScript 语言就可以存取数据，相当大程度地简化了网站开发的流程，从而提高开发的速度。

　　由于此服务已被 Google 公司收购，相对于前一章所介绍的 db4free.net 来说，系统快速且稳定，还提供了免费的账号可供使用，因此非常适合我们用来通过 Python 存储数据，再以一般网页的技术（HTML+CSS+Javascript）显示出数据内容。

　　然而，由于此服务使用的 NoSQL 实时数据库概念有别于之前介绍的以数据表格为主的数据库系统，因此在使用之前要先对什么是 NoSQL 有一个清楚的了解。

11-1-1　NoSQL 数据库概念

　　有别于传统关系数据库所使用的数据表概念，NoSQL 数据库不使用 SQL 查询语言，也没有数据表，当然更不用定义表格之间的关系。NoSQL 的数据主体以数据项为主，每一笔数据都有自己的键（Key）和值（Value）的对应关系，实际上在存取数据时，经常以类似 Python 的字典类型来操作，而大部分的情况下，也可以使用 JSON 格式来作为数据项的单元格式，不同的数据库系统也使用不同的做法，有使用 Document Store 的方式，也有使用 Key Value/Tuple Store 的，详细的分类以及现有市面上的 NoSQL 数据库系统请参考网址 http://nosql-database.org/。

　　早期数据库如 SQLite、MySQL 和 SQL Server 等在使用数据库之前都是先定义数据表以及其中的字段，每一笔数据在数据表中都是一个记录，每一个记录都必须按照事先定义好的字段以及格式填入才行。但是在 NoSQL 数据库中，每一个数据项不必要和其他的数据项具有一模一样的格式，在使用上相对比较有弹性。

11-1-2　注册 Firebase 账号

　　Firebase 的主网站网址是 https://www.firebase.com/，网站屏幕显示如图 11-1 所示。

第 11 章　Firebase 在线实时数据库操作实践

（图 11-1：Firebase 主网站界面）

在主网站中，利用右上角的"LOGIN TO LEGACY CONSOLE"按钮，可以直接通过原有的 Google 账号注册，如图 11-2 所示。

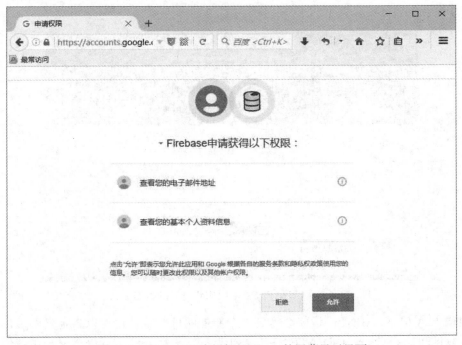

（图 11-2：在 Google 中授权 Firebase 的屏幕显示界面）

和所有的网络服务一样，要先在 Google 上获得用户的授权才能够使用。在单击"允取"按钮之后，系统会进入如图 11-3 所示的主界面。

243

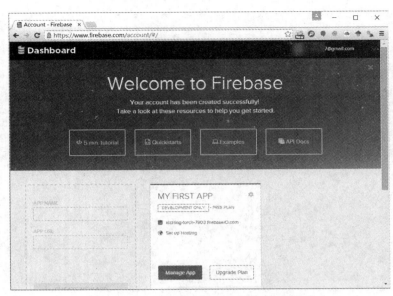

（图 11-3：登录完成之后的 Firebase 会员界面）

新的账号会立即为我们创建了一个叫作 MY FIRST APP 的数据库，我们也可以在左侧输入自己的 APP NAME，如图 11-4 所示。

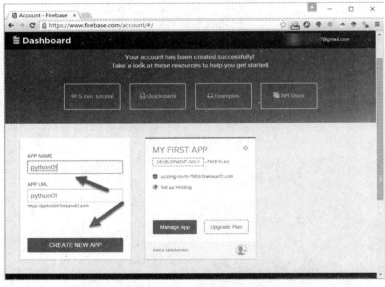

（图 11-4：在 Firebase 中创建自己的数据库）

一边输入 APP NAME，一边就会得到一个新的网址，我们也可以自定义网址，只要不和别人的重复即可。在单击"CREATE NEW APP"按钮之后，就可以创建一个由我们设置名称的数据库。打开该数据库之后，就是 Firebase 数据库的操作界面，如图 11-5 所示。

（图 11-5：Firebase 的数据库操作界面）

在此界面中，我们可以直接在右上角选择"Import Data"来导入数据库，或是把现有的数据库使用"Export Data"导出。当然，也可以在中间的数据编辑区中直接编辑、新增、删除数据项。马上就可以输入任何想要存储的数据了，不需要先创建数据库和设置字段。由于 Firebase 使用 Restful API 操作数据库，因此其网址就是数据库的位置。此外，由于此数据库使用 JSON 格式来存储数据项，因此不管是导入和导出，都是只支持 JSON 格式。

11-1-3 连接 Firebase 和 Python

在 Python 的程序中要操作 Firebase，需要先安装 python-firebase 程序模块：

```
pip install python-firebase
```

此外，此模块会使用到 requests，如果之前没有安装，也需要一并安装进去。安装成功之后，即可在程序中导入 firebase 模块：

```
from firebase import firebase
fdb = firebase.FirebaseApplication(\
"https://python01.firebaseio.com/", None)
```

顺利导入之后，即可通过 post、get 以及 delete 来操作此数据库。特别的是，因为 Firebase 使用的是 RestfulAPI，所以路径对数据存储的位置是有意义的。也就是，如果我们打算存储用户信息，可以在连接的时候使用 'https://python01.firebaseio.com' 作为数据库地址，选择使用 '/users' 这个参数来作为存储的位置，也可以在连接的时候直接使用 'https://python01.firebaseio.com/users'，然后使用 '/' 这个参数来作为存储的位置，两者意义是一样的。

另外，所有存储和读取的格式均是 JSON，而在 Python 中是以 dict 字典类型来存储的。为了便于测试数据的读写,读者可以在执行程序 11-1 之前先打开 Firebase 的 PYTHON01(或是你自己设置的 APP 名称),并在执行程序时一直看其中的变化。所有的存储和读取的操作在数据库的管理界面中会实时反映出来的。程序 11-1 执行之后会在'/user'下写入 4 笔用户姓名,为了便于观察,在循环中我们加入暂停 3 秒钟的 time.sleep(3)指令。

程序 11-1

```
# _*_ coding: utf-8 _*_
# 程序 11-1 (Python 3 version)

from firebase import firebase
import time

new_users = [
{'name': 'Richard Ho'},
{'name': 'Tom Wu'},
{'name': 'Judy Chen'},
{'name': 'Lisa Chang'}
]

db_url = 'https://python01.firebaseio.com'
fdb = firebase.FirebaseApplication(db_url, None)
for user in new_users:
    fdb.post('/user', user)
    time.sleep(3)
```

程序运行结果如图 11-6 所示。

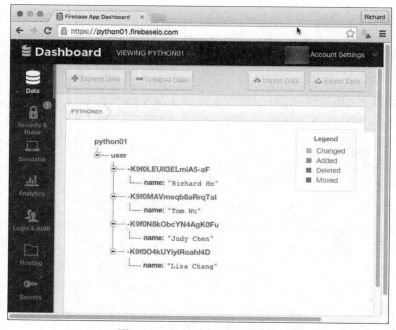

(图 11-6:程序 11-1 的运行结果)

而这些数据，我们可以通过程序 11-2 读取出来。

程序 11-2

```python
# _*_ coding: utf-8 _*_
# 程序 11-2 (Python 3 version)

from firebase import firebase

db_url = 'https://python01.firebaseio.com'
fdb = firebase.FirebaseApplication(db_url, None)
users = fdb.get('/user', None)
print("数据库中找到以下的用户")
for key in users:
    print(users[key]['name'])
```

运行结果如下：

```
$ python 11-2.py
数据库中找到以下的用户
Judy Chen
Tom Wu
Lisa Chang
Richard Ho
```

要删除时，只要使用 delete，并提供正确的键（Key）即可。在此就不做示范了。

11-2　Python 存取 Firebase 数据库的实例

由 11-1 节的说明，读者应该能够了解 Firebase 是一个马上可以使用的云计算实时数据库，不同于 MySQL 这一类的关系数据库，Firebase 是以 JSON 格式来存取每一笔数据，而使用之前并不需要先设置数据表，当然也不需要设置数据表之间的各种关系。而它主要的用途在于简化后端的数据存取程序，让设计网页人员可以通过 HTML 以及 JavaScript 直接在前端轻易存取存储的数据。

也就是说，我们可以在个人计算机端使用 Python 来存储 Firebase 的数据库，然后在网页服务器上直接使用 HTML 及 JavaScript，就可以取出在 Firebase 中的数据加以利用。本节将介绍如何在本地个人计算机操作 Firebase，然后在下一节中说明如何在网页服务器中显示这些存储的数据，而且数据一有变化就马上更新显示数据内容。

11-2-1　Firebase 网络数据库的操作

Firebase 数据库除了数据是存储在云上之外，另外一个特色就是实时性，我们利用程序存取数据的时候，只要数据一有变化，立刻就会呈现在管理界面中。在 11-1 节，我们通过了简单的程序来存取新创建的 python01 的 APP（Firebase 中数据库的名称）。在这一节中，我们使用同样一个 APP 来存储 Python 所提供的数据。

如同图 11-6 所示，在进入此 APP 之后，在屏幕显示界面的左侧有几个 Firebase 所提供的操作功能，从上而下分别是 Data、Security & Rules、Simulator、Analytics、Login &Auth、Hosting 以及 Secrets。其中，Data 就是我们操作的数据库，在这个界面中可以看到所有存储在 Firebase 数据库中的数据，也可以通过鼠标进行数据的操作，包括新增、修改以及删除。Security & Rules 则是可以用来设置存取数据库的权限，Simulator 在你设置好了权限之后，提供一个测试的平台，用来试试看权限的设置是否为你所预期的成效。Analytics 则是提供数据库存取的数据，方便了解数据库被存取的统计信息。Login &Auth 则是提供各种不同的账号和密码整合设置，包括 Google、Twitter 以及 Facebook 的账号整合，以及最直接的电子邮件和密码的整合工作。Hosting 提供一个免费的虚拟主机空间，让 Firebase 的用户可以轻易地直接在它们的账号中设置一个网页主机，马上可以上线运作。最后，如果是自行设置登录的相关操作，需要一组通行密码，此通行密码可以在 Secrets 中找到。

有关于账号的设置方面，我们会在第 11-4 节中详细说明，在这一节中，直接使用数据库即可。

Firebase 的数据库分层结构请参考图 11-7。

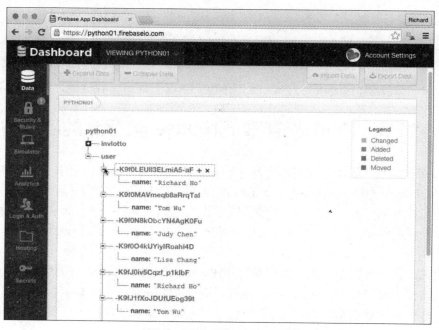

（图 11-7：Firebase 结构解析）

如图 11-7 所示，在此例中创建的 APP 名称是 python01，所以数据库的根网址是 https://python01.firebaseio.com，而如图 11-7 中所示的，根目录下有两个主要的数据项，分别是 invlotto 以及 user，它们的网址分别会是 https://python01.firebaseio.com/invlotto 以及 https://python01.firebaseio.com/user。在 Data 的界面中既可通过 "+" 进行新增数据项的操作，又可使用 "x" 来删除数据项。当然，也可以通过单击鼠标所指的节点处对该数据群组进行收起或展开的操作。

在图 11-7 中的两笔数据项分别是由程序 11-1 所创建的 user 数据群组以及接下来要创建的统一发票兑奖号码。由于统一发票是每两个月开奖一次，而且每次开奖的月份都是在奇数月，因此可以使用开奖的那个月份以及公元年作为数据项的名称，展开 invlotto 数据项之后，如图 11-8 所示。

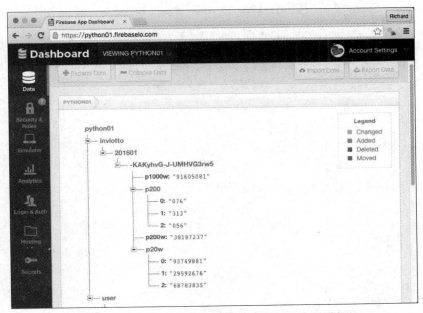

（图 11-8：统一发票兑奖号码数据项结构展开后的样子）

在 Firebase 中，每一个通过 API 建立的数据项都会有一个独一无二的标识符串（在此例为 -KAKyhvG-J-UMHVG3rw5），可以用此字符串操作该数据项。如同前面所述的，在 invlotto 之下，我们以年份加月份来作为索引值，在读取或写入的时候，就可以通过根目录 https://python01.firebaseio.com 再加上 invlotto/201601 来存取到在 2016 年 1 月份开奖的统一发票，也可以直接浏览网址 https://python01.firebaseio.com/invlotto/201601 来存取，无论是在 Firebase 的管理界面还是通过 API 存取此数据项都是一样的意思。

11-2-2　使用 Python 写入 Firebase 数据库

因此，根据以上的说明，我们可以设置一个程序，在我们的计算机端中输入每一次统一发票的开奖号码，并存入 Firebase 数据库中，有了这些号码在数据库中，我们就可以轻易地制作一个提供兑奖号码的网页，甚至是制作成自动兑奖的 APP 或是网站服务。

程序 11-3 提供了一个交互式的界面，让我们可以输入这些开奖号码，然后存储到远端的 Firebase 数据库中。

程序 11-3

```
# -*- coding: utf-8 -*-
# 程序 11-3 (Python 3 version)
```

```python
from firebase import firebase
db_url = 'https://python01.firebaseio.com'
fdb = firebase.FirebaseApplication(db_url, None)

while True:
    inv_lotto = dict()
    inv_month = input('请输入开奖月份(例：201511，输入-1 结束):')
    if int(inv_month) == -1 :
        break
    inv_lotto['p1000w'] = input('请输入特别奖 1000 万的号码：')
    inv_lotto['p200w'] = input('请输入特奖 200 万的号码：')
    inv_lotto['p20w'] = list()
    while True:
        p20w = input('请输入头奖 20 万的号码（输入-1 结束）：')
        if int(p20w) == -1:
            break
        inv_lotto['p20w'].append(p20w)
    inv_lotto['p200'] = list()
    while True:
        p200 = input('请输入增开六奖的号码（输入-1 结束）：')
        if int(p200) == -1:
            break
        inv_lotto['p200'].append(p200)
    print("以下是你输入的内容：")
    print("开奖月份:", inv_month)
    print("1000 万特别奖:", inv_lotto['p1000w'])
    print("200 万特奖:", inv_lotto['p200w'])
    print("20 万头奖:", end="")
    for n in inv_lotto['p20w']:
        print(n + "  ", end="")
    print("\n200 元增开六奖:", end="")
    for n in inv_lotto['p200']:
        print(n + "  ", end="")
    ans = input("\n是否写入 Firebase 网络数据库？(y/n)")
    if ans == 'y' or ans == 'Y':
        fdb.post('/invlotto/' + inv_month, inv_lotto)
```

程序 11-3 使用了一个无限循环（while True）来让用户输入每一次开奖的号码，直到用户输入-1 才会使用 break 指令离开此循环。观察统一发票的开奖号码，主要有 1 个 1000 万的特别奖号码、1 个 200 万的特奖号码、若干个 20 万的头奖号码以及若干个 200 元的增开六奖号码。由于头奖号码和增开六奖的号码数在每个月份中不一定会一样，因此在输入这两种号码的时候，也要放在无限循环中，直到用户输入-1 时才结束。由于通过 input 函数输入的数据都被视为字符串，因此我们在测试-1 时都会以 int 函数把字符串转换为整数再进行测试。

Firebase 的数据存取都是以 JSON 格式来操作，而 python-firebase 的模块以字典类型来对应，因此在输入数据时只要以 dict 字典类型的变量来存储数据，就可以直接存入 Firebase 数据库了，这也是为什么在循环的一开始，我们就以 inv_lotto = dict()这一行语句先把 inv_lotto 这个变量初始化为字典类型的原因。

为了便于日后的数据存取，在 invlotto 之下，再以开奖月份来作为整个数据项的索引，例如在 2016 年 1 月开奖的统一发票（兑奖月份是 2015 年 11 月以及 12 月）号码，就以 201601

作为存储的路径，也就是把所有的号码放在 https://python01.firebaseio.com/201601 中。而 201601 这个路径名称一开始就放在 inv_month 这个变量中，而在存储数据的时候，以 fdb.post('/invlotto/' + inv_month, inv_lotto) 来写入就可以了。

完整的数据结构如图 11-8 所示，在 inv_lotto 这个字典变量中，除了 p1000w 以及 p200w 分别放特别奖以及特奖的唯一号码之外，也通过 list 列表类型设置 p20w 以及 p200，用来存放一个以上的号码。以下是程序 11-3 的执行过程：

```
$ python 11-3.py
请输入开奖月份(例：201511，输入-1 结束)：201511
请输入特别奖 1000 万的号码：07332260
请输入特奖 200 万的号码：20119263
请输入头奖 20 万的号码（输入-1 结束）：76833937
请输入头奖 20 万的号码（输入-1 结束）：28338875
请输入头奖 20 万的号码（输入-1 结束）：83689131
请输入头奖 20 万的号码（输入-1 结束）：-1
请输入增开六奖的号码（输入-1 结束）：096
请输入增开六奖的号码（输入-1 结束）：819
请输入增开六奖的号码（输入-1 结束）：105
请输入增开六奖的号码（输入-1 结束）：-1
以下是你输入的内容：
开奖月份：201511
1000 万特别奖：07332260
200 万特奖：20119263
20 万头奖：76833937   28338875   83689131
200 元增开六奖：096   819   105
是否写入 Firebase 网络数据库？(y/n) y
请输入开奖月份(例：201511，输入-1 结束)：-1
```

图 11-9 是在输入两笔兑奖号码之后，在 Firebase 管理界面中看到的数据内容。

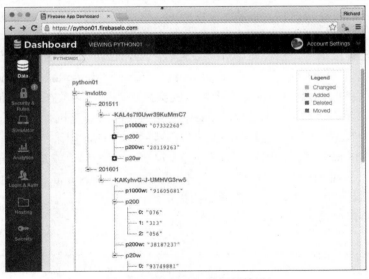

（图 11-9：程序 11-3 的运行结果）

11-2-3　使用 Python 读取 Firebase 数据库

在程序 11-3 中，如果我们在执行的时候输入了两笔同样月份的开奖号码（例如 201511），此数据项并不会如我们预期的那样取代前一笔数据，而是同时存储了两份同样的数据，但是拥有不同的 ID，如图 11-10 所示。

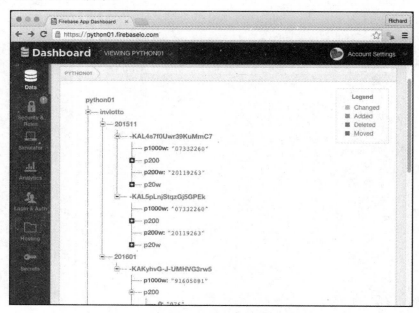

（图 11-10：程序 11-3 输入重复数据的情况）

这样的情况并不是我们所想要的，因为同样的数据只要一份就可以了，也就是说，在写入之前，其实是需要先检查该网址是否已有数据的，那如何得知呢？很简单，在用户输入了月份之后，以该月份去读取数据内容，如果已有内容的，就不允许再一次输入相同的数据，如果数据项是空的，才可以继续往下执行程序。

要检查是否已有数据的方法不难，如果我们输入的月份是 201601，只要使用读取功能来获取该网址的数据就行，如此行语句：exist_data = fdb.get('/invlotto/'+inv_month, None)，在 python-firebase 模块中，如果该网址已有数据，就会把这些数据存放在 exist_data 这个变量中，如果没有数据，exist_data 就会被设置为 None。因此，我们只要在执行上述的语句，再检查该变量的内容是否为 None，如果是 None，就可以继续执行程序，如果不是的话，就用 continue 这条指令回到循环的最外层，让用户可以再重新输入下一组号码，或是以-1 结束输入的工作。请留意 continue 和 break 的不同，break 会离开这层循环，而 continue 则是中断这一轮循环的执行，回到这层循环开始处重新下一轮循环的执行。

修改后的程序可参考程序 11-4。

程序 11-4

```
# _*_ coding: utf-8 _*_
# 程序 11-4 (Python 3 version)
```

```python
from firebase import firebase
db_url = 'https://python01.firebaseio.com'
fdb = firebase.FirebaseApplication(db_url, None)

while True:
    inv_lotto = dict()
    inv_month = input('请输入开奖月份(例: 201511，输入-1 结束):')
    if int(inv_month) == -1 :
        break
    exist_data = fdb.get('/invlotto/'+inv_month, None)
    if exist_data != None:
        print("该月份已有数据，请重新输入")
        continue
    inv_lotto['p1000w'] = input('请输入特别奖 1000 万的号码：')
    inv_lotto['p200w'] = input('请输入特奖 200 万的号码：')
    inv_lotto['p20w'] = list()
    while True:
        p20w = input('请输入头奖 20 万的号码（输入-1 结束）：')
        if int(p20w) == -1:
            break
        inv_lotto['p20w'].append(p20w)
    inv_lotto['p200'] = list()
    while True:
        p200 = input('请输入增开六奖的号码（输入-1 结束）：')
        if int(p200) == -1:
            break
        inv_lotto['p200'].append(p200)
    print("以下是你输入的内容：")
    print("开奖月份:", inv_month)
    print("1000 万特别奖:", inv_lotto['p1000w'])
    print("200 万特奖:", inv_lotto['p200w'])
    print("20 万头奖:", end="")
    for n in inv_lotto['p20w']:
        print(n + "  ", end="")
    print("\n200 元增开六奖:", end="")
    for n in inv_lotto['p200']:
        print(n + "  ", end="")
    ans = input("\n是否写入 Firebase 网络数据库? (y/n)")
    if ans == 'y' or ans == 'Y':
        fdb.post('/invlotto/' + inv_month, inv_lotto)
```

以下是程序 11-4 的执行过程：

```
$ python 11-4.py
请输入开奖月份(例: 201511，输入-1 结束):201511
该月份已有数据，请重新输入
请输入开奖月份(例: 201511，输入-1 结束):201601
该月份已有数据，请重新输入
请输入开奖月份(例: 201511，输入-1 结束):-1
```

从程序的执行过程可以看出，在输入的数据曾经输入过时，过了一小段时间之后，就会显示"该月份已有数据，请重新输入"的信息，然后再回到"请输入开奖月份……"的提示信息，就可以重新输入下一个数据了。

11-2-4　整合范例

由于我们难免会有输入错误的时候，因此在程序中不能没有修改数据的机会。这里因为数据内容不多，所以我们不做编辑功能，直接以删除再新增来代替。此外，我们也需要显示当前已输入的数据以供检查数据的正确性。当然，也应该让我们有删除过时数据项的机会。因此，整合上述的几项功能，我们编写了一个程序，以菜单的方式让用户可以输入数据、显示数据以及删除数据。首先是菜单的部分，设计如下：

```
统一发票号码管理
--------------
1. 输入开奖号码
2. 显示开奖号码
3. 删除开奖号码
0. 结束程序
--------------
你的选择：
```

以一个自定义函数 disp_menu() 来显示上述信息，并以 input() 函数来获取用户的输入，把结果返回给调用者，然后在主程序中使用 ans=disp_menu() 来得到用户想要执行的操作，主程序设计如下：

```
while True:
    ans = disp_menu()
    if ans == 1:
        enter_lotto()
    elif ans == 2:
        disp_lotto()
    elif ans == 3:
        del_lotto()
    else:
        break
print("程序结束，谢谢使用")
```

其中，将 11-2-3 小节中输入兑奖号码的程序代码包装成自定义函数 enter_lotto()，而要显示兑奖号码则是放在 disp_lotto() 中，删除的部分则是放在 del_lotto() 中。不管是要显示还是删除数据，首先要查询数据库中是否存有相对应月份的数据，我们用 lottos = fdb.get('/invlotto', None)来获取所有月份的数据，而使用 inv_months = list(lottos.keys())来获取究竟有哪些月份的数据，例如我们如果已输入 201601 和 201511 这两个月份的开奖号码，则 inv_months 会是一个列表变量，内容为['201511', '201601']，这两个值会是 lottos 的 key，通过它们可以再往下一层去查找各个月份的中奖号码，分别会是 lottos['201511']以及 lottos['201601']。详细的内容请参考程序 11-5。

程序 11-5

```python
# _*_ coding: utf-8 _*_
# 程序 11-5 (Python 3 version)

from firebase import firebase
db_url = 'https://python01.firebaseio.com'
fdb = firebase.FirebaseApplication(db_url, None)

def disp_menu():
    print('统一发票号码管理')
    print('--------------')
    print('1. 输入开奖号码')
    print('2. 显示开奖号码')
    print('3. 删除开奖号码')
    print('0. 结束程序')
    print('--------------')
    ans = input('你的选择：')
    return int(ans)

def enter_lotto():
    while True:
        inv_lotto = dict()
        inv_month = input('请输入开奖月份(例：201511，输入-1 结束)：')
        if int(inv_month) == -1 :
            break
        exist_data = fdb.get('/invlotto/'+inv_month, None)
        if exist_data != None:
            print("该月份已有数据，请重新输入")
            continue
        inv_lotto['p1000w'] = input('请输入特别奖 1000 万的号码：')
        inv_lotto['p200w'] = input('请输入特奖 200 万的号码：')
        inv_lotto['p20w'] = list()
        while True:
            p20w = input('请输入头奖 20 万的号码（输入-1 结束）：')
            if int(p20w) == -1:
                break
            inv_lotto['p20w'].append(p20w)
        inv_lotto['p200'] = list()
        while True:
            p200 = input('请输入增开六奖的号码（输入-1 结束）：')
            if int(p200) == -1:
                break
            inv_lotto['p200'].append(p200)
        print("以下是你输入的内容：")
        print("开奖月份:", inv_month)
        print("1000 万特别奖:", inv_lotto['p1000w'])
        print("200 万特奖:", inv_lotto['p200w'])
        print("20 万头奖:", end="")
        for n in inv_lotto['p20w']:
            print(n + "  ", end="")
```

```python
            print("\n200元增开六奖：", end="")
            for n in inv_lotto['p200']:
                print(n + "   ", end="")
        ans = input("\n是否写入Firebase网络数据库？(y/n)")
        if ans == 'y' or ans == 'Y':
            fdb.post('/invlotto/' + inv_month, inv_lotto)

def disp_lotto():
    lottos = fdb.get('/invlotto', None)
    iflottos == None:
        print('没有任何开奖数据可供显示...')
        return
    inv_months = list(lottos.keys())
    print("现有数据如下：")
    for inv_month in inv_months:
        print("开奖月份：", inv_month)
        key_id = list(lottos[inv_month].keys())[0]
        print("1000万特别奖：{}".format(lottos[inv_month][key_id]['p1000w']))
        print(" 200万特奖：{}".format(lottos[inv_month][key_id]['p200w']))
        print("  20万头奖：", end="")
        for i in lottos[inv_month][key_id]['p20w']:
            print(str(i) + "   ", end="")
        print("\n    增开六奖：", end="")
        for i in lottos[inv_month][key_id]['p200']:
            print(str(i) + "   ", end="")
        print("\n")

def del_lotto():
    lottos = fdb.get('/invlotto', None)
    if lottos == None:
        print('没有任何开奖数据可供删除...')
        return
    inv_months = list(lottos.keys())
    print("现有可删除的数据如下：")
    for inv_month in inv_months:
        print(inv_month)
    target = input('请输入欲删除的月份(-1表示不删除)：')
    if target not in inv_months:
        print("输入错误，无此月份的数据...")
        return

    key_id = list(lottos[target].keys())[0]
    print(lottos[target][key_id])
    ans = input('你确定要删除以上这份数据吗？(y/n)')
    if ans == 'y' or ans == 'Y':
        fdb.delete('/invlotto/'+target, None)

while True:
    ans = disp_menu()
    if ans == 1:
        enter_lotto()
```

```
    elif ans == 2:
        disp_lotto()
    elif ans == 3:
        del_lotto()
    else:
        break
print("程序结束，谢谢使用")
```

以下是程序 11-5 执行显示兑奖号码的操作过程：

```
统一发票号码管理
-------------
1. 输入开奖号码
2. 显示开奖号码
3. 删除开奖号码
0. 结束程序
-------------
你的选择：2
现有数据如下：
开奖月份：201511
1000万特别奖：07332260
 200万特奖：20119263
  20万头奖：76833937   28228875   83689131
增开六奖：096   819   105

开奖月份：201601
1000万特别奖：91605081
 200万特奖：38187237
  20万头奖：93749881   29592686   68783835
增开六奖：076   313   056
```

以下则是删除兑奖号码的操作过程：

```
统一发票号码管理
-------------
1. 输入开奖号码
2. 显示开奖号码
3. 删除开奖号码
0. 结束程序
-------------
你的选择：3
现有可删除的数据如下：
201511
201601
请输入欲删除的月份(-1 表示不删除)：201601
{'p200': ['076', '313', '056'], 'p1000w': '91605081', 'p200w': '38187237', 'p20w':
['93749881', '29592686', '68783835']}
你确定要删除以上这份数据吗？(y/n)
```

11-3 网页连接 Firebase 数据库

本节要介绍如何在网页中以简单的 HTML 和 JavaScript 来连接 Firebase 数据库，显示出在第 11-2 节中输入的数据，即实现这样一个完整的应用：使用本地计算机中的程序把数据输入远程的数据库，而实时在网页中同步反映出来数据库中的这些数据变化。

要使网页可以让其他的网友浏览，需要把这个网页文件放在网页主机空间上，主机空间的服务非常多，读者可以使用自己原有的主机空间来放置本节中介绍的 .html 网页文件，也可以利用 Firebase 免费的主机托管服务 Firebase Hosting。由于在网页中操作 Firebase 数据库只要使用在浏览器中执行的前端 JavaScript 程序，不需要任何其他的后端技术（如 PHP、JSP、NodeJS 等），因此任何可以放置静态网页文件的空间均可使用，连 Dropbox 这一类服务提供的存储空间只要经过适当的设置都可以。

11-3-1 Firebase Hosting 免费主机空间的设置

Firebase 本身就提供有免费（也有付费版本）的网页主机空间，可以用来放置静态的网页文件（*.html），我们以此为示范。图 11-11 即为 Firebase Hosting 的屏幕显示界面。

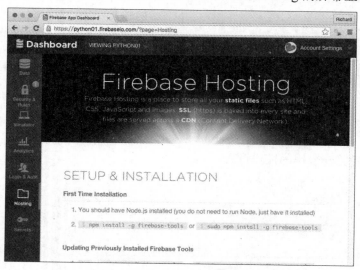

（图 11-11：Firebase Hosting 主界面）

在此屏幕显示界面中有显示的说明指导大家如何去安装 Firebase 的托管主机空间。方法很简单，先在你的计算机中安装 Node.js，然后再以 Node.js 的软件包管理程序 npm 来安装此空间所需要的工具程序集 firebase-tools。如果是 Mac OS 或是 Linux 系统，别忘了使用管理员账号或是在指令之前加上 sudo，而加上 -g 则表示此为全局模块。Node.js 的官方网址为 https://nodejs.org/，主网页如图 11-12 所示。

第 11 章　Firebase 在线实时数据库操作实践

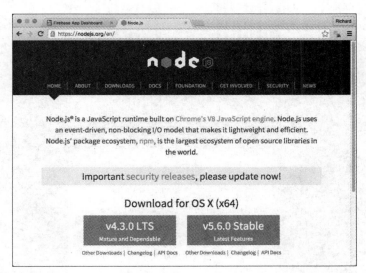

（图 11-12：Node.js 的官网）

在官网中会按照你当前浏览使用的操作系统提供适合的安装程序，在安装完成之后，就可以在你的计算机中执行以下的指令安装 Firebase 的主机工具程序集了：

```
sudo npm install -g firebase-tools
```

图 11-13 是安装成功之后看起来的样子（此例为在 Mac OS 下的安装界面）。

（图 11-13：Firebase-tools 安装成功的屏幕显示界面）

安装完毕之后，请在自己的计算机中创建一个文件夹，专门用来存放要放在 Firebase Hosting 中的静态网页文件，如果是第一次使用，还需要先执行过 firebase login 的登录操作。

259

新版的 firebase-tools 在登录的时候会直接启动浏览器，在浏览器执行登录的操作时，会看到如图 11-14 所示的授权界面。

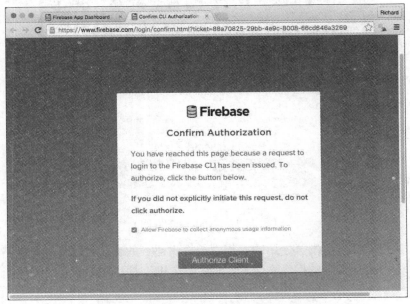

（图 11-14：执行 firebase login 指令之后会显示出的授权界面）

在顺利完成授权之后，即可开始建立网站。但是在建立网站之前，请先在要存放网页文件的文件夹中使用以下指令来执行初始化的操作：

```
firebase init
```

上述指令会试着连接你在 Firebase 上的账号，然后询问你要使用账号上的哪一个 APP，过程如下：

```
$ firebase init
   Caution! Initializing outside your home directory
   Initializing in a directory with 2 files

? What Firebase do you want to use? python01
? What directory should be the public root? public
✔  Public directory public has been created
Firebase initialized, configuration written to firebase.json
```

上述的步骤会在你当前所在的目录下放置一个 firebase.json 文件以及 public 的文件夹，完成之后，就可以开始编辑文件，请留意，在 public 中一定要有一个 index.html 才行。等到想要把网站文件上传的时候，再使用以下指令即可：

```
firebase deploy
```

以下是执行上述指令之后的信息：

```
$ firebase deploy
```

```
=== Deploying to 'python01'...

i deploying hosting
i preparing public directory for upload...
✔ 1 files uploaded successfully

✔ Deploy complete!

URL: https://python01.firebaseapp.com
Dashboard: https://python01.firebaseio.com

Visit the URL above or run firebase open
```

就是这么简单。Firebase 帮我们把文件上传到虚拟主机中，同时准备了另外一个同名但是不同主网域的网址作为主机的网站，以上例来说，我们的 APP 名称为 python01，主要数据放在 https://python01.firebaseio.com，而网页则是 https://python01.firebaseapp.com。

如果以上都能够顺利完成，那么接下来就将使用 Firebase 所提供的主机空间取出之前建立的数据项，详见第 11-3-2 小节的内容。

11-3-2 使用 JavaScript 读取 Firebase 数据库

接下来的操作是要使用在 11-3-1 小节所准备的空间中创建一个 index.html 文件（要存放在 public 的文件夹下），把在第 11-2 节所存储的统一发票兑奖号码显示在网页上，并使用 https://python01.firebaseapp.com 这个网址提供给网友浏览。

要在网页中连接 Firebase 的数据库，一定要在<head>和</head>之间加上此 JavaScript 的链接：

```
<script src="https://cdn.firebase.com/js/client/2.4.0/firebase.js"></script>
```

这是连接一个外部 JavaScript 程序的链接，也是 Firebase 提供的 API 链接库。完成链接之后，就可以在接下来的 JavaScript 程序代码中使用 Firebase 所提供的所有 API 存取其数据了。以下是一个简单的 index.html 程序范例，通过此网页，可以把之前在 python01 中所存储的统一发票兑奖号码使用 console.log 输出到 Chrome 浏览器的 Console 控制台中，我们只要在浏览器中打开"开发者工具"窗口即可观察到结果。

```
<!DOCTYPE html>
<head>
<script src="https://cdn.firebase.com/js/client/2.4.0/firebase.js"></script>
<meta charset='utf-8'>
<title>读取 Firbase 数据测试网页</title>
</head>
<body>
    <script>
        var ref = new Firebase('https://python01.firebaseio.com/invlotto');

        ref.on("value", function(inv_lottos) {
```

```
              console.log(inv_lottos.val());

        }, function (errorObject) {
            console.log("The read failed: " + errorObject.code);
        });
    </script>
<h2>
读取 Firebase 数据测试网页
</h2>
</body>
</html>
```

观察的结果如图 11-15 所示。

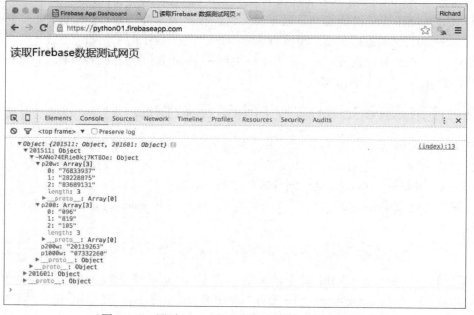

（图 11-15：通过 Console 观察 index.html 执行的结果）

在图 11-15 的 Console 窗口中可以发现，存储在 inv_lottos 中的变量是一个对象，其中包含了所有读取到的数据，在此例中包括 201511 和 201601 两个月份的开奖数据，只要使用鼠标左键双击，就可以进一步观察 inv_lottos 的数据内容。

比较特别的是，此程序虽然只有短短几行，但是却可以在数据一更新时就立即在界面上呈现新的数据，不需要额外的程序代码，非常方便。

11-3-3　Firebase 网页设计

按照 11-3-2 小节的方式即可在网页中以 JavaScript 获取 Firebase 中的数据，并放在 JavaScript 中成为一个 Object。接下来，我们只要解析这个 Object，加上适当的 HTML 标签，就可以放在网页上了。本小节的目标是能够实现如图 11-16 所示的结果。

（图 11-16：以网页的方式呈现 Firebase 数据库内容的结果）

在图 11-16 中，我们也是在 public 的文件夹之下编辑 index.html（位于范例文件中的 ch11www\public 文件夹下），为了方便操作要呈现的网页内容，我们在此使用了 jQuery 链接库，因此在<head></head>间除了加载 firebase 的链接库之外，也要以如下所示的标签加载 jQuery 链接库：

```
<scriptsrc="https://code.jquery.com/jquery-1.12.0.min.js"></script>
```

同时，我们在<body></body>之间设置一个<div>标签，给予此标签一个 id，名为 inv_tables：

```
<div id='inv_tables'>
</div>
```

接着在 JavaScript 的程序段落中就可以在解析获取的数据 Object 之后夹杂必要的 HTML 标签（以表格标签为主），放到一个字符串中（也是取名为 inv_tables），最后再以 jQuery 的 html 方法把此字符串指定为 id 名称是 inv_tables 的<div>段落，方法如下：

```
$('#inv_tables').html(inv_tables);
```

以下的程序代码即为 index.html 的完整内容：

```
<!DOCTYPE html>
<head>
<scriptsrc="https://code.jquery.com/jquery-1.12.0.min.js"></script>
<script src="https://cdn.firebase.com/js/client/2.4.0/firebase.js"></script>
<meta charset='utf-8'>
<title>统一发票兑奖网</title>
</head>
<body>
    <script>
        var ref = new Firebase('https://python01.firebaseio.com/invlotto');

        ref.on("value", function(snapshot) {
```

```javascript
            inv_lottos = snapshot.val();
            varinv_tables = "";
            for (var key in inv_lottos) {

                inv_tables += "<table width=600 border=2 align=center>";
                inv_tables = inv_tables + "<tr><td>开奖月份</td><td>" + key +
"</td></tr>";
                inv_month = inv_lottos[key];
                for (id in inv_month) {
                    inv_tables = inv_tables + "<tr><td>1000万特别奖</td><td>"
                                            + inv_month[id]['p1000w'] +
"</td></tr>";
                    inv_tables = inv_tables + "<tr><td>200万特奖</td><td>"
                                            + inv_month[id]['p200w'] +
"</td></tr>";
                    inv_tables = inv_tables + "<tr><td>20万头奖</td><td>";
                    for(vari in inv_month[id]['p20w']) {
                        inv_tables = inv_tables + inv_month[id]['p20w'][i] + " ";
                    }
                    inv_tables = inv_tables + "</td></tr>";
                    inv_tables = inv_tables + "<tr><td>200元增开六奖</td><td>";
                    for(vari in inv_month[id]['p200']) {
                        inv_tables = inv_tables + inv_month[id]['p200'][i] + " ";
                    }
                    inv_tables = inv_tables + "</td></tr>";
                }
                inv_tables += '</table><br>';
            }
            $('#inv_tables').html(inv_tables);

        }, function (errorObject) {
            console.log("The read failed: " + errorObject.code);
        });
    </script>
<center>
<h2>统一发票兑奖网</h2>
<p>本网页仅供参考,请以兑奖部门的门户网站的公布为准</p>
</center>
<div id='inv_tables'>
</div>
</body>
</html>
```

JavaScript 并不在本书的讲解范围中,有兴趣了解更多内容的读者请自行参考 JavaScript+CSS+jQuery+HTML 的相关书籍。

11-4　Firebase 数据库的安全验证

读者们应该可以从前面的几个例子中发现操作 Firebase 的便利特性了，可是，在程序的执行过程中并没有任何账号密码的验证，难道不会有安全上的问题吗？当然有，对于 Firebase 数据库如果没有进行安全性设置，任何知道网址的人都可以使用程序轻易地对数据进行修改和删除，这样岂不把数据置于 "任人宰割" 的境地？！因此，这一节的主要目的就是学习如何设置 Firebase 数据库的安全性以及如何通过程序来安全地存取数据。

11-4-1　Firebase 安全性的设置

设置 Firebase 数据安全的第一步就在于设置 "Security & Rules"，如图 11-17 所示。

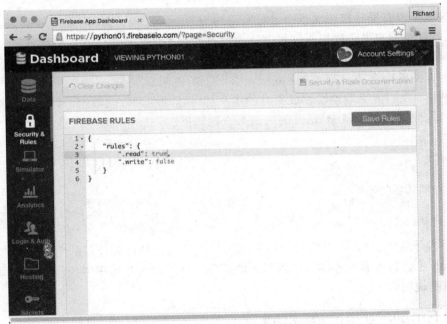

（图 11-17：Firebase 的安全规则设置）

在默认的情况下，.read 以及 .write 都是 true，表示任何人不需要任何的验证都可以读写这个 APP 上的所有数据。我们希望所有的人都可以读取，但是不能写入的话，可以先试试看把 .write 后面的 true 设置为 false，再单击右上角的 "Save Rules" 按钮。此时，试着执行程序 11-1，会得到以下一大堆错误信息：

```
$ python 11-1.py
Traceback (most recent call last):
  File "11-1.py", line 17, in <module>
fdb.post('/user', user)
  File "/Users/skynet/anaconda/lib/python3.5/site-packages/firebase/decorators.py", line 19, in wrapped
return f(*args, **kwargs)
```

```
  File "/Users/skynet/anaconda/lib/python3.5/site-packages/firebase/firebase.py",
line 329, in post
connection=connection)
  File "/Users/skynet/anaconda/lib/python3.5/site-packages/firebase/decorators.py",
line 19, in wrapped
return f(*args, **kwargs)
  File "/Users/skynet/anaconda/lib/python3.5/site-packages/firebase/firebase.py",
line 101, in make_post_request
response.raise_for_status()
  File "/Users/skynet/anaconda/lib/python3.5/site-packages/requests/models.py", line
840, in raise_for_status
raiseHTTPError(http_error_msg, response=self)
requests.exceptions.HTTPError: 401 Client Error: Unauthorized for url:
https://python01.firebaseio.com/user/.json
```

其实这就是没有操作权限又没有进行错误捕捉（try/except）会出现的情况。通过 Firebase Rules 既可以针对用户做不同权限的设置，也可以针对不同的目录进行权限的设置，还可以进一步地针对每一个目录对不同的用户设置不同的权限，每一个目录的权限设置都包含它以下的所有目录。详细的内容请自行参考 Firebase 官网上的说明。

在本例中，我们很简单地设置成所有的用户都可以顺利读取此数据，但是只有登录的用户才有权限写入数据，那么这个 rules 的规则可设置如下：

```
{
    "rules": {
        ".read": true,
        ".write": "auth !== null"
    }
}
```

上例即为开放此 APP 所有的目录给任意用户读取，但是只有登录的用户或程序（只有登录之后，auth 才会有内容）才拥有可以写入的权限。至于如何在程序中执行登录的操作，请看 11-4-2 小节的说明。

11-4-2　Email/Password 机制

既然我们设置了只有登录的用户或程序才能够写入数据，那么为了写入数据，需要在 Firebase 中设置验证的机制才行。Firebase 的验证机制可以是 Facebook、Twitter 等社区网站，但为了简单起见，我们使用自行管理用户的 Email/Password 机制，并在此机制下创建一个用来链接程序的用户，请参考图 11-18。

第 11 章　Firebase 在线实时数据库操作实践

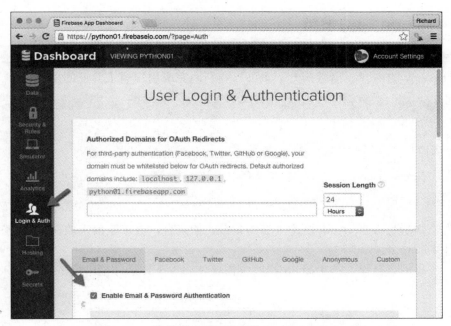

（图 11-18：设置用户认证机制为 Email & Password）

设置完成之后，再把屏幕显示界面往下滚动，选择"Add User"来创建一个用户，如图 11-19 所示。

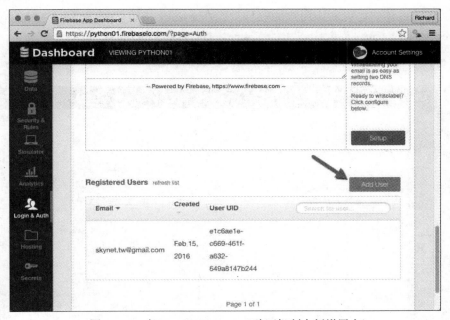

（图 11-19：在 Email & Password 验证机制中新增用户）

你可以按照需求创建任意数量的用户，但在此例中，我们只需要一个供程序链接使用的用户就好。

267

11-4-3　Python 端的设置

在使用 Python 程序登录账号之前，由于版本的更替，因此原来在 python-firebase 模块中的程序 firebase.py 的内容要稍微改一下才可以顺利地完成用户登录验证的操作：

```
if self.extra.get('eAuth') is None:
    token = self.authenticator.create_token(self.extra)
else:
    token = self.extra.get('eAuth')
```

此段程序在 get_user()方法中，原本只有以下这一行：

```
token = self.authenticator.create_token(self.extra)
```

需改为先判断是否有 eAuth 这个外加的参数，如果有，直接取出来放在 token 变量中，没有才要另外生成一个。

因此，在我们自己设计的 Python 程序中需要使用以下方法才能够完成用户登录的验证操作：

```
from firebase import firebase
db_url = 'https://python01.firebaseio.com'
auth = firebase.FirebaseAuthentication('****', 'skynet.tw@gmail.com',
extra={'eAuth': 'GX453Q3U7hTqjvtCnSf----BX8Fa8kI3v7f4gWNN'})
fdb = firebase.FirebaseApplication(db_url, auth)
```

其中，****是我们之前新增用户的账号，而在 eAuth 中设置的'X45...WNN'的那个值则是我们在 Firebase 的 Secrets 界面中取出的 Token，如图 11-20 所示。

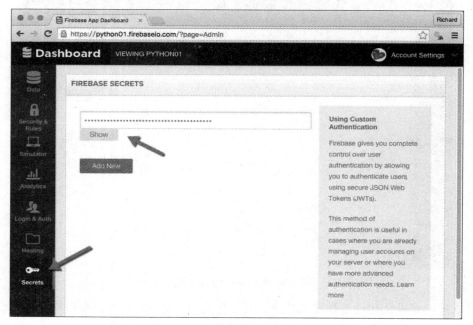

（图 11-20：取出 Firebase Secrets 在程序中运用）

在图 11-20 中，别忘了要单击"Show"按钮，看到内容之后再全选，把它复制出来，然后放在程序中使用。和之前的程序不一样的地方在于，原本我们在连接 FirebaseApplication 时，第 2 个参数是 None，现在则是利用 FirebaseAuthentication 这个函数，先以用户的电子邮件账号和密码以及刚刚获取的 secrets 进行登录验证的操作，如果都输入正确就可以得到 auth 这个变量，然后再把 auth 传入 FirebaseApplication，如此才能够顺利把数据内容写入到要进行密码验证的 Firebase 数据库 APP 中。

11-4-4　将具有用户验证功能的数据写入程序

我们把前面的验证功能加到程序中，如程序 11-6 所示。如读者所见，这个程序和程序 11-5 的差异只是在一开始不一样而已，其他所有的部分都不需要再去改动。至于网页的部分则不需要继续任何的修改。读者可以自行把执行此程序所用的窗口和浏览器的窗口并排，然后执行程序 11-6 来新增或删除兑奖号码的数据，你将会发现，只要数据一有变更，网站的内容就会立即更新，非常有趣。

程序 11-6

```
# _*_ coding: utf-8 _*_
# 程序 11-6 (Python 3 version)

from firebase import firebase
db_url = 'https://python01.firebaseio.com'
auth = firebase.FirebaseAuthentication('****', 'skynet.tw@gmail.com',
    extra={'eAuth': 'GX453Q3U7hTqjvtCnSf****BX8Fa8kI3v7f4gWNN'})
fdb = firebase.FirebaseApplication(db_url, auth)

def disp_menu():
    print('统一发票号码管理')
    print('--------------')
    print('1. 输入开奖号码')
    print('2. 显示开奖号码')
    print('3. 删除开奖号码')
    print('0. 结束程序')
    print('--------------')
    ans = input('你的选择: ')
    return int(ans)

def enter_lotto():
    while True:
        inv_lotto = dict()
        inv_month = input('请输入开奖月份(例: 201511, 输入-1 结束):')
        if int(inv_month) == -1 :
            break
        exist_data = fdb.get('/invlotto/'+inv_month, None)
        if exist_data != None:
            print("该月份已有数据, 请重新输入")
            continue
```

```python
            inv_lotto['p1000w'] = input('请输入特别奖1000万的号码：')
            inv_lotto['p200w'] = input('请输入特奖200万的号码：')
            inv_lotto['p20w'] = list()
            while True:
                p20w = input('请输入头奖20万的号码（输入-1结束）：')
                if int(p20w) == -1:
                    break
                inv_lotto['p20w'].append(p20w)
            inv_lotto['p200'] = list()
            while True:
                p200 = input('请输入增开六奖的号码（输入-1结束）：')
                if int(p200) == -1:
                    break
                inv_lotto['p200'].append(p200)
            print("以下是你输入的内容：")
            print("开奖月份:", inv_month)
            print("1000万特别奖:", inv_lotto['p1000w'])
            print("200万特奖:", inv_lotto['p200w'])
            print("20万头奖:", end="")
            for n in inv_lotto['p20w']:
                print(n + "  ", end="")
            print("\n200元增开六奖:", end="")
            for n in inv_lotto['p200']:
                print(n + "  ", end="")
            ans = input("\n是否写入Firebase网络数据库？(y/n)")
            if ans == 'y' or ans == 'Y':
                fdb.post('/invlotto/' + inv_month, inv_lotto)

def disp_lotto():
    lottos = fdb.get('/invlotto', None)
    if lottos == None:
        print('没有任何开奖数据可供显示...')
        return
    inv_months = list(lottos.keys())
    print("现有数据如下：")
    for inv_month in inv_months:
        print("开奖月份: ", inv_month)
        key_id = list(lottos[inv_month].keys())[0]
        print("1000万特别奖: {}".format(lottos[inv_month][key_id]['p1000w']))
        print(" 200万特奖: {}".format(lottos[inv_month][key_id]['p200w']))
        print("  20万头奖: ", end="")
        for i in lottos[inv_month][key_id]['p20w']:
            print(str(i) + "  ", end="")
        print("\n   增开六奖: ", end="")
        for i in lottos[inv_month][key_id]['p200']:
            print(str(i) + "  ", end="")
        print("\n")

def del_lotto():
    lottos = fdb.get('/invlotto', None)
```

```
    if lottos == None:
        print('没有任何开奖数据可供删除...')
        return
    inv_months = list(lottos.keys())
    print("现有可删除的数据如下：")
    for inv_month in inv_months:
        print(inv_month)
    target = input('请输入欲删除的月份(-1 表示不删除)：')
    if target not in inv_months:
        print("输入错误，无此月份的数据...")
        return

    key_id = list(lottos[target].keys())[0]
    print(lottos[target][key_id])
    ans = input('你确定要删除以上这份数据吗？(y/n)')
    if ans == 'y' or ans == 'Y':
        fdb.delete('/invlotto/'+target, None)

while True:
    ans = disp_menu()
    if ans == 1:
        enter_lotto()
    elif ans == 2:
        disp_lotto()
    elif ans == 3:
        del_lotto()
    else:
        break
print("程序结束，谢谢使用")
```

11-5 习　题

1. 请修改程序 11-5，自定义函数 del_lotto 在删除之前能够以比较完整的格式显示出要被删除的兑奖号码。

2. 同上题，把显示兑奖号码的部分另外独立出一个自定义函数，以供 del_lotto 以及 disp_lotto 两个函数使用。

3. 请根据 11-3-3 小节中的 index.html 文件解析开奖月份（例如：201511）的字符串，以可兑奖发票月份作为显示内容（例如：2015 年 9 月 10 月）。

4. 同上题，请让此网站的表格更美观，并突显出中奖号码的可辨识性。同时，也把兑奖方法描述在此网页中（参考统一发票兑奖网页）。

5. 在程序 11-6 中新增功能，让用户可以输入一则消息，并将此消息即刻呈现在网页中。

第 12 章

Python 应用实例

在学习了许多 Python 基本技巧以及应用程序之后，在这一章我们分别以 3 个不同的主题来整合之前所学过的内容并加以提升，应用在日常生活的网络工作上。相信读者在阅读完本章的内容之后，一定能够引发更多的想法，想些题目挑战一下自己当前的程序功力。第 1 个应用是让程序登录 Facebook 帮忙处理一些相关的事务；第 2 个应用则是用来整理硬盘里的照片文件，日后再加上自己设计的界面，使之变得实用；第 3 个应用可以拿来分析从网络上搜集而来的中文文章，相信喜欢浏览网络新闻的朋友一定会有兴趣。

12-1　Facebook Graph API 的介绍与使用
12-2　照片文件的管理
12-3　找出网络中最常被使用的中文词
12-4　习　题

12-1 Facebook Graph API 的介绍与使用

平时我们在使用 Facebook 的时候都是使用人的眼眼去看信息以及回复一些有兴趣的内容，不知读者没有没想过，如果通过程序帮我们先过过滤一些信息或是帮我们回复一些朋友所发的信息（例如替我们帮每一篇文章都"点赞"），会不会比较有趣或是省事呢？接下来的内容将简要地说明如何使用 Python 连接 Facebook，执行一些自动化的操作。

12-1-1 安装 facebook-sdk

现在的社区网站都流行使用 API 来操作网站的内容，也就是网站本身提供一些标准的网络链接格式，让我们可以通过程序去浏览该链接，然后接收该网站所回复的一些信息再加以处理。API 的全名为 Application Programming Interface，就是应用程序的编程接口。在以往，所谓的 API 指的多是一些链接库中的标准化函数接口，让我们在程序中可以通过函数调用的方法执行需要的功能以及返回值。但是，在因特网发达的今天，连网站都参照此方法，所不同的是，我们调用的方式不再是函数调用，而是使用网址，并在网址后面加上特定的指令语句，而返回值则大多是用 HTTP 的协议来传输的。

Facebook 也不例外，它们也提供了许多丰富的 API，让我们可以轻易地通过 Python（当然还有许多其他的程序设计语言接口）来连接，除了获取信息之外，还可以进一步操作 Facebook 上的内容。由于是通过网址编码的方式调用，因此我们甚至可以使用浏览器来获取想要的数据，不过，既然是要编写在程序中，还是以程序中的模块来调用会比较方便。

最基本的方法可以使用 requests 模块直接获取返回值，但是比较简便的方式则是通过已经打包好的 SDK，也就是 facebook-sdk 来进行连接 Facebook 的操作。因此，在进入接下来的内容之前，请先利用 pip 在你的计算机中安装 facebook-sdk（请注意，Mac OS 或是 Linux 需在 pip 前加上 sudo）：

```
pip install facebook-sdk
```

安装完毕之后，即可在程序中以：

```
import facebook
```

来加载 facebook-sdk 模块，并加以运用。不过在开始编写程序之前，我们可以先在 Facebook 所提供的开发环境中测试一下，请看下一小节的说明。

12-1-2 Facebook Graph 简介

在 Facebook 的开发网站（https://developers.facebook.com/）中有一个叫作 Graph API Explorer 的工具，让 Facebook 应用程序的开发人员可以在编写程序之前先测试 Facebook API 的指令，并观察其返回值。当然，在使用之前，必须先以自己的 Facebook 账号登录才行。在本小节中我们要编写的程序并非 Facebook 的应用程序，只是通过自己的账号对自己的 Facebook 账号内容进行存取，所以并不需要建立 Facebook 应用程序。在登录自己的 Facebook

账号之后,请前往开发者网站,会看到如图 12-1 所示的网站界面。

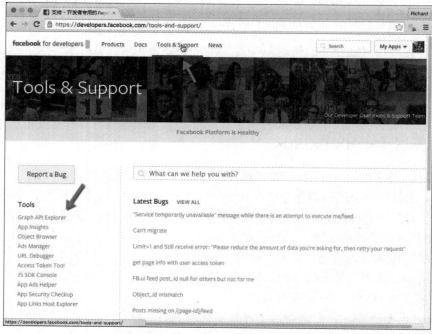

(图 12-1:Facebook 开发者网站界面)

打开"Tools & Support"菜单,并单击左侧 Tools 分类下方的"Graph API Explorer",就会到 Graph API Explorer 的操作界面,如图 12-2 所示。

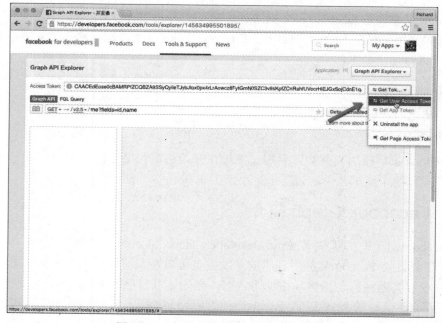

(图 12-2:Graph API Explorer 的操作界面)

由于存取 Facebook 上的信息均需要获取授权，因此在 API 中获取授权的方式是使用 AccessToken 的方式，也就是在 Graph API Explorer 中获取一个 Token，然后把这个 Token 附加到 API 的网址上去才可以得到存取数据的权限，因此第一个步骤就是到右上角箭头所指的地方单击"Get User AccessToken"的按钮选项，然后进行获取授权内容的设置，如图 12-3 所示。

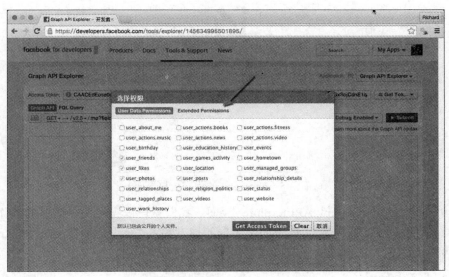

（图 12-3：获取 AccessToken）

在 Facebook 中，对于权限设置的访问有非常严谨的规范，所以我们只需要勾选程序中会使用到的部分即可。在此例中，我们选择了"user-posts"以及"user-likes"等，此外还有"Extended Permissions"可以设置，如图 12-4 所示。

（图 12-4：设置 Token 要使用到的权限）

在我们设置完成之后，系统就会自动转往我们在 Facebook 中的授权提示界面，里面的内容和我们之前所勾选的权限有关，当然我们也必须要允许这些操作才行，如图 12-5 所示。

（图 12-5：Facebook 的程序授权界面）

一切均完成之后回到 Graph API Explorer 界面，我们就可以先做一些简单的操作。假设我们想要查看自己发过的文章，只要在中间文字框的地方输入 "/me/posts"，然后单击 "Submit" 按钮，就可以看到相关内容，如图 12-6 所示。

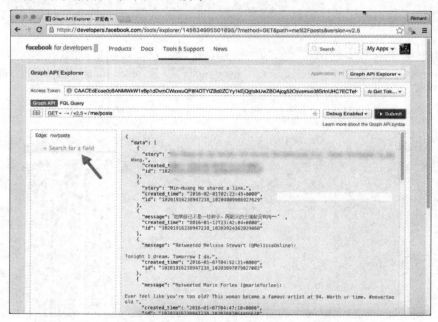

（图 12-6：在 Graph API Explorer 中查询自己发过的文章）

对于这些文章的显示，我们还可以进一步设置这些文章要多少篇。请单击屏幕界面左侧的数量设置处，出现一个菜单，可以选择要设置的参数项，如图 12-7 所示。

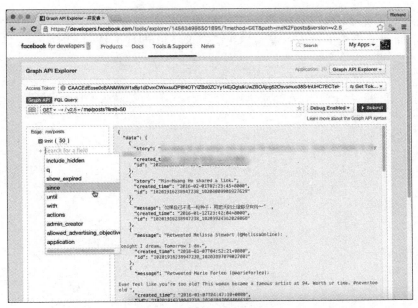

（图 12-7：可以设置的参数项）

不同的信息可以设置的参数内容不完全相同。在此例中，我们想要每次查询 50 篇文章，则可以设置 limit 为 50，其他的部分请自行测试。例如，在参数中有一个 since 以及一个 until，用于设置起始时间和结束时间，通过这两个参数的设置，我们可以指定显示在某一段时间内的所有帖文。只是要特别留意，时间的设置是以 UNIX 的 Epoch 时间为主的，这个值需要经过换算才行，所幸有专门协助我们转换这些数值的网站（http://www.epochconverter.com/），如图 12-8 所示。

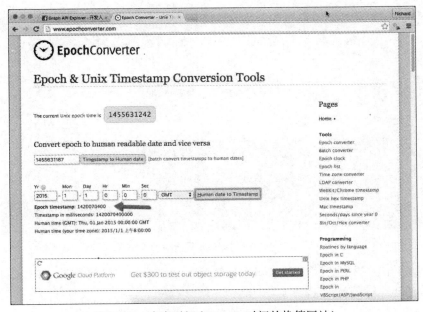

（图 12-8：真实时间和 Epoch 时间的换算网站）

图 12-9 是设置从 2015 年 1 月 1 日 0 时 0 分到 2016 年 1 月 1 日 0 时 0 分所发布的信息所得到的结果，而箭头所指的地方就是可以用于获取 API 网址的按钮。

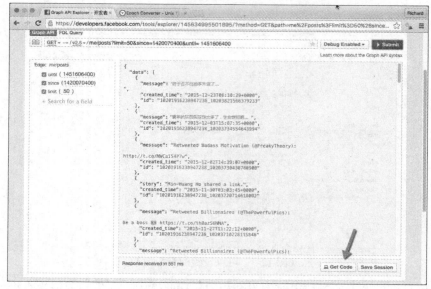

（图 12-9：设置参数后的运行结果）

Code 有许多种类，如图 12-10 所示。

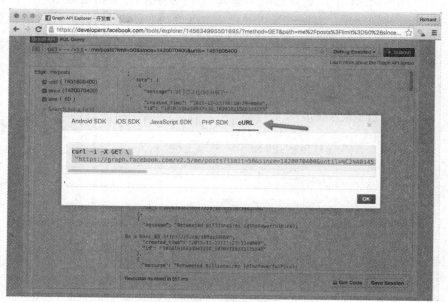

（图 12-10：获取链接用的 API 程序代码）

而在 Python 中，我们要使用的是 cURL 的信息，请将此内容复制好，在 12-1-3 小节中可以使用。

12-1-3　Python 程序存取 Facebook 设置

最简单的方法就是把上述的网址记录下来，然后用 requests 去获取网址所返回来的结果，因为返回值是 JSON 格式，所以以 json.loads()将数据存放到字典类型的变量中，最后再取出想要的值就可以了。

观察图 12-9 中的返回值可以发现：其一，数据是 JSON 格式的；其二，数据放在'data'这个 key 中，在'data'所对应的值中则是一个由字典组成的列表。因此，我们第一阶段先要找出'data'这个 key 中的列表值，然后再以循环的方式逐一取出每一个字典变量，并找出'created_time'和'message'，但由于并不是每一个信息均有'message'这个 key，因此在使用'message'这个 key 之前要先进行检查，以免发生错误。详细内容如程序 12-1 所示。

程序 12-1

```
# -*- coding: utf-8 -*-
# 程序 12-1 (Python 3 Version)

import requests, json

url = "https://graph.facebook.com/v2.5/me/posts?limit=50&since=1420070400&until=%C2%A01451606400&access_token=CAACEdEose0cBAHG7vhqsepqvLrFXWq4HSeCD03XejbXCDPijRP0sGpkZCyKsx2a311ZCqtpiCmPnjWXHWvUZCdwxw2PakjWQnm20FZBLs5Bse2WmlQhbqAunplewE0cZCo1vZAU9AalBb53awVrZBFhQhm9WmcLABpdrbVxcK4Deb0hmipZAibDf90Y2SVnVui57ITmA6ZC6hBXf9W9iiMQhZB"
res = requests.get(url)

data = json.loads(res.text)
for d in data['data']:
    if 'message' in d:
        print (d['created_time'], ':', d['message'])
        print('----------------------------------')
```

程序 12-1 中有一点要注意的是，Access Token 是会过期的（有一定的期限，可以在网站中设置），所以不同的时间要执行此程序时，可能需要再重新获取一次 Access Token 以及网址。图 12-11 是执行的结果（部分界面）。

（图 12-11：程序 12-1 的部分运行结果）

不过，每一次都要先设置好参数再获取网址实在是不方便，所以这时候就需要 facebook-sdk 出马了。使用 facebook-sdk，只要获取 Access Token 就可以了。如下所示，把获取的 Access Token 放在 token 这个变量中，然后调用 facebook.GraphAPI 函数：

```
import facebook
token =
"CAACEdEose0cBAHG7vhqsepqvLrFXWq4HSeCD03XejbXCDPijRP0sGpkZCyKsx2a311ZCqtpiCmPnjWXHW
vUZCdwxw2PakjWQnm20FZBLs5Bse2WmlQhbqAunplewE0cZCo1vZAU9AalBb53awVrZBFhQhm9WmcLABpdr
bVxcK4Deb0hmipZAibDf90Y2SVnVui57ITmA6ZC6hBXf9W9iiMQhZB"
g = facebook.GraphAPI(access_token=token)
```

接下来即可使用变量 g 来存取我们在 Facebook 账号被授权的内容。facebook-sdk（网址为 https://facebook-sdk.readthedocs.org/）提供了几个好用的函数来调用，如下表所示（详细的内容请参考官网上的说明）。

函数名称	说明
get_object(id)	获取 id 的对象
get_objects(ids)	获取列表 ids 的所有对象
get_connections(id, connection_name)	获取指定对象的所有指定连接
put_object(parent_object, connection_name, message)	写入 message 信息到父对象的指定连接
put_wall_post(message, attachment, profile_id)	把信息 messages 粘贴到指定用户的动态墙上
put_like(object_id)	对某一对象"点赞"
put_photo(image, message)	分享一张照片到 Facebook
delete_object(id)	删除指定的对象

以上函数如果有返回值，就以 dict 类型的变量存储起来，只要以 dict 类型的方式来解析其中的内容就可以了。程序 12-2 用来获取所有信息受到"点赞"的人数以及"点赞人"的名单。

程序 12-2

```
# _*_ coding: utf-8 _*_
# 程序 12-2 (Python 2 Version)

import facebook

token =
'CAACEdEose0cBADXaSgOx9nIezMshtC90oP2T4g3B5cRmBy4mBjnXccxEFzclIK1b9FzMSIJCX4sATcwqe
5KhArKz4FYVOIbPo8WBpNujABZBCftZAMqnYthZCRoQVTWXSDpoELE4qW2h7twozPxUVKZBIo11NADP9xto
kGCPpOTIvZBXTe2B058fWlr9yQCEjSzF8viOHJ2DDWiYBZAxZBF'

g = facebook.GraphAPI(access_token=token)

posts = g.get_connections(id='me', connection_name='posts')

posts = posts['data']
```

```
for p in posts:

    if 'likes' in p and 'message' in p:
        print '\n', p['created_time'], '的'
        print '消息: ', p['message']
        likes = p['likes']['data']
        print '共有', len(likes), '人点赞,分别是: '
        for like in likes:
            print like['name'],
        print '\n------------------------'
```

程序 12-2 使用 get_connections 提取自己所发布的所有消息,并存放在 posts 变量中。posts 是一个字典,包含有两个键,分别是 paging 和 data,如果数据量较大,那么 paging 中存储的是分页的消息,而'data'键中的值才是真正存放消息列表的地方,因此我们要把 posts 重新指向 posts['data']以获取所有的消息内容。

接下来程序会以一个循环把所有的消息都找出来存放在 p 中,再查看变量 p(字典类型)中有没有 likes 和 messages 这两个键,如果有才会加以处理。先分别取出创建时间 created_time 和消息内容 message,接下来处理"点赞"的人数。由于 p['likes']本身也是以'paging'和'data'这两个键为存储依据,而'data'也是真正存放"点赞"人数的地方,因此使用 p['like']['data']才能够取出此列表,而要列出所有的人名,也是要以一个循环才能够逐一加以列出。以下是程序 12-2 的部分运行结果:

```
2015-12-23T06:10:29+0000 的
信息: 终于忍不住动手升级了...

共有 8 人点赞,分别是:
简xx 林xx 洪xx 王xx Sxx Dxx 谢xx 黄xx Wexx
------------------------
2015-12-03T15:07:35+0000 的
消息: 要学的东西实在是太多了,生命苦短啊...
共有 16 人点赞,分别是:
Jxxx Cxx 莉x 丽x 谢xx Zxx Cxx 林xx 陈xx 张xx 张xx Sxx Dxx 梁xx 徐xx 洪xx 杨xx 林xx 黄xx
------------------------
```

12-1-4 通过 Python "发表" 文章

从 12-1-3 小节的内容中读者应该可以发现,使用 facebook-sdk,可以省去自己处理网页数据的时间,因为直接调用它们的 API 函数即可,而我们则要把精力放在处理返回来的字典类型的数据上。接下来将示范如何在自己的 Facebook 账号中使用程序来"发表"文章。

在使用 Python 程序"发表"文章之前,要确定"publish_actions"的权限是否已获取,如图 12-12 所示。

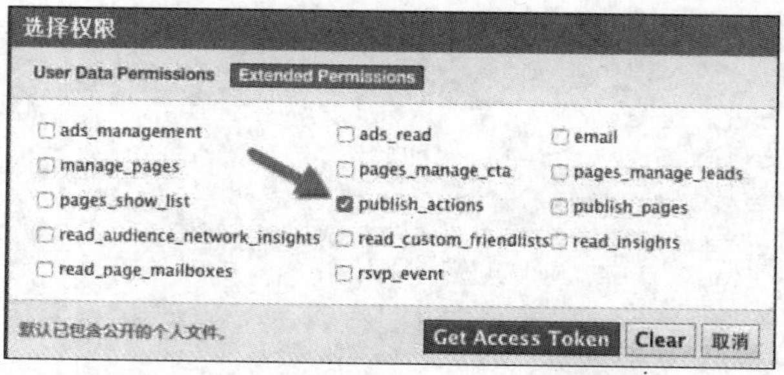

（图 12-12：获取 publish_actions 的权限）

接下来的工作只要通过 put_wall_post() 即可轻易完成，如程序 12-3 所示。

程序 12-3

```python
# _*_ coding: utf-8 _*_
# 程序 12-3 (Python 2 Version)

import facebook

token = 
'CAACEdEose0cBAFTD3DB8NrkDrVmQTH9esEZBTECpxInfKQTric2BNDDv3YgwdhfxfCZAXNfQy5gY0k8ob
kptR1K9RnQG1PwGMu4zqsltxHLcm5zPZBLbQInmEUHjtOhV4qxt5fFmAd0vtWMJjh0JZCoS5vj7ZBDIUe7A
jnqRhosqZBfhszZAHZBgyJc3FxZCvDhZAsb3PokhzAiSuBZBl1KdmcH'

g = facebook.GraphAPI(access_token=token)

attachment = {
    'name': '股票行情网址分享',
    'link': 'http://www.eastmoney.com/',
    'caption': '查行情',
    'description': '东方财富网是中国访问量最大、影响力最大的财经证券门户网站之一。这里做一个简单的接口让大家方便使用。',
    'picture': ' http://g1.dfcfw.com/g1/img2011/logo_comm.gif '
}

g.put_wall_post(message='这是使用 Python facebook-sdk 测试发表消息的范例',
attachment=attachment)
```

图 12-13 即为执行之后在 Facebook 中看到的样子。

（图 12-13：程序 12-3 的运行结果）

12-1-5 使用程序帮忙"点赞"

自己发表的消息,结果"点赞"的人不够多!没关系,至少自己要帮自己"点赞"才行☺。如果你之前有一些消息自己没点到,不用再回去一个一个找,只要通过程序 12-4,就可以一口气给全部消息点一个"赞"。

程序 12-4

```
# _*_ coding: utf-8 _*_
# 程序 12-4 (Python 2 Version)

import facebook

token = 
'CAACEdEose0cBAFTD3DB8NrkDrVmQTH9esEZBTECpxInfKQTric2BNDDv3YgwdhfxfCZAXNfQy5gY0k8ob
kptR1K9RnQG1PwGMu4zqsltxHLcm5zPZBLbQInmEUHjtOhV4qxt5fFmAd0vtWMJjh0JZCoS5vj7ZBDIUe7A
jnqRhosqZBfhszZAHZBgyJc3FxZCvDhZAsb3PokhzAiSuBZBl1KdmcH'

g = facebook.GraphAPI(access_token=token)

posts = g.get_connections(id='me', connection_name='posts')

posts = posts['data']

for p in posts:
    print p['id'],
    g.put_like(p['id'])
    print " -> ok..."
```

以下是程序的运行结果:

```
$ python 12-4.py
10201916238947238_10204086687927106  -> ok...
10201916238947238_10204032815740335  -> ok...
10201916238947238_10204009906927629  -> ok...
...略...
10201916238947238_10203694060911676  -> ok...
10201916238947238_10203694060791673  -> ok...
```

当然,回到自己的 Facebook 账号上去看,自己曾经"发表"的消息都被自己"点赞"了。读者可以把'posts'改成'feed',看看会有什么不一样。

12-1-6 下载在 Facebook 中的照片

除了管理帖文和"点赞"之外,Facebook 的照片也是很重要的一环。在这一小节中,我们将说明如何通过 facebook-sdk 下载在 Facebook 中的照片。同样使用 facebook-sdk,只不过之前存取的对象是 posts,而这次使用的是 photos,请参考程序 12-5 的内容。

程序 12-5

```
# _*_ coding: utf-8 _*_
# 程序 12-5 (Python 2 Version)

import facebook, shutil, requests

token = 
'CAACEdEose0cBAHxsHGbrRJZBX5phLGcewZB26BWMklCiDccgPZBvGAg4eZA2mpFWdZC7eTPMgtZAgJjRt
i84hRJrTYwYVTLRzUrinAjUsgqc4hRuzg46cvOKGnYXiLW6hCJVu3rUQLaYtr9aVj0otDvAdx3a5xmbJZAU
tT5SgS2GPQ4BxZAkZBQcSmPjPY14VpH3VELzZBqZAzJPjOreG6oXDVt'

g = facebook.GraphAPI(access_token=token)

photos = g.get_connections(id='me', connection_name='photos')

photos = photos['data']

for p in photos:
    image = p['images'][0]
    filename = image['source'].split('/')[-1].split('?')[0]
    print filename
    fp = open('fb-images/'+filename, 'wb')
    pic = requests.get(image['source'], stream=True)
    shutil.copyfileobj(pic.raw, fp)
    fp.close()
```

在我们拿到的数据中，也是使用 photos['data'] 取出实际的数据，再以循环取出每一张图像的数据放在变量 p 中。所有图像文件的网址都会放在 p['images'] 中，以 p['images'][0]['source'] 即可取出它们。获取的网址会是如下所示的样子：

https://scontent-tpe1-1.xx.fbcdn.net/hphotos-xlf1/v/t1.0-9/12227838_10203669080887191_6810318564193423655_n.jpg?oh=58e6e9fcb6b6904a1096ff65b9036008&oe=575F4FAC

我们用字符串分割方法 split 将原有的文件 image['source'] 分割两次，从中取出正确的图像文件名，第一次先以 "/" 分割，取后面的一串，上例分割的结果如下：

12227838_10203669080887191_6810318564193423655_n.jpg?oh=58e6e9fcb6b6904a1096ff65b9036008&oe=575F4FAC

然后再以 "?" 分割，取前面的那串字符串，就可以得到如下的可存盘的文件名了：

12227838_10203669080887191_6810318564193423655_n.jpg

有了文件名之后，使用该文件名（存放在 filename 变量中）打开一个写入的文件，文件指针存放在变量 fp 中，再以 shutil.copyfileobj 来存储这个图像文件。由于我们在程序中准备了一个目录文件 "fb-images"，因此在程序执行完毕之后所有下载的图像文件都会被存储在该目录下。

12-2 照片文件的管理

随着手机相机功能的强大，拍相片基本不用花钱，而且手机每天都带在身上，相信大多数的朋友一定和作者一样，在计算机的硬盘里存放了一大堆照片文件，真的是不知如何处理。如果读者们和作者一样非常重视照片的备份，也许会因为不断重复备份的关系导致后来在计算机中有些照片文件出现了很多的备份，不仅浪费磁盘空间，也不易于管理。在这一节中，我们将教大家如何使用 Python 程序来分析以及管理这些照片。

12-2-1 照片文件的分析

每一个照片文件除了图像信息之外，还会有其他的信息，例如文件大小、图像大小、色彩信息以及拍照的日期时间等，甚至还有 GPS 信息。从外部来看，就是主文件名、扩展名和文件大小以及日期，但是只要是照片文件，都还会有"EXIF 国际标准信息"存储在文件中。EXIF 就是 Exchangeable Image File Format，最初是由日本电子工业发展协会专为数码相机中的照片所制定的标准，其中有非常多的字段可以记录和相片本身以及使用的摄像机等设备相关的信息，通常这些信息都会在相机拍摄的时候由相机上的软件加以记录，而我们在计算机中也可以通过图像处理软件加以修改或删除。

在这一小节，本来打算以照片的日期来作为整理照片文件的根据，但是存储在 EXIF 中的信息一般来说都是存储拍摄当时的时间信息，以此为根据较为准确。如果文件中没有 EXIF 信息，就再以文件本身的日期时间为根据。而在 Python 程序中，有一个叫作 ExifRead 的模块，可以让我们轻松地读取照片文件的 EXIF 信息。当然，要使用此模块，也必须使用 pip install exifread 来安装。

要取出某一个图像文件的 EXIF 日期，操作如下：

```
$ python
Python 3.5.1 |Anaconda 2.4.1 (x86_64)| (default, Dec  7 2015, 11:24:55)
[GCC 4.2.1 (Apple Inc. build 5577)] on darwin
Type "help", "copyright", "credits" or "license" for more information.
>>> import exifread
>>> fp = open('99.jpg','rb')
>>> exif = exifread.process_file(fp)
>>> exif.keys()
dict_keys(['Thumbnail JPEGInterchangeFormat', 'EXIF ComponentsConfiguration',
'JPEGThumbnail', 'EXIF ColorSpace', 'EXIF CustomRendered', 'EXIF FlashPixVersion',
'EXIF WhiteBalance', 'EXIF ExposureMode', 'EXIF MeteringMode', 'EXIF
SubSecTimeDigitized', 'EXIF SubjectDistanceRange', 'Image Software', 'EXIF
DateTimeDigitized', 'Image DateTime', 'EXIF MakerNote', 'Image Orientation', 'EXIF
ISOSpeedRatings', 'Image Model', 'EXIF FocalLength', 'EXIF ShutterSpeedValue', 'EXIF
ExifImageWidth', 'EXIF LightSource', 'Thumbnail Compression', 'Interoperability
InteroperabilityIndex', 'EXIF DateTimeOriginal', 'Image YCbCrPositioning', 'Thumbnail
YResolution', 'EXIF SubSecTime', 'EXIF SceneCaptureType', 'Image GPSInfo', 'Image
YResolution', 'EXIF Flash', 'EXIF ExposureBiasValue', 'EXIF ExposureTime', 'Image
ResolutionUnit', 'Thumbnail JPEGInterchangeFormatLength', 'Image XResolution', 'EXIF
FNumber', 'EXIF ExifImageLength', 'EXIF SubSecTimeOriginal', 'Image ExifOffset', 'EXIF
```

```
InteroperabilityOffset', 'Thumbnail Orientation', 'Interoperability
InteroperabilityVersion', 'Thumbnail XResolution', 'EXIF DigitalZoomRatio', 'Image
Make', 'EXIF ExifVersion', 'Thumbnail ResolutionUnit'])
>>> dt = exif['EXIF DateTimeOriginal']
>>> dt.values
'2016:01:22 14:26:41'
```

首先用 open 打开一个图像文件，然后通过函数 exifread.process_file()获取所有 EXIF 信息并存放到 exif 这个变量中，使用 exif.keys()就可以看出其中有多少条信息了（并不是每一条信息都有实际内容）。在这些信息当中，我们对于 EXIF DateTimeOriginal 有兴趣，因为它是这张照片的原始拍照时间记录，使用 dt.values 可以列出其值，在此例中为 2016 年 1 月 22 日 14:26:41 拍下这张照片的。

所以，如果我们要以年月来作为整理文件的依据，只要取出此图像信息就可以了。不过，有些时候图像文件可能是由计算机软件产生的，此类的图像文件可能没有 EXIF 信息，这时就要以文件本身的日期时间来作为依据。以下为获取文件创建日期和时间的方法：

```
$ python
Python 3.5.1 |Anaconda 2.4.1 (x86_64)| (default, Dec  7 2015, 11:24:55)
[GCC 4.2.1 (Apple Inc. build 5577)] on darwin
Type "help", "copyright", "credits" or "license" for more information.
>>> import time, os
>>> time.strftime('%Y:%m:%d', time.localtime(os.stat('99.jpg').st_ctime))
'2016:02:17'
```

从上述两个程序片段可以发现，文件本身所记录的时间是该文件被创建的日期和时间，并不一定是拍照时间，所以如果找得到，还是以 EXIF 的信息为主。

接下来我们要编写一个程序，给定一个目录，把该目录下所有的 jpg、png 文件复制到程序执行所在目录下的 photos 文件夹之下，并将找到的照片文件以公元年/月份（例如，某一文件的日期是 2016 年 1 月 12 日拍摄的，那么就会被存放在 photos/2016/12 目录下）来分类，如果遇到同名的文件，就在原有文件的主文件名称后面加上 "_" 和一个数字，若仍有重复则继续递增该数字，直到没有重复的文件为止。详细内容请参考程序 12-6。

程序 12-6

```
# _*_ coding: utf-8 _*_
# 程序 12-6 (Python 2 Version)

import os, time, exifread, glob, sys, shutil

def get_year_month(fullpathname):
    fp = open(fullpathname, 'rb')
    exif = exifread.process_file(fp)
    ym = 0
    if 'EXIF DateTimeOriginal' in exif:
        ym = exif['EXIF DateTimeOriginal'].values
    else:
```

```
        ym = time.strftime('%Y:%m:%d',
time.localtime(os.stat(fullpathname).st_ctime))
    fp.close()
    return ym[0:4], ym[5:7]

if len(sys.argv)<2:
    print("Usage: python 12-6.py <source_dir>")
    exit()
source_dir = sys.argv[1]
if not os.path.exists('photos'):
    os.mkdir('photos')
allfiles = glob.glob(source_dir+'/*.jpg') + glob.glob(source_dir+'/*.png')

for imagefile in allfiles:
    filename = imagefile.split('/')[-1]
    y, m = get_year_month(imagefile)
    target_dir = 'photos/' + y +'/' + m
    if not os.path.exists(target_dir):
        os.makedirs(target_dir, exist_ok=True)
    i=0
    ori_filename = filename
    while True:
        if not os.path.exists(target_dir+'/'+filename):
            shutil.copy(imagefile, target_dir+'/'+filename)
            print(filename)
            break
        else:
            ext = '.' + ori_filename.split('.')[-1]
            filename = ori_filename.split(ext)[0] + '_' + str(i) \
                + ext
            i = i + 1
```

你可以找一些原有的照片文件来试试看。为了避免因为程序操作错误而导致毁损了你宝贵的照片，在实验之前别忘了先备份你的照片文件！我们在重新设置文件名的时候使用的是字符串的串接方式，其实有一个函数 format 也可以拿来使用，读者可以自行练习，修改看看。

12-2-2　找出重复的照片文件

基本上，程序 12-6 已是有基本的找出重复照片的能力了，因为相同的时间又是同名的文件，所以很有可能会是同一张照片文件。而且因为我们使用附加数字的方式放在文件名后面，所以具有相同文件名的文件会放在一起，通过操作系统的图片预览功能很容易就可以看出是不是同一张照片。

然而，从正规上来讲，要辨别两个文件是否为同一张照片，除了使用肉眼来看之外，还是有一些方法可以使用的。比较正规的方法可以参考网页 http://blog.iconfinder.com/detecting-duplicate-images-using-python/的说明。为了避免陷入图像处理的讨论议题，本小节仅使用比较简便的方法来粗略地判断两个图像文件是否为一模一样的文件。

其实用文件名和文件的大小来判断照片文件非常不准确，因为文件名非常容易在使用时被改变，最好的方式就是比较其内容的一致性。要比较两个文件内容是否一样，只要使用 open 方法的 read 函数把文件读取到变量中，再加以比较即可，代码如下：

```
$ python
Python 2.7.6 (default, Jun 22 2015, 17:58:13)
[GCC 4.8.2] on linux2
Type "help", "copyright", "credits" or "license" for more information.
>>> img1 = open('10.jpg').read()
>>> img2 = open('10a.jpg').read()
>>> img1 == img2
True
>>> img3 = open('11.jpg').read()
>>> img1 == img3
False
>>> type(img1)
<type 'str'>
>>> len(img1)
52308
```

在上述的程序片段中打开了 3 个文件，并分别放在 img1、img2 以及 img3 中。其中，'10.jpg' 和 '10a.jpg' 其实是同一个图像文件的复制品，而 '11.jpg' 则是另外一个文件。使用 open('10.jpg').read() 可以直接把文件打开之后放在字符串变量 img1 中，其他的依此类推。有了变量之后，只要通过 "==" 来判别是否一样就可以知道两者是否为同一个文件了（文件内容是否完全相同）。

然而，由于是整个文件读进来，因此文件有多大，该字符串变量的内容就有多大，此情况如果只是用来判别少数的文件还可以，若要通过数据库存储这些文件以利后续的判别则显然不切实际。

在计算机科学领域中有一个叫作 MD5 的算法，它是一个信息摘要的算法，不管你给它多少数据，它都会根据这些数据编码成为一个 128 b（16 B）的值（Hash Value，哈希值），而不同的数据一定会得出不同的值，即使只有一点点的差异也会产生截然不同的 Hash Value。也就是说，在程序中可以使用图像文件的内容作为输入，以产生出来的 Hash Value 作为索引值，如果有两个文件的索引值是相同的，就可以推论这两个文件的内容必然一模一样。

在 Python 中有一个模块 hashlib 可以产生此 Hash Value，操作如下：

```
$ python
Python 3.5.1 |Anaconda 2.4.1 (x86_64)| (default, Dec  7 2015, 11:24:55)
[GCC 4.2.1 (Apple Inc. build 5577)] on darwin
Type "help", "copyright", "credits" or "license" for more information.
>>> img1 = open('10.jpg','rb').read()
>>> img2 = open('10a.jpg','rb').read()
>>> img3 = open('11.jpg','rb').read()
>>> import hashlib
>>> m1 = hashlib.md5(img1).digest()
>>> m2 = hashlib.md5(img2).digest()
>>> m3 = hashlib.md5(img3).digest()
>>> m1
```

```
b'\xd8V\x1co\xaf_vv\x7f\xca@v\x91\xa0\x8e^'
>>> m2
b'\xd8V\x1co\xaf_vv\x7f\xca@v\x91\xa0\x8e^'
>>> m3
b'M\xa1EYEmK\x8f\x947\xb9\x18\xc6U !'
```

如上所述，原本的 img1~img3 可以由 m1~m3 来取代，将这些值存放在数据库中，即可在程序 12-6 的操作过程中配合数据库的 select 搜索功能，在复制文件之前先检查是否已有相同的文件存放在文件夹中。程序 12-7 就是一个简单的例子。

程序 12-7

```
# _*_ coding: utf-8 _*_
# 程序 12-7 (Python 3 Version)

import os, hashlib, glob

allfiles = glob.glob('*.jpg') + glob.glob('*.png')

allmd5s = dict()
for imagefile in allfiles:
    print(imagefile + " is processing...")
    img_md5 = hashlib.md5(open(imagefile,'rb').read()).digest()
    if img_md5 in allmd5s:
        print("---------------")
        print("以下为重复的文件：")
        print(os.path.abspath(imagefile))
        print(allmd5s[img_md5])
    else:
        allmd5s[img_md5] =  os.path.abspath(imagefile)
```

这个程序会在程序所在的目录下找出所有的 .jpg 以及 .png 文件，然后针对每一个文件建立 md5 之后存放到 allmd5s 这个字典中。在字典中，除了存放该图像文件的 md5 之外，也存放它的绝对文件路径。每一个要处理的文件都会在计算完 md5 之后先看看这个值有没有在 allmd5s 中，如果有就表示此为重复文件，列出两个文件的绝对路径，如果不在字典中就将此值加入字典中再对比下一个文件，直到所有的文件都对比完毕为止。以下是程序的运行结果：

```
$ python 12-7.py
./webpage1.png is processing...
./webpage0.png is processing...
./webpage2.png is processing...
./webpage3.png is processing...
./webpage4.png is processing...
./webpage0a.png is processing...
---------------
以下为重复的文件：
/Volumes/Transcend/Dropbox/book_example/webpage0a.png
/Volumes/Transcend/Dropbox/book_example/webpage0.png
```

如果你使用的是 Mac OS，还可以在程序中加入系统的 open 指令，打开重复的图像文件供用户查看，如程序 12-8 所示。

程序 12-8

```
# _*_ coding: utf-8 _*_
# 程序 12-8 (Python 3 Version)

import os, hashlib, glob

allfiles = glob.glob('*.jpg') + glob.glob('*.png')

allmd5s = dict()
for imagefile in allfiles:
    print(imagefile + " is processing...")
    img_md5 = hashlib.md5(open(imagefile,'rb').read()).digest()
    if img_md5 in allmd5s:
        os.system("open " + os.path.abspath(imagefile))
        os.system("open " + allmd5s[img_md5])
    else:
        allmd5s[img_md5] =   os.path.abspath(imagefile)
```

至于如何扩充此功能、整合数据库以及 12-2-1 小节的功能，就留在习题中，让读者自行练习了。

12-2-3　将照片文件重新编号

有了 glob 这个函数，要重新编号就非常方便了，如程序 12-9 所示。

程序 12-9

```
# _*_ coding: utf-8 _*_
# 程序 12-9 (Python 3 Version)

import glob, os

allfiles = glob.glob('*.jpg') + glob.glob('*.png')
count = 1
for afile in allfiles:
    print(afile)
    ext = afile.split('.')[-1]
    newfilename = "{}.{}".format(str(count), ext)
    os.rename(afile, newfilename)
    count += 1
print("完成...")
```

在程序中先取出当前目录下的所有 .jpg 和 .png 图像文件，然后以一个循环处理所有的文件。在更名之前先以 split 分割出扩展文件名，再配合 format 函数附加回去。而文件的编号则是以变量 i 来维护的，更名则是通过 os.rename 函数来操作的。以下为运行结果：

```
$ python 12-9.py
```

```
webpage0.png
webpage0a.png
webpage1.png
webpage2.png
webpage3.png
webpage4.png
完成...
$ ls
1.png    12-9.py  2.png    3.png    4.png    5.png    6.png
```

12-3 找出网络中最常被使用的中文词

许多程序设计的书籍都会有计算文章中某些词出现频率的范例程序,但是使用的对象都是英文文章,主要的原因是英文的分词非常容易,只要使用空白和标点符号即可。如果是中文呢?要计算单个字非常简单,但是如果要计算的单位是"词"就非常麻烦了。在这一节中,我们会介绍一个可以使用的中文分词模块 jieba,并说明如何用于 Python 程序中。

12-3-1 搜集新闻文章

阅读到此处的读者应该都有能力轻松地利用程序在网络上搜集一大堆网页上的文字数据了吧?程序 12-10 是一个到某新闻网站提取实时新闻标题的程序。

程序 12-10

```
# _*_ coding: utf-8 _*_
# 程序 12-10 (Python 3 Version)

import requests
from bs4 import BeautifulSoup

url = 'http://www.****daily.com/****daily/hotdaily/headline'

news_page = requests.get(url)
news = BeautifulSoup(news_page.text, 'html.parser')

news_title = news.find_all('div', {'class': 'aht_title'})

headlines = ''
for t in news_title:
    title = t.find_all('a')[0]
    headlines += title.text

print(headlines)
```

每一个网站使用的 HTML 标签不尽相同,所以应用在你自己的目标网站时,可能会需要再做一些修改。此外,在下载使用的时候,也请务必要留意知识产权以及相关的法律责任。

以此网站为例,它们把所有的头条新闻都放在<div class='aht_title'...>这个标签中,而且在其中建立了<a>链接，为了方便读者理解起见，我们分两个步骤来完成标题的提取。第一步就是先把所有 class 是 aht_title 的<div>都找出来，放在 news_title 变量中。接下来，再找出每个 news_title 项目（应该会是<div></div>这个标签）中的<a>标签，找到之后再把 text 文字取出即可。

因为我们取出来的数据是要拿来用于分词分析的，所以只要把这些文字都附加到 headlines 字符串中即可。然而有一点要注意，如果是要搜集很多不同时间点的新闻信息，为了避免后续的统计错误，还要再加上去除重复新闻的功能才行。

12-3-2　安装中文分词模块 jieba

有了新闻信息内容之后，接下来是分词的时候了。在 Python 中要为中文文章分词，现在较多人在使用 jieba（结巴，网址为 https://github.com/fxsjy/jieba）。它的安装也非常简单，只要使用 pip install jieba 即可。

安装完毕之后，可以以如下形式使用它：

```
$ python
Python 3.5.1 |Anaconda 2.4.1 (x86_64)| (default, Dec  7 2015, 11:24:55)
[GCC 4.2.1 (Apple Inc. build 5577)] on darwin
Type "help", "copyright", "credits" or "license" for more information.
>>> import jieba
>>> words = jieba.cut("联合国教科文组织指出，教育是国家最重要的竞争力。")
>>> for word in words:
...     print(word)
...
联合国
教科文
组织
指出
，
教育
是
国家
最
重要
的
竞争力
。
```

12-3-3　找出文章中最常被使用的词汇

结合上述两项功能，把所有分析过的词汇都放入字典 dict 类型中，再统计出现的频率，就可以找出某一特定网页中最常出现的词汇是哪些了。请参考程序 12-11 的内容。

程序 12-11

```
# -*- coding: utf-8 -*-
# 程序 12-11 (Python 3 Version)
```

```python
import requests, jieba, operator
from bs4 import BeautifulSoup

url = 'http://www.****daily.com/****daily/hotdaily/headline'

news_page = requests.get(url)
news = BeautifulSoup(news_page.text, 'html.parser')

news_title = news.find_all('div', {'class': 'aht_title'})

headlines = ''
for t in news_title:
    title = t.find_all('a')[0]
    headlines += title.text

words = jieba.cut(headlines)

word_count = dict()

for word in words:
    if word in word_count.keys():
        word_count[word] += 1
    else:
        word_count[word] = 1

    sorted_wc = sorted(word_count.items(), key=operator.itemgetter(1), reverse=True)

for item in sorted_wc:
    if item[1]>1:
        print(item)
    else:
        break
```

由于在本例中文章的内容偏少，因此大部分的词汇其实都只出现了 1 次而已，建议读者搜集到更多的词汇后再来试试本程序的效果。此外，为了避免显示太多的单词，所以在程序的最后段设计为只有出现 2 次以上的词汇才会被显示出来。

此外，由于 dict 类型的变量并不能直接拿来排序，因此我们使用 sorted 这个函数来排序，而且是以 word_count.items()先取出所有的项目，并以 operator.itemgetter(1)取出 word_count 的 value（值）来作为排序的依据。在 sorted 函数中，也可以使用 reverse=True 来指定反向排序。以下是程序 12-11 的运行结果：

```
$ python 12-11.py
(' ', 22)
('\u3000', 7)
('【', 5)
('周刊', 5)
('】', 5)
('壹', 5)
('」', 4)
```

```
('「', 4)
('说', 2)
('被', 2)
('后', 2)
('你', 2)
('致命', 2)
(':', 2)
('偷', 2)
('大', 2)
('老婆', 2)
('！', 2)
('发', 2)
('并', 2)
('复', 2)
('愁', 2)
('最', 2)
```

由于 jieba 的中文分词功能还不算实用，因此得到的结果仅作为参考之用。如果我们只是对某些特定的词（例如产品名称或是人名）感兴趣，建议创建自己的词库，这样使用起来会比较准确。

12-4 习 题

1. 请比较直接使用 Facebook Graph API 和使用 facebook-sdk 的 API 的优缺点。
2. 程序 12-6 只处理 .jpg 和 .png 图像文件，请加入 .bmp 和 .tif 类型的文件。
3. 同上题，请配合链接库的功能以及 12-2-2 小节所介绍的 md5 函数，创建可以避免复制到同样图像文件的程序。
4. 以程序 12-11 为基础，请建立一个横跨至少 10 个新闻内容的网站，搜集当日的新闻，并找出使用最多的词汇。
5. 如果我们对某些特定人物的相关新闻感兴趣，那么该如何编写一个程序可以到各大新闻网站搜索该人物出现在文章中的频率呢？

第 13 章

Python 绘图与图像处理

Matplotlib 超强的制图链接库,我们在之前的简单运用过程中已经"领教"了。在这一章中,我们打算花更多一些篇幅来介绍,希望让感兴趣的读者建立一个知道如何使用 Python 来绘制统计图表和数学以及工程图的良好开端。另外,pillow 这个模块在图像处理方面有着非常强大的功能,对于想要通过 Python 来处理图像的朋友是绝对不能错过的模块。有了以上两个模块的"鼎力支持",我们可以编写出自动帮图像文件加上中文水印的功能,在第 13-3 节中将有详细的说明。善于编写自己的小程序,有时候会比使用现成的应用程序来得更方便。

13-1 Matplotlib 的安装与使用
13-2 pillow 的安装与使用
13-3 批量处理图像文件
13-4 习 题

13-1　Matplotlib 的安装与使用

Matplotlib 是由已故的程序设计师 John Hunter 所开发的一套非常好用的 2D 高质量绘图链接库。之所以叫作 plot，主要的原因是它可以像 Plotter 绘图机一样，不管多复杂都可以根据输入的向量数据把它们画出来。因此，只要安装好这套链接库之后，给予适当的数据，就可以画出高质量的数据或函数图形。这些功能在本书的前面几章已有简单的示范，在本章中，将有详细的说明。

13-1-1　Matplotlib 介绍

在本书的第 4 章对于 Matplotlib 的安装有详细的步骤说明，简单地说，就是先安装 Anaconda 这组完整的软件包（到官网上去下载一个三百多兆字节的应用程序再执行安装即可），然后再使用 conda install matplotlib 即可顺利安装完成。别忘了，在安装好 Anaconda 之后需要再重新启动计算机才行，此外，也要确定安装的版本才能够正常地执行所有的功能。在大部分的例子中也会使用到 NumPy，所以也要执行 conda install NumPy。

图 13-1 是 Matplotlib 这个链接库的首页（网址为 http://matplotlib.org）。

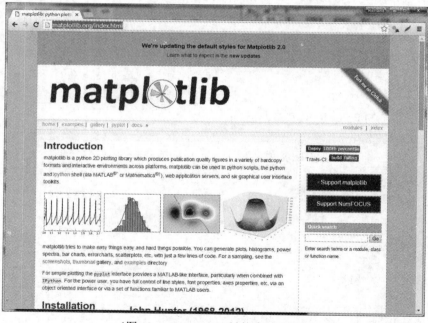

（图 13-1：Matplotlib 链接库的官网）

从网站上的介绍就可以了解它的功能有多完整，在其链接 gallery 中也有许多的成果展示，如图 13-2 所示。

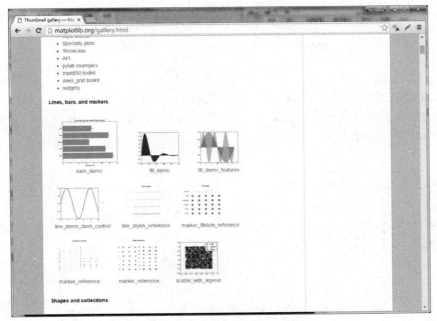

（图 13-2：Matplotlib 官网上的成果展示）

除此之外，还有许多的范例程序可以参考。要通过 Matplotlib 绘图，第一步就要先导入 pyplot 这个模块，方法如下：

```
import matplotlib.pyplot as pt
```

因为 pyplot 这个对象经常会使用到，所以我们以别名的方式重新命名为 pt，之后的操作都以此名称为主。其实，我们可以把 pt 看作是一台绘图机，你给它下指令，它就会在一张虚拟的图表中绘出我们所指定的内容，一直到调用 pt.show() 才会显示在屏幕上。pyplot 的所有可用指令，详列在官网的网址 http://matplotlib.org/api/pyplot_summary.html 中（在官网中还提供了一本多达 2864 页的电子书，可以下载下来仔细研读），读者可以前往查阅。

使用 Matplotlib 的绘图顺序如下：

1. import matplotlib.pyplot as pt。
2. 设置 x 和 y 两个数值列表（列表才有足够多有意义的数据可供绘制）。
3. pt.plot(x, y)，除了 x 和 y 之外，还可以再加上一些其他的设置。
4. pt.plot(x, y) 可以调用多次，每一次的调用就是画一组数据上去（基本上就是一条线或是一个图表，像是直方图或是饼图之类的元素）。
5. 通过 pt.xlim()、pt.ylim()以及 pt.xlabel()等函数对图表的参数进行设置。
6. 最后，以 pt.show() 输出到屏幕界面上。

13-1-2 使用 Matplotlib 画图

在 Matplotlib 中画图，和我们平时使用的绘图软件是不同的，它主要的用途是用来绘制图表，所以要给它提供 x 轴所有的数值以及 y 轴所有的数值，而这两个数值列表的数目要能够逐一配对，也就是 1 个 x 值要搭配 1 个 y 值。所以可以看作是：

$$x=[x_1,x_2,x_3,\cdots,x_n]$$
$$y=[y_1,y_2,y_3,\cdots,y_n]$$

在 pt.plot(x,y) 之后，所有的 $(x_1, y_1), (x_2, y_2), ..., (x_n, y_n)$ 这些点就会被一一地描绘在图表上。由于要绘制的数据不会只有一对，因此 x 及 y 均必须为存放着许多值的列表变量。程序 13-1 是一个绘制折线图的简单程序。

程序 13-1

```
# _*_ coding: utf-8 _*_
# 程序 13-1 (Python 3 Version)
import matplotlib.pyplot as pt
w = [1, 3, 4, 5, 9, 11]
x = [1, 2, 3, 4, 5, 6]
y = [20, 30, 14, 67, 42, 12]
z = [12, 33, 43, 22, 34, 20]

pt.plot(x, y, lw=2, label='Mary')
pt.plot(w, z, lw=2, label='Tom')
pt.xlabel('month')
pt.ylabel('dollars (million)')
pt.legend()
pt.title('Program 13-1')
pt.show()
```

此程序的运行结果如图 13-3 所示。

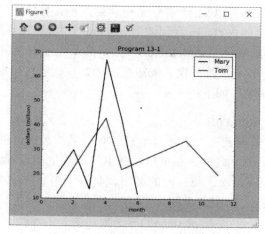

（图 13-3：程序 13-1 的运行结果）

在程序中，除了指定两组数值列表之外，我们分别使用两个 plot 绘出不同的两条线，Matplotlib 会自动帮我们设置不同的线条颜色，而我们另外使用 lw 这个参数来设置线条粗细以及使用 label 这个参数来设置线条的名称。

至于图表本身的设置，则至少包括 xlabel 和 ylabel，分别设置了 x 轴和 y 轴的标签名称，以及 title 用来设置整张图表的上标题，最后调用 legend 绘出图例。基本的功能大约就是这样。

绘制图表最重要的除了呈现的方式之外，就是数据内容了。这些要呈现的数据内容当然不能"写死"在程序中，最好的方式就是存放在外部的数据源中，包括文件、数据库以及因特网上的数据。数据库和因特网上的数据可以参考本书之前的内容用程序提取下来，而后文我们将介绍如何加载数据文件，然后将之绘制成图表。

我们以相关部门所发布的一些统计数据来作为例子，读者可以前往网站 http://sowf.moi.gov.tw/stat/month/list.htm 找到自己有兴趣的内容加以下载使用。在此范例中，笔者下载了中国台湾地区各县市人口的数据，将之以每一行一个"县市名称,人口数"为格式，存储在 popu.txt 中。为了节省显示的空间，县市名称的部分使用的是英文字母的缩写，例如台北为 TP、台南为 TN 等，看起来像是如下所示的样子。

```
NTP, 3971250
TP, 2704974
TY, 2108786
TC, 2746112
TN, 1885550
KS, 2778729
YLC, 458037
```

在程序中，先使用 open 的 readlines() 把所有数据以每行一笔数据的方式读入一个列表变量 populations 中，再将其拆解成两个列表变量 city 和 popu，分别存放城市名称以及相对应的人口数。由于 bar 的绘制需要的是两组数字，因此我们利用 NumPy 中的 arange 函数来产生 city 的索引值列表，存放在 ind 中，除了绘制 bar（直方图）之外，也可以使用 xticks 把每一个图表的名称加在 x 轴。详细内容请参考程序 13-2。

程序 13-2

```
# _*_ coding: utf-8 _*_
# 程序 13-2 (Python 3 Version)

import matplotlib.pyplot as pt
import NumPy as np

with open('popu.txt', 'r') as fp:
    populations = fp.readlines()

city = list()
popu = list()

for p in populations:
    cc, pp = p.split(',')
    city.append(cc)
    popu.append(int(pp))

ind = np.arange(len(city))

pt.bar(ind, popu)
```

```
pt.xticks(ind+0.5, city)
pt.title('Program 13-2')
pt.show()
```

此程序的运行结果如图 13-4 所示。

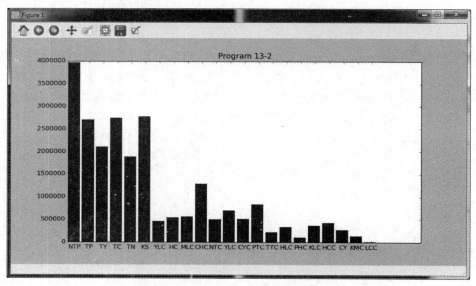

（图 13-4：程序 13-2 的运行结果）

13-1-3 统计图的绘制

在本小节中将以公历年（1986—2015）之间出生人口数的统计数据为例，说明如何绘制各种常用的统计图表以及设置的细节。本小节使用的数据格式如下：

```
1986    307363    159087    148276
1987    314245    163431    150814
1988    343208    178349    164859

...省略...
2013    194939    101132    93807
2014    211399    109268    102131
2015    213093    110801    102292
```

这个数据文件名称为 yrborn.txt，总共有 4 个字段，以空白加以间隔。第 1 个字段是年份，第 2 个字段是总出生人口，第 3 个字段是男孩出生人数，而第 4 个字段则是女孩的出生人数。对于要使用的数据来说，第 2 个字段是可以通过第 3 个和第 4 个字段计算得出的，所以加载时我们会把第 2 个字段舍弃不用。

在程序中同样是以 readlines 加载，而使用 split() 来分割字段，以下是加载数据文件所使用的程序片段：

```
with open('yrborn.txt', 'r') as fp:
    populations = fp.readlines()
```

把数据分割成便于使用的字典变量 yrborn，如下所示：

```
yrborn = dict()
for p in populations:
    yr, tl, boy, girl = p.split()
    yrborn[yr] = {'boy': int(boy), 'girl': int(girl)}
```

对于空白符号来说，split()不需要设置任何参数即可使用。在程序中分别使用 3 个列表 bp、bp_b、bp_g 变量来记录总的出生人数、男孩的出生人数以及女孩的出生人数：

```
bp = list()
bp_b = list()
bp_g = list()
for yr in yrlist:
    boys = yrborn[yr]['boy']
    girls = yrborn[yr]['girl']
    bp.append(boys + girls)
    bp_b.append(boys)
    bp_g.append(girls)
```

另外，为了使用两个不同的表格来呈现，在程序中还使用了 subplot()函数。这个函数所传入的数值分别代表行数、列数以及接下来要使用的是哪一张表格。例如，subplot(211)表示我们的图表中将分为 2 行 1 列共 2 张图，并指定接下来要画的是第 1 张图（第 3 个参数），依此类推。请看以下的程序片段：

```
pt.subplot(211)
pt.plot(bp)
pt.xlim(0,len(bp)-1)
pt.title('1986 - 2015 (Total)')
pt.subplot(212)
pt.plot(bp_b)
pt.plot(bp_g)
pt.xlim(0,len(bp_b)-1)
pt.title('1986 - 2015 (Boy:Girl)')
```

以上程序片段将出生人口总数画在第 1 张图（上方），而男女比例则是画在第 2 张图（下方）。完整的程序请参考程序 13-3。

程序 13-3

```
# _*_ coding: utf-8 _*_
# 程序 13-3 (Python 3 Version)

import matplotlib.pyplot as pt
import NumPy as np

with open('yrborn.txt', 'r') as fp:
    populations = fp.readlines()

yrborn = dict()
```

```
for p in populations:
    yr, tl, boy, girl = p.split()
    yrborn[yr] = {'boy': int(boy), 'girl': int(girl)}

ind = np.arange(len(yrborn))
yrlist = sorted(list(yrborn.keys()))
bp = list()
bp_b = list()
bp_g = list()
for yr in yrlist:
    boys = yrborn[yr]['boy']
    girls = yrborn[yr]['girl']
    bp.append(boys + girls)
    bp_b.append(boys)
    bp_g.append(girls)

pt.subplot(211)
pt.plot(bp)
pt.xlim(0,len(bp)-1)
pt.title('1986 - 2015 (Total)')
pt.subplot(212)
pt.plot(bp_b)
pt.plot(bp_g)
pt.xlim(0,len(bp_b)-1)
pt.title('1986 - 2015 (Boy:Girl)')
pt.show()
```

程序 13-3 的运行结果如图 13-5 所示。

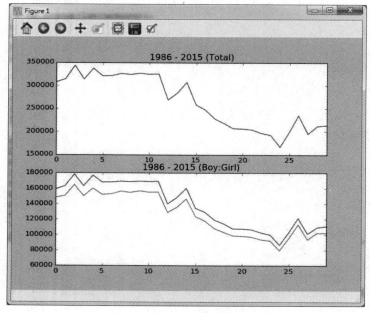

（图 13-5：程序 13-3 的运行结果）

如果我们打算把第 2 张图换成直方图，可以修改如程序 13-4 所示。

程序 13-4

```
# _*_ coding: utf-8 _*_
# 程序 13-4 (Python 3 Version)

import matplotlib.pyplot as pt
import NumPy as np

with open('yrborn.txt', 'r') as fp:
    populations = fp.readlines()

yrborn = dict()

for p in populations:
    yr, tl, boy, girl = p.split()
    yrborn[yr] = {'boy': int(boy), 'girl': int(girl)}

ind = np.arange(1986,2016)
yrlist = sorted(list(yrborn.keys()))
bp = list()
bp_b = list()
bp_g = list()
for yr in yrlist:
    boys = yrborn[yr]['boy']
    girls = yrborn[yr]['girl']
    bp.append(boys + girls)
    bp_b.append(boys)
    bp_g.append(girls)

width = 0.35
pt.subplot(211)
pt.plot(ind, bp)
pt.xlim(1986,2015)
pt.title('1986 - 2015 (Total)')

pt.subplot(212)
pt.bar(ind, bp_b, width, color='b')
pt.bar(ind+0.35, bp_g, width, color='r')
pt.xlim(1986,2015)
pt.title('1986 - 2015 (Boy:Girl)')

pt.show()
```

在此程序中，我们使用 pt.bar() 来绘出条状图。因为同一个数据项要绘制 2 个图形，一个是男孩的出生人数，另一个是女孩的出生人数，所以在输出时要指定条状图的宽度，同时也要在 x 轴的地方给定一个位移才行，如下所示：

```
pt.bar(ind+0.35, bp_g, width, color='r')
```

当然，也要指定不同的颜色才能够区分。Matplotlib 使用一个字母的代码来表示颜色，r 是红色，b 是蓝色，依此类推。另外，在 pt.xlim 的地方我们也做了改变，直接按数据的年度来标示，这样的话图表看起来会更清楚其内容为何。程序 13-4 的运行结果如图 13-6 所示。

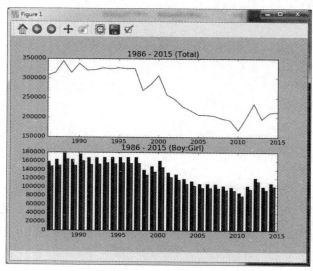

（图 13-6: 程序 13-4 的运行结果）

接下来，我们要读入另外一个文件，是同一段时间大专院校的总数，其格式如下：

```
75   105
76   105
... 略 ...
103  159
104  158
```

第 1 个字段是学年度，第 2 个字段是学校数目，存在 school.txt 中，我们的程序除了读取上述两项信息之外，也分别就当年度每个人拥有的大学数目或是其倒数，每所学校可以拥有的学生数目（假设所有的人都顺利长大且都想要进入大学就读），共制作成 4 个图表。程序如 13-5 所示。

程序 13-5

```
# _*_ coding: utf-8 _*_
# 程序 13-5 (Python 3 Version)

import matplotlib.pyplot as pt
import NumPy as np

def f1(x):
    return int(float(bp[x])/float(school[x]))

def f2(x):
    return float(float(school[x])/float(bp[x]))
```

```python
with open('school.txt', 'r') as fp:
    schools = fp.readlines()

school = list()
for s in schools:
    school.append(int(s.split()[1]))

with open('yrborn.txt', 'r') as fp:
    populations = fp.readlines()

yrborn = dict()

for p in populations:
    yr, tl, boy, girl = p.split()
    yrborn[yr] = {'boy': int(boy), 'girl': int(girl)}

yrlist = sorted(list(yrborn.keys()))
bp = list()
fory r in yrlist:
    boys = yrborn[yr]['boy']
    girls = yrborn[yr]['girl']
    bp.append(boys + girls)
yr = range(1986, 2016)
ind = np.arange(len(bp))
pt.subplot(221)
pt.plot(yr, bp, lw=2)
pt.xlim(1986,2015)
pt.title('1986 - 2015 (Total)')

pt.subplot(222)
pt.plot(yr, school,lw=2)
pt.xlim(1986,2015)
pt.title('1986 - 2015 School Numbers')

pt.subplot(223)
pt.plot(yr, list(map(f1, ind)), lw=2)
pt.xlim(1986,2015)
pt.title('Person/School')

pt.subplot(224)
pt.plot(yr, list(map(f2, ind)), lw=2, color='r')
pt.xlim(1986,2015)
pt.title('School/Person')
pt.show()
```

我们使用了两个自定义函数 f1 和 f2，分别用来计算每所学校可拥有的学生数以及每个人拥有的大学数目。由于在绘图时需要的是一个列表，因此我们在主程序中使用 list(map(f1, ind)) 这行语句，其中 map 函数会根据 ind 这个列表的内容逐一调用 f1，把最后的结果存储在内存中，我们再以 list()这个函数将其转换为 list 类型即可拿来绘图使用。程序 13-5 的运行结果如

图 13-7 所示。

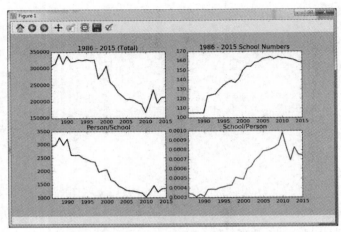

(图 13-7：程序 13-5 的运行结果)

13-1-4 数学函数图形的绘制

在 Matplotlib 中绘制数学函数图形，以及更加复杂的图形，都会搭配 NumPy 模块，主要的原因除了是 NumPy 使用更有效率的存储数据的方法之外，也提供了许多相当实用的方法可以使用，包括我们之前在第 4 章曾经使用过的 sin 和 cos 函数等。

而在开始绘制函数图形之前，先说明 linespace 这个方法，它的用法如下：

```
import NumPy as np
x = np.linspace(0, 1, 10)
```

np.linspace(0,1,10)表示要产生一个数值从 0 开始到 1 结束的 10 个元素的数组，其结果如下所示：

```
>>>x
array([ 0.        ,  0.11111111,  0.22222222,  0.33333333,  0.44444444,
        0.55555556,  0.66666667,  0.77777778,  0.88888889,  1.        ])
```

此种方式非常方便我们用来设置一个指定个数的数值列表，例如我们想要绘制 SIN 函数图形，想要从 0 到 360（请留意，在 NumPy 中使用的是弧度，所以应该是 2 到 2pi）描出 SIN 函数图形，但是只要使用 20 个点，就可以使用 x = np.linspace(0,2*np.pi, 20)产生 20 个 0 到 2pi 之间的数值，然后再输入到 np.sin(x)中即可。请参考以下的程序片段：

```
>>> import NumPy as np
>>> import matplotlib.pyplot as pt
>>>x = np.linspace(0,2*np.pi, 20)
>>>pt.plot(x, np.sin(x), 'bo')
[<matplotlib.lines.Line2D object at 0x0000000004FD5630>]
>>>pt.show()
```

上述程序片段执行的结果如图 13-8 所示。

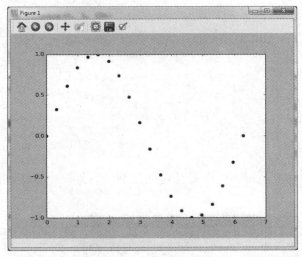

（图 13-8：以图来描绘出 0~2pi 之间的 SIN 函数图形）

我们轻易就可以把图形加密一些，只要更改以下的语句即可：

```
>>>x = np.linspace(0,2*np.pi, 100)
```

结果如图 13-9 所示。

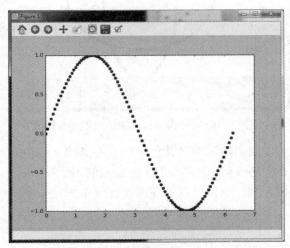

（图 13-9：改为使用 100 点来描绘 SIN 函数图形的结果）

通过以上的概念，我们使用圆的三角函数就可以轻松地绘出正圆和椭圆，如程序 13-6 所示。

程序 13-6

```
# -*- coding: utf-8 -*-
# 程序 13-6 (Python 3 Version)

import matplotlib.pyplot as pt
```

```
import NumPy as np

degree = np.linspace(0, 2*np.pi, 200)
x = np.cos(degree)
y = np.sin(degree)

pt.xlim(-1.5, 1.5)
pt.ylim(-1.5, 1.5)
pt.plot(x, y, 'bo')
pt.plot(0.5*x, 1.5*y, 'ro')

pt.show()
```

程序 13-6 绘制了两个图形，一个是蓝色的正圆，另外一个则是红色的椭圆，如图 13-10 所示。

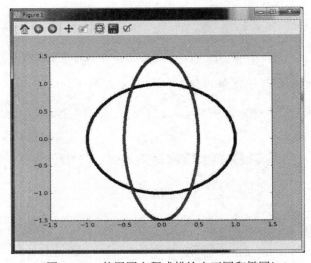

（图 13-10：使用圆方程式描绘出正圆和椭圆）

依此方法，我们还可以绘出沙漏线（蓝色）以及心脏线（红色）等，如程序 13-7 所示。为了让图形比较平滑，在程序 13-7 中并不指定描绘点的形状（linestyle），Matplotlib 会自动帮我们把每一个点都连接起来，就像是我们在前面几章中所使用到的一样。

程序 13-7

```
# _*_ coding: utf-8 _*_
# 程序 13-7 (Python 3 Version)

import matplotlib.pyplot as pt
import NumPy as np

a = 1.5
b = 1
degree = np.linspace(0, 2*np.pi, 200)
x1 = a * (1 + np.cos(degree)) * np.cos(degree)
y1 = a * (1 + np.cos(degree)) * np.sin(degree)
```

```
x2 = a * np.sin(2*degree)
y2 = b * np.sin(degree)

pt.xlim(-2, 3.5)
pt.ylim(-2.5, 2.5)
pt.plot(x1, y1, color='red', lw=2)
pt.plot(x2, y2, color='blue', lw=2)
pt.show()
```

运行结果如图 13-11 所示。

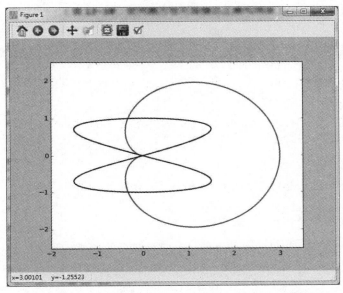

（图 13-11：使用 Matplotlib 绘制沙漏线和心脏线函数图形）

如果想要把这些图形存储起来，使用以下命令：

```
pt.savefig("mypic.png", format="png", dpi=200)
```

就会在当前目录下存储一个名为 mypic.png 的文件，并指定其 DPI（分辨率）为 200（屏幕的 DPI 大约都在 100 以下，而打印的文件需要分辨率足够大，大约都要在 300DPI 以上才行，打印机至少可以支持 600 以上的 DPI）。另外，此指令一定要在 plt.show() 之前使用，执行 plt.show() 之后，内存中图形的内容就会被清空了，所以在执行 plt.show() 之后是存不到任何东西的。

因为篇幅的关系，其他的部分就留给读者自行参考相关的书籍了。

13-2　pillow 的安装与使用

除了绘制图表之外，Python 在图像处理方面也有非常好用的模块，一些正规的图像处理算法都难不倒这些模块（字符识别以及文字识别都可以）。不过，对于大部分的朋友来说，倒是不需要使用这么专业的功能，能够用来为图像文件放大或缩小，调整一下颜色大概就够在日常生活中使用了。这一节就来教大家如何用短短的几行程序代码实现图像文件的管理。

13-2-1　pillow 简介

传统上在 Python 中要处理图像，第一"人选"就是 PIL（Python Imaging Library，网址为 http://www.pythonware.com/products/pil/），但是由于该项目已许久没有维护，也不支持 Python 3.*，因此如果没有特殊的版本考虑，直接使用 pillow 即可。pillow 的官网网址为 http://python-pillow.org/，是一个 PIL 的分支，因此大部分在 PIL 上可以使用的方法，在 pillow 都可以使用无误。安装也很简单，只要如下一行代码即可：

```
pip install pillow
```

而想要使用其中的模块，例如 Image 来处理图像文件，也只要使用以下方式来导入：

```
from PIL import Image
```

就这么简单，之后就可以使用了。假设我们要使用 Image 来打开一个图像文件，只要使用如下程序片段即可：

```
from PIL import Image
im = Image.open('mypic.png')
im.show()
```

这样的 3 行程序代码就可以把在 13-1-3 小节所存储的图像文件打开并显示在屏幕上。

13-2-2　读取图像文件的信息

在 13-2-1 小节中我们使用 Image.open 打开了图像文件并存放在变量 im 中，下面我们就可以使用 im 来存取这张图像的相关数据了。下表是几个比较常用的图像数据属性。

属性名称	说明
format	源文件所使用的格式
mode	图像模式，如 RGB 或 CMYK 等
size	以元组(width, height)返回图像的尺寸
width	图像的宽度
height	图像的高度
palette	此图像使用的调色盘
info	以字典的类型返回此图像的相关信息

我们可以通过 Python Shell 执行如下：

```
$ python
Python 3.5.1 |Anaconda 2.4.1 (x86_64)| (default, Dec  7 2015, 11:24:55)
[GCC 4.2.1 (Apple Inc. build 5577)] on darwin
Type "help", "copyright", "credits" or "license" for more information.
>>>from PIL import Image
>>>im = Image.open('mypic.png')
>>>im.size
(1600, 1200)
>>> im.info
{'dpi': (200, 200)}
>>>im.mode
'RGBA'
```

```
>>>im.format
'PNG'
```

其中，size 以及 width 和 height 指的都是像素（pixel），也是我们一般常用的单位。

13-2-3 简易图像文件处理

使用 Image 模块，通过其内建的一些方法，就可以对图像执行一些简单的操作。而比较复杂且正式的图像处理方法（如图像锐化、高斯模糊等），则不在此小节的讨论范围。除了 open 和 show 之外，下表整理出几个比较常用的 Image 方法，其他的方法以及正式的说明请参考官方网站的内容。

方法名称	说明
close()	关闭该图像并释放占用的内存空间
convert()	转换图像的单元格式，包括 1、L、P、RGB、RGBA、CMYK、YCbCr、LAB、HSV、I、F 等，其中 1 即为黑白图像，而 L 是 8 位的灰度图像
copy()	使用 im2 = im.copy()，即可把 im 复制到 im2 中
crop(box)	box 是一个 4 个元素的元组类型，使用 im2 = im.crop((0,0,500,500))，即可把 im 这个图像的左上角(0,0,500,500)区域的图像裁切下来，放到 im2 中
getpixel(xy)	xy 是一个具有两个元素的元组类型，即为欲查询的(x,y)坐标。此方法会返回指定坐标像素的颜色值
histogram()	返回该图像的直方图
offset(xoffset, yoffset)	调整图像左上角的位置
paste(im, box)	把另外一个图像 im 贴到当前这个图像中，方便用来制作图像文件的固定标志
resize(size)	重新把图像大小设置为 size 大小，size 为一个具有 2 个元素的元组 tuple 类型
rotate(angle)	把图像旋转 angle 度
save(fp,format)	以 format 格式来存储这个图像文件
r, g, b = im.split()	把图像 im 分割成 3 个平面，不同的图像格式有不同的分割结果
thumbnail(size)	制作尺寸为 size 大小的缩略图
verify()	验证图形的数据内容是否正确

基本上处理程序就是使用 open 把图像文件打开并加载到变量中，接着针对变量进行处理，处理的结果可以使用 show 显示在屏幕界面上，或是利用 save 存到文件中，不再操作时，则以 close 释放所占用的内存。

程序 13-8 为上述方法的简单应用，分别计算原图及其 3 个不同颜色平面以及从原图中取出中间（600×600）大小的图像区块，利用 Matplotlib 绘图的功能，绘出其直方图比较这些图片中不同亮度的分布情况。

程序 13-8

```
# _*_ coding: utf-8 _*_
# 程序 13-8 (Python 2 Version)

import matplotlib.pyplot as pt
import NumPy as np
```

```python
from PIL import Image
sample = Image.open('sample.jpg')
im = sample.convert('L')
w, h = im.size


crop = im.crop((w/2-300, h/2-300, w/2+300, h/2+300))
crop_hist = crop.histogram()

ori = sample.resize((600,600))
im = ori.convert('L')
hist = im.histogram()

r, g, b = ori.split()
r_hist = r.histogram()
g_hist = g.histogram()
b_hist = b.histogram()

ind = np.arange(0, len(crop_hist))
pt.plot(ind, crop_hist, color='cyan', label='cropped')
pt.plot(ind, hist, color='black', lw=2, label='original')
pt.plot(ind, r_hist, color='red', label='Red Plane')
pt.plot(ind, g_hist, color='green', label='Green Plane')
pt.plot(ind, g_hist, color='blue', label='Blue Plane')
pt.xlim(0,255)
pt.ylim(0,8000)
pt.legend()
pt.show()
```

此程序先把 sample.jpg 载入之后，利用 convert 把原图转换成灰度之后取出其原图的直方图，接下来使用 crop 裁切出中间（600×600）的部分另外统计，再利用 split 把原图的 RGB 三个原色平面分别取出，也取出其直方图。最后把这些直方图使用不同的颜色描绘在图上。图 13-12 为其执行的结果。

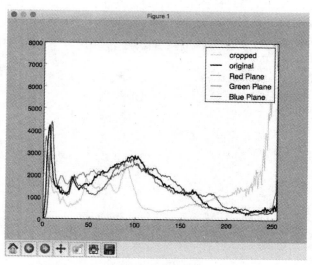

（图 13-12：不同图像区块的直方图比较）

由于直方图的数字和图像的大小有关，而 crop 是裁切自原图，因此数量级并不一样。在计算原图的直方图时，我们利用 resize 把原图调整到和被裁切的图形一样大之后再绘制上去，呈现出来会比较有感觉。从图 13-12 所绘制出来的结果来看，所裁切下来的部分高亮度的地方比较多，所以看起来比较亮一些。

除了 Image 模块之外，常用的还有 ImageDraw 以及 ImageFont。通过 ImageDraw 可以创建一个新的或是使用现有的用 Image 打开的图像，然后在其上进行绘图的操作，而 ImageFont 则是创建一个可以使用的文字相关图像数据。接下来的程序 13-9 则会示范如何使用 ImageDraw 模块在图像文件中绘制图形，同时也在图形的正中央写入一段文字。ImageDraw 的 Draw 系列方法（函数）基本上涵盖了所有绘图所需要的方法，包括直线、圆形以及各种图形形状等，只要先使用以下的方式做好设置即可：

```
im = Image.open('sample.jpg')
dw = ImageDraw.Draw(im)
```

基本上所有在 dw 上进行的绘制工作都会在界面 im 上，也就是在之前加载的图像文件上，等于是在图像上绘图一样。常用的 Draw 绘图方法如下表所示。

绘图方法	说明
chord(xy, start,end,fill,outline)	在 xy 坐标方框内绘制弦
ellipse(xy,fill,outline)	在 xy 坐标方框内绘制椭圆
line(xy,fill,width)	绘制直线
pieslice(xy,start,end,fill,outline)	绘制扇形
point(xy,fill)	画一个点
polygon(xy,fill,outline)	绘制多边形
rectangle(xy,fill,outline)	绘制矩形
text(xy,text,fill,font)	写入文字
textsize(text,font)	设置文字大小

在此表格中的 xy 有时候是一个具有两个元素的元组 tuple，有时候则是 4 个元素的元组，视该方法（函数）需要的坐标而定。例如，在 line 中，因为要有起始坐标和结束坐标，所以就必须要有 4 个元素。而颜色的指定方式也有所不同，例如在 line 中要指定颜色使用的是 fill 参数，可以通过 fill = (r, g, b) 来设置 RGB 的颜色，而有些函数则是使用 color=(r, g, b)来设置。

假设要在图像上画一条(0,0)~(500,500)的黄色粗线，可以使用如下程序代码：

```
im = Image.open('sample.jpg')
dw = ImageDraw.Draw(im)
dw.line((0,0,500,500), fill=(255,0,0), width=50)
im.show()
```

程序 13-9 示范如何在图像上画一个红色的×，在中间的地方画一个圆，同时再写一行文字上去。

程序 13-9

```
# _*_ coding: utf-8 _*_
# 程序 13-9 (Python 3 Version)
```

```
from PIL import Image, ImageDraw

im = Image.open('sample_s.jpg')
w, h = im.size
dw = ImageDraw.Draw(im)
dw.line((0,0,w,h),width=20, fill=(255,0,0))
dw.line((w,0,0,h),width=20, fill=(255,0,0))
dw.ellipse((50,50,w-50,h-50),outline=(255,255,0))
dw.text((100,100),'This is a test image')
im.show()
```

程序 13-9 的运行结果如图 13-13 所示。

（图 13-13：程序 13-9 的运行结果）

13-3 批量处理图像文件

有了 13-2 节介绍的 Image、ImageDraw 以及 ImageText 模块功能之后，在这一节中就可以搭配 glob 取出所有的图像文件加以处理了。要做到批量调整图像文件的大小以及为图像文件加上各种商标、公司 Logo 或是中文字体，就非常容易了。

13-3-1 为自己的照片加上专属标志以及批量调整照片尺寸

有在网络上发表文章的朋友应该都知道，图像的处理是其中重要的一环。主要的原因除了避免自己辛苦的工作成果（摄影照片或手绘作品）被其他人恶意下载盗用之外，还有就是博客的不同版型可能需要的是不同的照片分辨率，只要上传适用的分辨率即可，既符合网页的编排，又可以避免上传过大的图像文件（现在的相机和手机的分辨率越来越高，文件动不动就超过3MB）浪费主机上宝贵的空间。因此，在这一小节中，我们可以编写一个程序，只要给定一个目录，就会把该目录下所有的图像文件都找出来，在照片上加上自己设置的 Logo 和版权文字，同时调整到适当的大小，最后再存储在自定义的另外一个目录中。请参考程序 13-10。

程序 13-10

```
# _*_ coding: utf-8 _*_
```

```
# 程序 13-10 (Python 3 Version)
import sys, os, glob
from PIL import Image, ImageDraw

source_dir = '.'
target_dir = 'resized_photo'
image_width = 800

if len(sys.argv) > 1:
    source_dir = sys.argv[1]

print('Processing: {}'.format(source_dir))

if not os.path.exists(source_dir):
    print("I can't find the specified directory.")
    exit(1)

allfiles = glob.glob(source_dir+'/*.jpg') + glob.glob(source_dir+'*.png')
if not os.path.exists(target_dir):
    os.mkdir(target_dir)

logo = Image.open('logo.png')
logo = logo.resize((150,150))
for target_image in allfiles:
    pathname, filename = os.path.split(target_image)
    print(filename)
    if filename[0] == '.': continue  # Only for Mac OS to skip hidden files
    im = Image.open(target_image)
    w, h = im.size
    im = im.resize((800, int(800/float(w) * h)))
    im.paste(logo, (0,0), logo)
    im.save(target_dir+'/'+filename)
    im.close()
```

在执行程序之前，必须准备一张 logo.png 并放在和此程序同一个目录之下，最好是.png 格式的透明背景的图像，如此放在我们的目标照片中就不会有突兀的感觉了。程序 13-10 执行之后，会把指定的目录下的所有.jpg 和.png 图像文件全部取出，然后逐一把图像的宽度设置为 800，高度则根据相对的比例进行调整，其运算方法如下：

```
im = Image.open(target_image)
w, h = im.size
im = im.resize((800, int(800/float(w) * h)))
```

对于 Mac OS 而言，所有的文件都会被以 "." 开头设置一个索引用的隐藏文件，这些文件会造成执行上的错误，所以我们使用如下方法避开这些文件：

```
pathname, filename = os.path.split(target_image)
print(filename)
if filename[0] == '.': continue  # Only for Mac OS to skip hidden files
```

如果你的系统是 Windows，就可以删除上述程序片段的最后一行语句。而要把 logo.png 贴在目标图像上，则可以使用下列的语句：

```
im.paste(logo, (0,0), logo)
```

这一行指令把 logo（要事先打开）贴到 im 这个图像的左上角坐标(0,0)的位置上（也可以自己修改此坐标，放在右上角或左下角都行），而最后一个 mask 参数则也是使用同一个 logo 图像，这样就可以让 logo 完美地和 im 贴合在一起，而不会出现黑边或白边。图 13-14 是其中一幅图像的运行结果。

（图 13-14：程序 13-10 的运行结果）

配合 13-2 节中介绍的 ImageDraw，也可以轻松地把文字加在 logo 的左侧或下方，方法请看 13-3-2 小节的说明。

13-3-2　中文字体的处理与应用

在 13-3-1 小节中，我们使用 ImageDraw 的 text 简单地把文字放在图像文件的任一指定位置，由于没有使用任何的 ImageFont 设置文字格式，因此看到的是非常小且不美观的点阵英文字体。其实，只要拿到 TrueType 文件，ImageFont 就可以让我们把这些美观的文字取出使用，再往图像中置入文字时就会更加美观。

ImageFont 设置文字的格式如下所示：

```
from PIL import ImageFont
font = ImageFont.truetype('yourfontfile.ttf', fontsize)
```

接着，就可以把 font 这个变量用于任何可以设置字体的 ImageDraw 方法（函数）中了。例如：

```
draw.text((10,10),'Hello world', font=font)
```

在网络上有许多字体可以下载，例如 Google Fonts: https://github.com/google/fonts 以及 http://www.1001freefonts.com/ 等，读者可根据自己的需求下载使用，但是在使用之前，还是要留意一下其版权上的问题。

那中文字体呢？网络上也有免费的中文字体文件可以下载（使用搜索引擎去搜索"中文字体免费下载"即可看到许多可以下载的免费字体），无论是中文还是英文字体，均可下载到程序的目录供 ImageFont 使用。

如果是在 Windows 本机测试本章的 Python 范例程序，也可以使用 Windows 系统自带的字体（一般放在系统盘的 \Windows\Fonts 文件夹中），只要把所需的字体文件复制到执行本章的 Python 范例程序所在的文件夹下的 \font\ 目录下就可以顺利运行本章的范例程序。在本章的范例程序中，对于英文和中文文字，我们分别使用了 Windows 自带的这两种字体：timesbd.ttf（Times New Roman 粗体英文）和 simsun.ttc（宋体常规简体中文）。

有了中文字体以及 ImageFont 和 ImageDraw.text，就可以很方便地把文字放在图像文件中。如果想要把文字刚好放在整张图的正中间，可以编写如下所示的程序。

程序 13-11

```
# -*- coding: utf-8 -*-
# 程序 13-11 (Python 3 Version)
from PIL import Image, ImageDraw, ImageFont

text_msg = 'Hello, world!'
im = Image.open('sample_s.jpg')
im_w, im_h = im.size

font = ImageFont.truetype('font/timesbd.ttf', 80)
dw = ImageDraw.Draw(im)
fn_w, fn_h = dw.textsize(text_msg, font=font)
x = im_w/2-fn_w/2
y = im_h/2-fn_h/2
dw.text((x+5, y+5), text_msg, font=font, fill=(25,25,25))
dw.text((x, y), text_msg, font=font, fill=(128,255,255))
im.show()
```

在上述的程序中，使用 textsize 来计算使用 font 字体的字符串本身的宽度（fn_w）和高度（fn_h），然后再搭配之前获取的图像宽度（im_w）和高度（im_h），就可以通过以下式子把文字的位置设置到图像的正中间：

```
x = im_w/2-fn_w/2+5
y = im_h/2-fn_h/2+5
```

为了要让文字更加醒目，先把计算出来的位置往右下角各移动 5 个像素，以 fill=(25,25,25) 灰黑的深色贴上文字，然后再把位置移回之前计算出来的原位，再以想要显示的文字颜色（在此例为 fill=(128,255,255)）贴一次，就可以呈现出想要的效果了。产生出来的图形如图 13-15 所示。

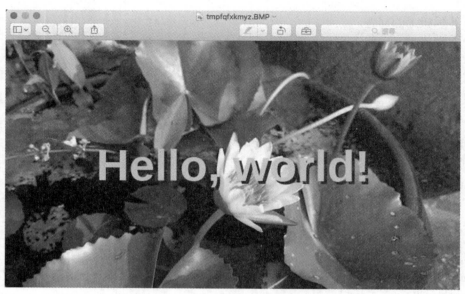

（图 13-15：在图像文件的正中间加入文字）

读者可以试着把上述程序的信息改为中文，当然使用的字体文件也要是中文的 TrueType 字体文件才行，在 Python 3 之下可以正确无误地执行，但是如果你使用的是 Python 2，别忘了要把 text_msg 使用 unicode(text_msg,'utf-8')处理过才行，请参考程序 13-12 的内容（程序 13-12 若要在 Python 3 下运行，则需要把所有的 unicode 语句都去掉）。

程序 13-12

```python
# _*_ coding: utf-8 _*_
# 程序 13-12 (Python 3 Version)
from PIL import Image, ImageDraw, ImageFont

text_msg = '此为测试用的图像'
im = Image.open('sample_s.jpg')
im_w, im_h = im.size

font = ImageFont.truetype(' font/msyhbd.ttc', 80)
dw = ImageDraw.Draw(im)
fn_w, fn_h = dw.textsize(unicode(text_msg, 'utf-8'), font=font)
x = im_w/2-fn_w/2
y = im_h/2-fn_h/2
dw.text((x+5, y+5), unicode(text_msg, 'utf-8'), font=font, fill=(25,25,25))
dw.text((x, y), unicode(text_msg, 'utf-8'), font=font, fill=(128,255,255))
im.show()
```

除了把文字贴上图像之外，其实在许多场合也有把文字转成图像文件的需求，程序 13-13 可以让你输入一段中文，并指定要使用的大小以及颜色，然后就可以产生一个对应的具有透明背景的.PNG 图像文件。

程序 13-13

```
# _*_ coding: utf-8 _*_
# 程序 13-13 (Python 3 Version)
import os
from PIL import Image, ImageDraw, ImageFont

msg = input('请输入要转换的文字：')
font_size = int(input('文字大小：'))
font_r = int(input('红色值：'))
font_g = int(input('绿色值：'))
font_b = int(input('蓝色值：'))
filename = input('要存储的文件名：')
fill = (font_r, font_g, font_b)

im0 = Image.new('RGBA', (1,1))
dw0 = ImageDraw.Draw(im0)
font = ImageFont.truetype('font/msyhbd.ttc',font_size)
fn_w, fn_h = dw0.textsize(msg, font=font)
im = Image.new('RGBA', (fn_w, fn_h), (255,0,0,0))
dw = ImageDraw.Draw(im)
dw.text((0,0), msg, font=font, fill=fill)
if os.path.exists(filename+'.png'):
    ans = input('此文件已存在，要覆写吗？(y/n)')
    if ans != 'y' and ans != 'Y':
        exit(1)
im.save(filename+'.png', 'PNG')
print('已写入文件：'+filename+'.png')
```

在程序中先以 Image.new 在内存中建立一个像素大小为 1×1 的新的空白图像文件，并链接到 dw0 中以便用来计算用户输入的文字的真正宽 fn_w 和高 fn_h，再以 fn_w 和 fn_h 创建实际用来贴上文字的图像文件，并再贴上之后加以存储，以下是此程序的执行过程：

```
D:\>python 13-13.py
请输入要转换的文字：Python 从入门到活用
文字大小：80
红色值：255
绿色值：255
蓝色值：255
要存储的文件名：booktitle
已写入文件：booktitle.png
```

不用说，此时写入的 booktitle.png 就是一个内容为"Python 从入门到活用"的文本文件，文字本身为白色，而其背景为透明，便于运用在一些不支持中文字体的图像应用程序中，也可以拿来作为 logo 使用。

13-3-3 为图像文件加入水印功能

在 13-3-2 小节创建新的图像文件的过程中并没有提及我们使用 RGBA 格式时的特色。

RGBA 的模式对于每一个像素点的记录使用的是一个具有 4 个元素的元组 tuple，分别是(r, g, b, a)，其中 r 代表红色的颜色值，最小值是 0，最大值是 255，g 代表绿色，b 代表蓝色，这 3 个颜色值的组合即为显示出来的真正颜色。至于 a 则是 alpha 值，是代表此颜色的透明程度，0 表示完全没有颜色，而 255 则表示不透明，颜色整个盖住背景。因此，只要选用适当的 a 值，就可以做到文字水印的效果。

在程序 13-14 中，我们让此程序从命令行参数中输入要被加上水印的图像文件，然后输入要加在图像上的水印文字内容，接着指定文字的大小。有了这些数值之后，按照 13-3-2 小节介绍的方法，先准备好一张此文字的图像放在 im 中，而此文字是以 fill=(255,255,255,100)来设置其透明度的，通过文字大小的尺寸以及背景图像的尺寸计算出文字图像 im 要贴到背景图像 image_file 的左上角位置，最后以 image_file.paste(im, (x, y), im)贴上即可。详细的内容请参考程序 13-14。

程序 13-14

```
# _*_ coding: utf-8 _*_
# 程序 13-14 (Python 3 Version)
import os, sys
from PIL import Image, ImageDraw, ImageFont

if len(sys.argv)<2:
    print("请指定要处理的图像文件！")
    exit(1)
filename = sys.argv[1]

msg = input('请输入要做水印的文字：')
font_size = int(input('文字大小：'))
fill = (255,255,255,100)

image_file = Image.open(filename)
im_w, im_h = image_file.size

im0 = Image.new('RGBA', (1,1))
dw0 = ImageDraw.Draw(im0)
font = ImageFont.truetype('font/ font/simsun.ttc',font_size)
fn_w, fn_h = dw0.textsize(msg, font=font)
im = Image.new('RGBA', (fn_w, fn_h), (255,0,0,0))
dw = ImageDraw.Draw(im)
x = int(im_w/2 - fn_w/2)
y = int(im_h/2 - fn_h/2)
dw.text((0, 0), msg, font=font, fill=fill)
image_file.paste(im, (x, y), im)
image_file.show()
filename, ext = filename.split('.')
if os.path.exists(filename+'_wm.png'):
    ans = input('此文件已存在，要覆写吗？(y/n)')
    if ans != 'y' and ans != 'Y':
        exit(1)
```

```
image_file.save(filename+'_wm.png', 'PNG')
print('已写入文件: '+filename+'_wm.png')
```

以下是程序 13-14 的执行过程：

```
D:\ >python 13-14.py sample_s.jpg
请输入要做水印的文字：浮水印文字测试
文字大小: 100
此文件已存在，要覆写吗？(y/n)y
已写入文件: sample_s_wm.png
```

图 13-16 则是执行的结果。

（图 13-16：中文字水印的运行结果）

利用此方式，就可以把任何中英文字以水印的方式加到图像的任意位置了。

13-4 习 题

1. 请参考你所在城市一年内每天的气温值，编写一个程序可以绘出气温走势图以及气温比率饼图。（温度值分段方式：小于等于零摄氏度，1~9 摄氏度，10~19 摄氏度，20~29 摄氏度，30~39 摄氏度，40 摄氏度以上。）

2. 参考程序 13-7，请设计可以绘制任意二元一次函数图形的程序（$y=ax^2+bx+c$，其中 a、b、c 由用户输入）。

3. 请修改程序 13-14，把文字水印改为加在图像文件的右下角位置。

4. 请修改程序 13-14，除了加上文字之外，还要加上自定义 logo 图像文件。

5. 请修改程序 13-14，使其可以指定一个目标文件夹，然后把该文件夹的所有图像文件都加上文字水印，并存储在本地的文件夹中。

第 14 章

用 Python 打造特色网站

  Python 可以应用的范围如此之广，当然拿来制作网站也没有问题。成为网站的程序设计语言，主要的功能在于当有网友通过浏览器来浏览我们的网站时必须要有网页的数据可以实时呈现出来，传统来讲就是在服务器上准备一些 HTML 的文件但是，想要按照当时的环境以及浏览者设置的访问条件实时产生结果网页时，网站上就要有一组程序代码来帮助处理了，并可以接受远程浏览器通过 HTTP 协议所提出的请求，然后给予响应。当然，所有的工作如果都要程序设计人员通过程序代码一行一行写，要做的工作就会非常多，也没有必要，因为已经有非常好用的整套网站程序框架可以使用了。

  在这一章中，我们将介绍如何利用现有的 Python 网站程序框架，自定义我们自己的 Python 程序代码产生浏览器所需要的数据，而在下一章中，我们会更进一步地说明，如何把这些用来产生网站数据的 Python 程序代码放在网络主机上，成为一个真正可以提供服务的应用网站。

14-1 使用 Python 编写一个网站程序
14-2 Django 简介
14-3 认识 Django Framework 的架构
14-4 Django 与数据库
14-5 习 题

14-1 使用 Python 编写一个网站程序

既然 Python 在市场上这么受欢迎，应用层面这么广，那么当然可以拿来作为制作网站的程序设计语言了。事实上，市面上也有非常多的知名网站是使用 Python 编写出来的，根据 https://www.shoop.io/zh-hans/blog/25-of-the-most-popular-python-and-django-websites/ 上所列出的网站，连 Youtube 以及 Dropbox 都使用 Python 来作为其网站的主要或用来强化网站服务的技术。因此，接下来我们会以两个章节的篇幅带领读者以最快的速度入门，在最短的时间内建立一个使用 Python 编写的个人专业网站。读者届时就可以把之前学到的内容应用在自己的网站中了。

14-1-1 网站原理

由于网站程序和个人计算机程序在运行和使用上有许多概念是不一样的，因此尽管都是使用 Python 来编写程序，但是有许多概念还是要先在这一小节中建立，之后在编写网站程序时才能够知道其中的一些程序代码的原理为何"如此那般"。

一个网站要能够接受世界各地的网友浏览，当然要有一台 24 小时对外连通的计算机（即服务器），并在这台计算机中执行一些程序（服务程序或称为服务器软件），以便随时接收来自各地的连接请求。而这些请求从比较高级的角度来看，如果是以 HTTP（HyperText Transfer Protocol，超文本传输协议）来请求的，就会交由服务器上专门接收此协议请求的服务程序来处理。这一类的服务程序有许多种类，但是在一台服务器上通常只会执行其中一种，当前市场占有率最高的是一款叫作 Apache 的网页服务器（可以看成是一个在网络主机上常驻执行的后台程序）。

当 Apache 收到来自外界浏览器的 HTTP 请求之后，就会负责把这个请求对应到其管理的目录中，取出此目录中相对应的文件送回给请求的浏览器，交由浏览器处理。而请求的文件通常可以分成两大类，其一是前端（浏览器这边要处理的）用的文件，例如 .html、.js、.jpg 等，而另外一种则是后端（Apache 这边要处理的）要先执行过之后再把结果交给浏览器的文件，这些文件主要是 .php、.asp（Windows 的 IIS 服务器使用的后端文件）和放在 CGI 目录下的可执行文件，例如 .pl、.cgi、.py 以及任何可以在服务器上执行并使用 CGI 作为其网关的程序。

例如，假设一个网站在 Apache 中把它的网址对应到 /var/www/html 之下，然后网址是 http://www.xxx.com，那么当浏览器使用了 http://www.xxx.com 这个网址请求送到服务器的时候，因为没有指定任何的文件，Apache 默认就会找出放在 /var/www/html 之下的 index.html 这个文件，并传送给执行此 URL 请求的浏览器，而该浏览器在收到此文件之后就会开始解析这个 index.html，并把解析的结果显示在浏览器上。

如果此时浏览器使用了 http://www.xxx.com/userlist.php 这个网址，Apache 会在收到之后先调出 userlist.php，发现这是一个服务器端要执行的 PHP 程序文件，那么 Apache 就会调用服务器中的 PHP 执行程序启动 userlist.php 的执行操作，然后把执行的结果通过 Apache 转交给浏览器，让用户可以在浏览器中看到结果。因为 PHP 是大部分 Apache 默认的后端程序设计语言，所以使用 PHP 编写的程序文件，只要放在对应的目录下即可使用了。此种类似的情况在 Windows 的 ASP 主机上则是使用.asp 的文件。

其他的程序设计语言就不一样了，如果要使用其他的程序设计语言，有一些是直接使用自己的后端服务器（例如 NodeJS），有一些则是和 Apache 服务器搭配，走 CGI（Common Gateway Interface）通道，放在 CGI 的目录下，通过 CGI 的接口调用参数以及输出，几乎所有可以在服务器执行的文件都可以成为网站后端所使用的语言。然而，CGI 的设置以及输入输出要求非常烦琐，因此后来又出现了 WSGI（Web Server Gateway Interface），也是后来 Python 的 Framework 所使用的接口，通过适当的设置，就可以轻松地使用 Python 建立网站的网页功能了。这些部署的方法在下一章中有完整的说明。

而在本章中，先把焦点集中在自己的计算机中编写网站，主要使用 Python 的 Django，它本身就有一个自带的测试用的网站服务器，我们不需要安装其他的服务器软件（如 Apache）就可以直接在自己的计算机中浏览自己编写的网站，十分方便。

14-1-2　网站程序的输入与输出

如同 14-1-1 小节所述，和一般程序是由用户主动以 python xxx.py 执行的情况不同，网站的后端程序是在网站被浏览器请求时才会通过 Apache 这一类的网页服务器提取并交由 WSGI 网关转送给 Python 的解释器来执行，之后再把执行结果通过 WSGI 转送回 Apache，最后再转到远端的浏览器手中。

因此，同样都是使用 Python 来设计程序，但是在输入输出部分，网站所使用的方法和个人计算机一般程序所使用的方法完全不一样。例如，在一般程序中想要获取用户的输入数据时，我们只要直接使用 input 这个函数就可以了，但是网页上的程序因为没有直接和用户互动的机会，所以我们只能通过用户在网址上加上的参数（例如 http://www.xxx.com/?x=10&y=20）来获取 x 和 y 的值，或是准备一个窗体让用户在网页上填写，等用户单击 submit（提交）按钮之后，再通过对窗体数据的解析来获取想要的内容，之后才能够加以处理。这比起传统的程序复杂了许多。

另外，在输出的部分也是如此。在网站程序的输出方面，就无法像一般程序一样，使用 print 输出到屏幕上，别忘了，服务器的屏幕和用户的屏幕可不是同一个，如果直接输出到服务器的屏幕上，那么在远端的用户根本看不到。因此，网站后端程序要输出，也要通过 Apache 这个服务器转送，并以 HTML 语法格式作为输出的内容，同时还要能符合 HTTP 所规范的格式，这样浏览器才能够顺利地接收并加以处理。

也就是一定要有一个清楚的概念，我们接下来编写的网站程序是放在服务器端执行，而所能存取的对象都是服务器上的资源，包括数据库、磁盘目录以及各种各样的文件等，所有在浏览器端用户所拥有的数据，都是接触不到的。而且，每一次被执行的时候，基本上都是独立的行为，我们只能使用 cookie 或是 session 来确定这一次连接的对象是否之前曾经来过，通过辨别出来的身份来延续之前的操作。

这就是为什么我们需要使用网站框架的原因。由于要处理的输入输出内容以及格式在成为网站程序之后就变得比较麻烦，为了省去这些设置的细节工作，就有了一些网站框架（Web

Framework），只要遵循这些框架的流程去设计，就可以节省许多在程序中要自己花时间处理的细节，让开发人员可以把精力集中在要提供的主要网站服务上。

14-1-3 使用 Python 编写的网站框架

为了解决一些网络连接上的烦琐细节，许多的工程师设计了精巧的框架（Framework），让开发者可以不用烦心去处理和网站提供服务没有关系的部分，而在 Python 语言中，经常被讨论的有 Flask 和 Django 这两个网站开发用的 Framework，另外 Bottle（http://bottlepy.org/）以及 Tornado（http://www.tornadoweb.org/）也有不少支持者。Flask 是一个比较小的框架（作者称之为 microframework，微框架），主架构非常简单，但是可以通过 extensions 去拓展它的功能，适合只想要做简单网站而不想去进行太多额外设置工作的朋友。如果要做大型一些的网站也是可以的，不过有许多事务要自己动手，当前版本是 0.10.1 版，主网站在 http://flask.pocoo.org/。

使用 Flask Web Framework 非常容易上手，在官网中有详细的文件说明。在这里，我们以一个简单的例子来说明。首先，需要创建一个目录，假设我们把它命名为 flask，并在此目录下放置所有建立 Flask 网站需要的文件。一般来说，较正式的开发工作都会使用 virtualenv 建立一个虚拟环境，但是为了简化示范起见，在这里直接以原有的环境开始建立。

首先，使用以下语句指定安装 Flask 模块：

```
pip install Flask
```

然后在 flask 目录下创建一个叫作 index.py 的文件，内容如程序 14-1 所示。

程序 14-1

```python
# 程序 14-1 (Python 3 version)
from flask import Flask
app = Flask(__name__)

@app.route('/')
def hello():
    return '欢迎光临,你好!'

@app.route('/about')
def about():
    return '这是一个使用Flask建立的小网站测试'

@app.route('/user/<username>')
def show_user(username):
    return 'User Name is {}'.format(username)

if __name__ == '__main__':
    app.run()
```

一开始就是这么简单。然后，使用以下的方式即可启动服务器测试：

```
python index.py
```

此时,服务器本机的 5000 端口监听浏览器的请求,也就是说,此时启动浏览器,使用 http://localhost:5000,即可浏览此网页的运行结果。一些执行的过程也会被显示在信息中,如下所示。

```
$ python index.py
 * Running on http://127.0.0.1:5000/ (Press CTRL+C to quit)
127.0.0.1 - - [25/Feb/2016 15:18:12] "GET /about HTTP/1.1" 200 -
127.0.0.1 - - [25/Feb/2016 15:18:13] "GET /about HTTP/1.1" 200 -
127.0.0.1 - - [25/Feb/2016 15:18:19] "GET /user/John HTTP/1.1" 200 -
127.0.0.1 - - [25/Feb/2016 15:18:41] "GET /user/50 HTTP/1.1" 200 -
127.0.0.1 - - [25/Feb/2016 15:18:50] "GET /about HTTP/1.1" 200 -
127.0.0.1 - - [25/Feb/2016 15:18:53] "GET / HTTP/1.1" 200 -
```

@app.route('/')就是指定当浏览器浏览到根网址时接下来要启用的函数是什么,此例中为hello()。依此类推,http://localhost:5000/about 则会调用到 about() 函数,另外,http://localhost:5000/user/Tom 则会把字符串"Tom"作为参数,放在 username 这个变量中,然后传到 show_user(username)函数里加以处理。

然而,要输出网页数据则不会这么简单,因此 Flask 也提供了网页模板的功能(采用 Jinja2 模板引擎),让网页开发者把一些固定使用的.html 网页编排文件放在 templates 目录下,然后再使用如下所示的程序代码,把变量送到网页模板文件中,以简化输出网页格式的编排操作:

```
from flask import render_template

@app.route('/user/')
@app.route('/user/<username>')
def show_user(username=None):
    return render_template('show_user.html', name=username)
```

在上面这个例子中,我们希望使用 http://localhost:5000/user 可以看到"Hello World!"的字样,而 http://localhost:5000/user/John 则可以看到"Hello John!"的字样,而且这些文字必须是使用 HTML 排过版的,可以先在 templates 目录下放置 show_user.html 文件,如下所示:

```
<!DOCTYPE html>
<html>
<head>
<title>这是一个 Flask 测试用的网页</title>
</head>
<body>
<h2>
{% if name %}
Hello {{ name }}!
{% else %}
Hello World!
{% endif %}
</h2>
</body>
```

```
</html>
```

然后把程序 14-1 改成程序 14-2 所示的样子。

程序 14-2

```python
# 程序 14-2 (Python 3 version)

from flask import Flask
from flask import render_template

app = Flask(__name__)

@app.route('/')
def hello():
    return '欢迎光临，你好！'

@app.route('/about')
def about():
    return '这是一个使用 Flask 建立的小网站测试'

@app.route('/user/')
@app.route('/user/<username>')
def show_user(username=None):
    return render_template('show_user.html', name=username)

if __name__ == '__main__':
    app.run()
```

从网站上读取数据时（例如，要从 login 的页面获取用户输入的名称和密码），首先要建立一个窗体的网页，然后使用 request 模块（请勿和 requests 模块混淆）获取窗体内的数据，范例如下：

```python
@app.route('/login', methods=['POST', 'GET'])
def login():
    error = None
    if request.method=='POST':
        username = request.form['username']
        password = request.form['password']
        ... 处理用户验证的程序代码 ...
    return render_template('login.html', error=error)
```

使用 request.form 获取用户输入的数据，加以处理之后，再把准备好的数据转到 login.html 去显示。当然，如果没有任何登录的数据，在 login.html 中就要显示窗体让用户有地方可以填写数据。

Flask 其余的部分，请自行参考官网上的说明文件。

相比于 Flask 的简单容易上手，但是很多事情都要自己动手加入，Django 则是一个非常成熟的大型网站框架。它本身设计了一个 MVC（Model View Controller）的架构，开发者必须遵循该架构去建构网站，但是只要一开始做完简单的设置工作，就已有一个具备许多功能的网站，连数据库的抽象化都准备好了，进行一些简单的修改，就可以有一个功能还算完备的小型 CMS（Content Management System）网站。在 Youtube 的网站上甚至有人展示了在 16 分钟（也有 30 分钟的版本）内从无到有建立一个博客系统网站的过程（就是使用 Python 的 Django 来完成的）。

Django 主网站在 https://www.djangoproject.com/，截至作者写作本书时的版本是 1.9.2（注：在重审本书时 Django 的最新版本已经到了 1.9.6），版本经常更新，也拥有许多活跃的社区和支持者，Django 当前几乎是使用 Python 建立正式网站的唯一选择。由于使用 Django 的朋友较多，因此接下来的篇幅将会以 Django 为主，说明如何善用其功能建立一个可以读写数据库的实用网站。

14-2　Django 简介

Django 是一个开放源码的 Web 应用框架，自然全部是由 Python 所编写而成，于 2005 年正式发布，现在有一个专属的基金会在管理。它主要的特色是采取 MVC 的软件设计模式（其实理论上是 MVC，只是在 Django 中使用的是 Model、Template 和 View，所以也常被称为 MTV），通过此模式的搭配运用可以用于建立复杂且连接数据库应用的大中型网站。而最重要的是，大部分的 PaaS 云平台（如 Heroku、Azure、Google APP Engine）都支持 Python/Django 的快速部署。也就是说，开发者可以在自己的计算机中完成开发之后，不需要烦恼主机的设置，直接通过 PasS 的功能，跳过主机的设置，直上"云"开设网站！（Heroku 甚至还提供了免费的额度可以使用。）

14-2-1　下载与安装 Django

在下载安装 Django 之前，建议读者使用 virtualenv 建立一个虚拟环境，接着在此虚拟环境中安装 Django 的最新版本，再使用 django-admin startproject 创建一个项目，并于此项目中开始网站的设置与编写工作，详细的过程如下（假设我们已创建一个叫作 D:\django 的目录，所有的操作都在此目录下完成）：

```
D:\django>virtualenv VENV
Using base prefix 'c:\\python34'
New python executable in VENV\Scripts\python.exe
Installing setuptools, pip, wheel...done.

D:\django>cd VENV

D:\django\VENV>Scripts\activate.bat
(VENV) D:\django\VENV>pip install django
Collecting django
  Using cached Django-1.9.2-py2.py3-none-any.whl
Installing collected packages: django
Successfully installed django-1.9.2

(VENV) D:\django\VENV>django-admin startproject mysite
```

```
(VENV) D:\django\VENV>cd mysite

(VENV) D:\django\VENV\mysite>python manage.py migrate
Operations to perform:
  Apply all migrations: admin, auth, contenttypes, sessions
Running migrations:
  Rendering model states... DONE
  Applying contenttypes.0001_initial... OK
  Applying auth.0001_initial... OK
  Applying admin.0001_initial... OK
  Applying admin.0002_logentry_remove_auto_add... OK
  Applying contenttypes.0002_remove_content_type_name... OK
  Applying auth.0002_alter_permission_name_max_length... OK
  Applying auth.0003_alter_user_email_max_length... OK
  Applying auth.0004_alter_user_username_opts... OK
  Applying auth.0005_alter_user_last_login_null... OK
  Applying auth.0006_require_contenttypes_0002... OK
  Applying auth.0007_alter_validators_add_error_messages... OK
  Applying sessions.0001_initial... OK

(VENV) D:\django\VENV\mysite>python manage.py runserver
Performing system checks...

System check identified no issues (0 silenced).
February 25, 2016 - 20:28:48
Django version 1.9.2, using settings 'mysite.settings'
Starting development server at http://127.0.0.1:8000/
Quit the server with CTRL-BREAK.
```

经过上述步骤之后，就可以使用浏览器开启 http://localhost:8000 了，马上就会看到 Django 顺利启动的界面，如图 14-1 所示。

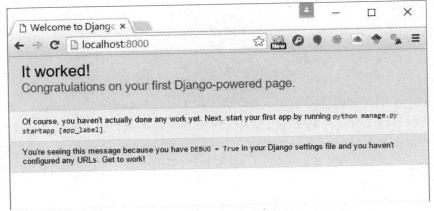

（图 14-1：Django 第一次启动时的屏幕显示界面）

14-2-2 Django 目录及重要配置文件解说

在 14-2-1 小节中，我们使用以下命令创建了一个 Django 的项目：

```
django-admin startproject mysite
```

也就是说，我们把项目命名为 mysite，这时 Django 会在此目录下建立一个叫作 mysite 的文件夹，在这个文件夹中会包含有 manage.py 这个主要的管理程序，以及另外一个叫作 mysite 的子目录。另外，db.sqlite3 是在执行 python manage.py migrate 之后产生的，用来对应数据库的使用。而实际上，在配置文件的过程中，mysite 之下的 settings.py 和 urls.py 是最重要的两个文件。至于 wsgi.py，则是在部署到主机上时才会用到，我们在下一章会加以说明。重要的目录以及文件配置情况如下：

```
(VENV) D:\django\VENV>dir /s mysite
 磁盘区 D 中的磁盘是 WINVISTA
 卷序列号:  5ACE-070E

 D:\django\VENV\mysite 的目录

2016/02/25  下午 08:28    <DIR>          .
2016/02/25  下午 08:28    <DIR>          ..
2016/02/25  下午 08:28            36,864 db.sqlite3
2016/02/25  下午 08:27               249 manage.py
2016/02/25  下午 08:28    <DIR>          mysite
               2 个文件         37,113 字节

 D:\django\VENV\mysite\mysite 的目录

2016/02/25  下午 08:28    <DIR>          .
2016/02/25  下午 08:28    <DIR>          ..
2016/02/25  下午 08:27             3,166 settings.py
2016/02/25  下午 08:27               762 urls.py
2016/02/25  下午 08:27               389 wsgi.py
2016/02/25  下午 08:27                 0 __init__.py
2016/02/25  下午 08:28    <DIR>          __pycache__
               4 个文件          4,317 字节
```

其中，urls.py 用来做网址的对应工作，类似在 Flask 中使用的@app.route，可以定义当服务器收到什么样的网址时，要把工作交给哪一个函数来处理。另外，settings.py 用于设置整个项目，如果我们要在网站中加入什么功能，通常都要到 settings.py 中去做好设置才能够使用。

由于 Django 考虑到的是大中型网站，也很重视组件的 Reuse（重用）特性，因此在建立网站 Project 之下，一般都会以 APP 来组成整个网站。所以，在 VENV\mysite 之下，还要使用下列的命令创建一个以上的 APP，用来真正执行网站的工作（假设在此我们想要建立一个可以帮我们做短网址转址工作的网站，其服务就叫作 ugo）：

```
(VENV) D:\django\VENV\mysite>python manage.py startapp ugo
```

```
(VENV) D:\django\VENV\mysite>dir
磁盘区 D 中的磁盘是 WINVISTA
卷序列号:  5ACE-070E

 D:\django\VENV\mysite 的目录

2016/02/25  下午 09:08    <DIR>          .
2016/02/25  下午 09:08    <DIR>          ..
2016/02/25  下午 08:28            36,864 db.sqlite3
2016/02/25  下午 08:27               249 manage.py
2016/02/25  下午 08:28    <DIR>          mysite
2016/02/25  下午 09:08    <DIR>          ugo
               2 个文件         37,113 字节
               4 个目录 33,472,892,928 字节可用
```

Django 会再创建一个 ugo 的文件夹（请留意它所在的位置），而 ugo 文件夹下面包含了下列文件：

```
(VENV) D:\django\VENV\mysite>dir ugo
磁盘区 D 中的磁盘是 WINVISTA
卷序列号:  5ACE-070E

 D:\django\VENV\mysite\ugo 的目录

2016/02/25  下午 09:08    <DIR>          .
2016/02/25  下午 09:08    <DIR>          ..
2016/02/25  下午 09:08                63 admin.py
2016/02/25  下午 09:08                81 apps.py
2016/02/25  下午 09:08    <DIR>          migrations
2016/02/25  下午 09:08                57 models.py
2016/02/25  下午 09:08                60 tests.py
2016/02/25  下午 09:08                63 views.py
2016/02/25  下午 09:08                 0 __init__.py
               6 个文件           324 字节
               3 个目录 33,472,892,928 字节可用
```

从 __init__.py 这个文件可以看出，这个目录本身被当作一个可以导入的模块，因此在后续的章节要使用的时候，一定要记得导入 ugo 才能够看得见这个模块中的程序内容。此外，在 settings.py 中也要加入 ugo：

```
"""
Django settings for mysite project.

Generated by 'django-admin startproject' using Django 1.9.2.

For more information on this file, see
https://docs.djangoproject.com/en/1.9/topics/settings/

For the full list of settings and their values, see
https://docs.djangoproject.com/en/1.9/ref/settings/
```

```
"""
... 省略 ...
# Application definition

INSTALLED_APPS = [
    'django.contrib.admin',
    'django.contrib.auth',
    'django.contrib.contenttypes',
    'django.contrib.sessions',
    'django.contrib.messages',
    'django.contrib.staticfiles',
    'ugo',
]

MIDDLEWARE_CLASSES = [
... 以下省略 ...
```

接下来要让网站可以真正显示出我们想要的内容,主要按照以下几个步骤操作。

1. 确定在 settings.py 中是否导入了所有的 APP。
2. 修改 settings.py 中的一些参数,让模板 template 文件以及静态 static 文件能够顺利被存取到。
3. 在 urls.py 中建立网址的对应关系,设置好什么样的网址要调用哪一个函数的对应关系。
4. 在 views.py 中编写对应的被调用函数。
5. 如有必要,设置模板 template 文件,让正确的模板在 views.py 可以调用。
6. 如有必要,设置 models.py 的内容,建立与数据库对应的关系。

14-2-3　前端与后端的搭配

Django 所扮演的角色即为所谓的网站后端,也就这些文件是在服务器上被执行的程序。至于前端,就是在用户通过执行浏览器存取网站时会得到的 HTML 以及 JavaScript 文件。在大部分的情况下,我们会以 templates 模板的方式把在 Python 函数中执行完的结果转移到相对应的模板中,整合完之后再送到用户的浏览器中。

所以,如果有网页编排设计,就都放在.html 的文件中,也就是前端的设计内容(例如,CSS 或是 JavaScript 等)。而这些内容习惯上都会使用外部的文件(例如 style.css、my.js 等)放在网站的目录中,这些文件通过 Django 并不能直接在任意地方存取,一定要把它们放在 static 静态文件目录中,这些我们会在后续的章节中说明,在此之前,我们的范例中都会先把所有的设置(包括 CSS 或是 JavaScript)写在.html 文件中,使用模板的方式来加载。

此外,还有一些前端专用的 framework,例如 jQuery、Ajax 以及 Bootstrap 等,则是以 CDN 的链接方式,在.html 文件中通过网址链接的方式连到 CDN 上的文件,这样就可以免去下载之后再放到 static 目录中的手续了。这也是我们在范例网站中会使用的方式。

接下来,就让我们一步一步地使用 Django 完成"短网址转址服务网站"。完成之后,只要我们购买一个短的网址，放在主机上，就可以给自己或网友提供短网址的网址功能，就像是http://tar.so/news（原来的网址是：https://tw.news.yahoo.com/most-popular/）一样。

14-2-4　建立你的第一个 Django 网站

我们之前让 Django 很快地启动起来，但是并没有任何内容，只是验证我们的安装是否正确而已。接下来，在这一小节中，要建立第一个有自己内容的 Django 网站。首先，第一步要设置 urls.py 中的网址对应关系，原来的网址对应关系看起来像是这样子的：

```
from django.conf.urls import include, url
from django.contrib import admin

urlpatterns = [
    url(r'^admin/', include(admin.site.urls)),
]
```

我们要加上两行内容，变成以下这个样子：

```
from django.conf.urls import include, url
from django.contrib import admin
from ugo.views import index

urlpatterns = [
    url(r'^admin/', include(admin.site.urls)),
    url(r'^$', index)
]
```

其中，from ugo.views import index 的目的是要导入我们之后要编写在 views.py 中的函数，即用来对应到此网址要执行的 index()函数。而接下来的 url(r'^$', index)则表示了网址的类型和对应的函数，第一个参数是以 regular expression（正则表达式）的方式指出网址的形式。"^"表示开头，而"$"则表示结尾。在此例中，由于开头和结尾之间没有任何内容，因此可以表示出根路径所在的位置，也就是 http://localhost:8000/这个网址。所以这一行的意思就是说，如果有任何人浏览根网址，就去执行在 views 中的 index()。至于上面那一个 admin，在数据库的章节中再加以介绍和说明，先放着不要理会。

有了网址的对应关系之后，相信读者应该知道接下来就是要改写 views.py 的内容了。请在 views.py 中改写为以下的程序代码：

```
# encoding: utf-8
from django.http import HttpResponse

def index(request):
    return HttpResponse("欢迎光临！")
```

第一行是为了要能够在程序中使用中文，而导入的 HttpResponse 模块负责协助我们把输出的内容转换成 HTTP 的格式，在此例中，index(request)中的 request 参数并没有用到，我们直接使用 HttpResponse 函数把"欢迎光临！"这几个字发送给浏览器。

完成以上的编辑之后，在 mysite 的文件夹下执行 python manage.py runserver，就可以看到我们的网页在 http://localhost:8000 之下会出现"欢迎光临！"这几个字了。按照此方法就可以定义任何想要的网址和函数的对应关系，然后在函数中写出想要显示的网页内容。

不过，如果功能只有这样，那还不如使用原有的静态.html 来放置网站，何必这么麻烦？！当然不能只有这样。首先，输出的部分必须像是之前介绍的 Flask 一样，要能够使用 template 来输出网页。另外，还要能够有简单的显示窗体以及获取窗体属性的方法。最后，还要能够轻松地把我们要存储的数据和数据库连接好，这些都将在后面的章节中陆续说明。但是，在此之前，先让我们从了解 Django 的 MTV 架构开始。

14-3　认识 Django Framework 的架构

要能够活用 Django 这套网站 Framework，了解其架构以及精神非常重要。它是以一个大中型的网站为设计目标的，因此在许多地方设想得比较周到，对于初学者来说也许比较麻烦，但是当你的网站内容越来越多时，就会发现这样设计的优点所在。

Django 使用了最流行的 MVC Web 框架，也就是把模型 Model、视图 View 和控制 Control 分开，各管各的，方便团队合作，确保做出来的系统也更加好维护。秉持这个概念，Django 使用了 Template 模板来作为视图（显示输出的地方），而把控制逻辑写在 View 中（还包括一些框架内部的工作流程），真正处理数据的地方则是它的 Model，因此大部分的人也都把它称为 MTV 架构，其实就概念上来说是一样的。

14-3-1　Django 的 MTV 架构

那到底什么是 MTV 呢？分别是 Model、Template、View 这几个英文单词的缩写，其中，Model 用来描述和存储数据的地方。在 Django 中，主要的存储数据都是以类 Class 来定义的，并放在 models.py 这个文件中。当做好设计之后，Django 会自动把这些定义的内容对应到数据库的数据表中。也就是说，网站开发者只要定义好 Class 中的变量和类型即可，至于如何定义数据库里的数据表、如何创建数据库以及日后存取数据库的内容，都是由 Django 中预先写好的程序来处理的。网站开发者不需要去烦恼这部分工作,只要做好相对应的操作（如执行 python manage.py migrate）就可以了。甚至，日后换另外一套数据库系统，程序代码也都不用改。这就是所谓的数据抽象化的概念。

以我们要设计的转址服务网站来说，在 models.py 中就会看到如下所示的定义：

```python
from django.db import models

class GOURL(models.Model):
    t_url = models.CharField(max_length=255)
    s_url = models.CharField(max_length=20)
    count = models.IntegerField()
```

在这里，我们定义了一个类，名为 GOURL，这个类中加入了 3 个字段，这些字段分别是用来记录要被转址的目标网址的 t_url、记录短网址的 s_url 以及这个网址被使用了几次的

count。

而 Template 就是把我们要输出的网页，先以.html 文件制作好。制作.html 文件的人员可以是网站的程序设计师，也可以是另外专职负责网页前端的设计人员。所有的格式都和原有的 HTML 和 CSS 一样，唯一的差别在于要显示变量的地方，而这个变量会在函数操作之后传送给.html 文件，在.html 文件中则是以模板专用的语句在想要呈现出数据的地方将它们显示出来。

例如上述的例子，如果有一个叫作 stat.html 的文件，想要呈现出一个指定转址的情况统计，可以设计为如下形式。（其中，gourl 是我们在 views.py 中所设置的函数传进去的变量。）

```html
<!DOCTYPE html>
<html>
<head><title>List all sp</title>
</head>
<body>
<h2>
Short URL: {{ gourl.s_url }} <br>
Target URL: {{ gourl.t_url }} <br>
Counts: {{ gourl.count }}
</h2>
</body>
</html>。
```

视图 View 则是一堆函数所在的地方，也就是编写程序逻辑的地方，自然 views.py 中就是负责大部分的控制与整合的程序设计。在 views.py 中的函数，如果要使用 template，就要先导入 render_to_response 这个模块，在计算完所有的数据之后，再把要显示的数据以变量的方式，通过 render_to_response('stat.html', { 'gourl' : gourl })，把 gourl 这个变量传送到 stat.html，让 stat.html 可以使用变量显示出最终的结果。

简而言之，遵循这个架构，建立网站的第一点就是到 models.py 去设置要使用的数据（如果暂时没有用到数据库，此处可以省略），接着到 urls.py 去设置网址的对应函数，然后设计要输出的 template，最后再到 views.py 中编写处理数据的函数，把变量转传给.html 的文件。

14-3-2 URL 的对应方法详解

回顾一下之前 urls.py 中的设置：

```
url(r'^$', index)
```

前面的 r'^$'中的 r，表示此字符串为 raw 格式，不要进行任何其他的转换处理，主要是因为 regular expression 中有非常多特殊的符号。在此例中，直接使用起始和结尾，表示网址后没有加任何东西，即我们的主网址一般所在的位置，这里交给 index()这个函数来执行。

如果我们要使用类似 http://localhost:8000/about 的网址让网友可以浏览"关于我们"的信息呢？那就可以在下面加入另外一组设置：

```
url(r'^$', index)
url(r'^about/$', about)
```

请注意，about/$后面的那个"$"表示只能是 about 或是 about/才能够符合，无论在 about/

后面加上任何字符串（如 about/xxkkk），都会返回找不到此页面的错误。如果要让它后面加上任何字符串都可以传送到 about()函数中，就把"$"去掉。

使用上述方法，可以通过 Regular Expression（RE）的语法把网址拆解得非常仔细，Regular Expression 的一些设计方法在本书的第 9-1-4 小节中说明过，读者如果忘记了可以再回去参考。按照 RE 的方法，我们可以设计另外一个对应的 URL，用来把/hello/name 后面的 name 取出来：

```
url(r'^hello/(\w+)/$', hello)
```

只要在网址的 RE 中使用小括号括起来的部分就会被当作是一个参数，提取之后会自动传送给后面那个函数（在此例中为 hello），因此，在 views.py 中编写 hello 的时候，就要写成如下所示的样子：

```
def hello(request, username):
    return HttpResponse("Hello " + username)
```

其中，后面的那个参数 username 是可以自由命名的，它会自动对应到网址设计中第一个符合 RE 的小括号内的内容。也就是说，如果我们使用 http://localhost:8000/hello/John，那么 username 中就会是 John 这个字符串。更详细的内容，请参考官网上的说明：https://docs.djangoproject.com/es/1.9/topics/http/urls/。

14-3-3　模板的使用

至于模板的部分，要使用之前，一定要先在 settings.py 中做好文件夹的设置。首先准备一个放置模板专用的 templates 文件夹。创建好之后，目录结构如下：

```
(venv) C:\django\venv\mysite>dir
 磁盘区 C 中的磁盘没有卷标。
 卷序列号：   821F-39DB

 C:\django\venv\mysite 的目录

2016/02/26  下午 01:19    <DIR>          .
2016/02/26  下午 01:19    <DIR>          ..
2016/02/26  上午 10:44             3,072 db.sqlite3
2016/02/26  上午 10:43               249 manage.py
2016/02/26  上午 10:43    <DIR>          mysite
2016/02/26  下午 01:19    <DIR>          templates
2016/02/26  上午 10:49    <DIR>          ugo
               2 个文件          3,321 字节
               5 个目录 203,192,786,944 字节可用
```

接着在 settings.py 中找到设置 TEMPLATES 的地方：

```
TEMPLATES = [
    {
        'BACKEND': 'django.template.backends.django.DjangoTemplates',
        'DIRS': [os.path.join(BASE_DIR, 'templates').replace('\\', '/')],
        'APP_DIRS': True,
```

```
        'OPTIONS': {
            'context_processors': [
                'django.template.context_processors.debug',
                'django.template.context_processors.request',
                'django.contrib.auth.context_processors.auth',
                'django.contrib.messages.context_processors.messages',
            ],
        },
    },
]
```

把 DIRS 那一行本来是空的内容改为如下所示的这一行：

```
'DIRS': [os.path.join(BASE_DIR, 'templates').replace('\\', '/')],
```

这表示我们的 templates 目录是放在项目的目录之下的。另外，replace 这个函数的目的主要是为了消除 Windows 系统使用的目录分隔符和 Linux 系统不同的地方。在 Linux 和 Mac OS 中，都是使用 "/" 来作为路径分隔符，所以在 Django 的配置文件中也是如此。如果你的系统是在 Linux 之下执行，其实不加上这个函数也没有问题。

然后，到 templates 目录下创建一个 index.html：

```html
<!DOCTYPE html>
<html>
<head>
    <meta charset='utf-8'>
    <title>
        我的第一个 Django 网站
    </title>
</head>
<body>
<h1>欢迎光临</h1>
<h2>现在时刻: {{ now }}</h2>
</body>
</html>
```

注意到了吗？我们使用模板语言的{{ now }}把传进来的 now 变量显示出来。其他的部分就都是传统的 HTML 语法。

最后一个步骤是到 views.py 中修改 index 函数的内容：

```python
from django.template.loader import get_template
from django.http import HttpResponse
from datetime import datetime

def index(request):
    template = get_template('index.html')
    html = template.render({'now': datetime.now})
    return HttpResponse(html)
```

此函数的重点在于导入 django.templat.loader 的 get_template 模块，通过此模块加载 index.html 这个文件，然后再使用它的 render 方法把 now 这个变量以字典 dict 的类型传入，在计算之后会得到一个整合后的网页，我们把它放在 html 中，最后再以 HttpResponse 返回去，如此就大功告成了。图 14-2 是此网站的运行结果。

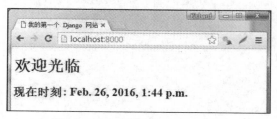

（图 14-2：使用模板的主网页界面）

如果我们传递的变量中有列表的形式（例如 userlists），在模板中可以使用 for 循环把这些都显示出来，如以下的程序片段所示：

```
<h3>User Lists</3>
<ul>
{% for user in userlists %}
    <li> {{ user.name }} </li>
{% empty %}
    <p>There is no user in the list</p>
{% endfor %}
</ul>
```

其中，{% for %}和{% endfor %}是一对，可以逐一显示 userlists 变量中的内容，而如果 userlists 是空的列表，没有任何的内容，就会显示放在{% empty %} 下的内容，在此例为"<p>There is no user in the list</p>"。

还有一点要注意的地方，我们在取用字典变量内容的时候，在 Python 语法中是以 user['name']的形式来取出其值，但是在模板的语言中是以 user.name 的方式取出，两者使用的方法是不一样的。

使用模板来建立网页的两大重点，其中之一就是如何把数据（变量）传到模板中，让模板的 rendering 机制把它们显示出来。除了之前使用的方式，把想要传递进去的变量使用字典的方式一个一个赋值进去之外，其实有更简单的方法，就是利用 locals()这个函数。

locals() 这个函数的功能就是以字典的形式返回所有当前在内存中的局部变量，因此我们在使用 render 之前就可以用这种方式来传递数据：

```
    template = get_template('index.html')
    now = datetime.now
userlists = list()
userlists.append({'name': 'Richard'})
userlists.append({'name': 'John'})
userlists.append({'name': 'Mary'})
    html = template.render(locals())
```

在上面这个例子中，在 render 函数内只要调用 locals()就可以了，now、userlists 这 2 个变量会一并被传递到 template.render 中，那么在 index.html 模板中就可以自由地使用这 2 个变量了。

另外一个是模板本身的设计，所有的 HTML 相关技术都可以用于模型的设计上。而许多的网页都有其共同的部分，也都可以利用共享模板的方式来简化重复的设计内容。假设我们的网页中都有共同的页尾设计，就可以先设计一个叫作 footer.html 的文件，接着在 index.html 的页尾处使用以下的指令把 footer.html 这个文件加入 index.html 中：

```
{% include 'footer.html' %}
```

光是 include 还不够，因为网页的设计通常有非常多样的变化，而有时候也可能是同样类似的网页，但是有些地方的内容（例如网页的标题、某些部分的组件）不一样，或是同样的页首页尾格式，但是在其他的一些小地方要根据不同的网页加以变化，这些都可以再进一步设置，这些方式要使用到模板的 extends 功能。

通常要使用 extends 模板功能时，我们会定义一个要被用来继承使用的基础模板 base.html：

```
<!DOCTYPE html>
<html>
<head>
<meta charset='utf-8'>
<title>{% block title %}{% endblock %}</title>
<body>
<header> ... </header>
<nav>...</nav>
{% block main %}{% endblock %}
<footer> ... </footer>
</body>
</html>
```

上述的 base.html 中有两个地方可以进行设置，分别是{% block title %}和{% block main %}。在上述的设计中，只要 extends 这个文件，然后再设置 title 和 content 就可以了，如下所示（例如 index.html）。

```
{% extends 'base.html' %}
{% block title %}欢迎光临{% endblock %}
{% block main %}
... 这里放所有想要呈现在 index.html 中的主要内容 ...
{% endblock %}
```

按照以上的设置方式，就可以轻易地制作出具有相同设计的网页，而不需要在不同的模板中放置同样的内容了。

当然模板的功能不会只有这么简单，事实上模板本身就有自己的一套语法，这些语法我们将会在使用到的时候再加以说明。详细的内容可以参考官方的网址：https://docs.djangoproject.com/en/1.7/topics/templates/。

14-3-4 使用静态文件夹存取文件

因为 Django 在对应网址和函数的时候会使用 urls.py 中的 Regular Expression 规则来对应，所以如果我们只是要从网站中显示图像文件或是要使用 CSS 或 JavaScript 文件，似乎不需要用到网址对应。在 Django 中，这一类的文件统称为静态文件（static files），要另外特别处理。

在 settings.py 配置文件之中可以找到以下的内容（应该是在文件的最后面）：

```
# Static files (CSS, JavaScript, Images)
# https://docs.djangoproject.com/en/1.9/howto/static-files/

STATIC_URL = '/static/'
```

这指的是，当我们指定网址为 http://localhost:8000/static 时，这个网址就不会被 urls.py 拿去对应到函数，而是直接从网站中放置静态文件的目录中获取。但是，究竟静态文件要放在哪里，则要指定在此行的后面：

```
STATIC_URL = '/static/'
STATICFILES_DIRS = [
    os.path.join(BASE_DIR, 'static'),
]
```

就像是 templates 一样，此设置表示把所有的静态文件都放在基本网站目录下面的 static 文件夹下。只要做了这个设置，就可以在其下设置 js 文件夹，用来存放 JavaScript 文件，css 文件夹用来放 CSS 相关文件，而 images 文件夹用来存放所有的图像文件。例如，我们有一个 logo.png 图像文件，使用 http://localhost:8000/static/images/logo.png 即可直接跳过 urls.py 中的网址对应，直接显示该图像文件。那么，如何用在 templates 文件中呢？使用方法如下：

```
... 省略 ...
    {% load staticfiles %}
    <img src="{% static 'images/logo.png' %}" width=150/>
... 省略 ...
```

在任何的 templates 文件中（此例为 index.html），加入上述两行即可。其实，在一个文件中，{% load staticfiles %}只要使用一次即可。依此类推，我们在 HTML 文件中经常使用到的自定义.js 和.css 文件就可以轻松用于 templates 文件中了。

14-4　Django 与数据库

毫无疑问，要使用 Python 这一类的程序设计语言来制作网站，我们最看重的当然就是数据库的访问功能了。如果不使用数据库的功能，那么只要使用静态的 HTML 文件和前端的 JavaScript 就很好用了。由于后端的网站应用很广泛地使用了数据库的连接功能，因此 Django 这个 Web 框架当然也就对于数据库的访问有非常完整的支持了。而且，不同于前面介绍的连接 MySQL 和 SQLite 数据库，Django 更进一步地把数据库抽象化成为一个模型，根据此模型，我们只要在 models.py 中创建一个类，其他数据库的创建以及数据表的定义就全部交由 Django 内部去处理了，网站开发者完全不用担心，这样就大大地降低了网站开发者编写访问数据库程序方面的工作量。这点对于初学者来说不是很直观，因为它是以 Python 自己原有的数据操作方式来操作数据库，但是只要熟悉之后就会发现其便利之处。

14-4-1　在 Django 中使用数据库

要在 Django 中开始使用数据库，首先要在 models.py 中建立一个模型，也就是一个要处理的类 class，在此 class 中指定要使用的各个数据项分别是什么。一个 class 就相当于是关系数据库（如 SQLite 及 MySQL）中的一个数据表，而在 class 中的每一个数据项就是一个字段。因此，每一个字段都要指定其正确的数据类型（如字符串类型、数值类型、日期时间类型等）以及特性（如最大长度、最小长度、是否允许此字段内容为空等）。

可以指定的数据类型以及特性，在官网 https://docs.djangoproject.com/en/1.9/ref/models/fields/ 中均可以查询到。下表是一些比较常用的类型。

类型	说明
AutoField	自动增加数值的整数类型，会自动被加到 model 中
BigIntegerField	可以存储范围从-9 223 372 036 854 775 808 到 9 223 372 036 854 775 807 之间的整数类型
BooleanField	可以存储 True/False 的类型
CharField	用来存储字符串文字的类型
DateField	用来存储日期的类型，可以对应到 datetime.date
DateTimeField	用来存储日期和时间的类型，可以对应到 datetime.datetime 的格式
DecimalField	定点数的数值类型，需指定数值的位数以及小数点的位数，其中 max_digits 的位数为全部数值使用的位，包含了小数字数
EmailField	用来存储电子邮件的类型
FloatField	用来存储浮点数的类型
IntegerField	用来存储范围从-2 147 483 648 到 2 147 483 647 之间的整数
PostiveIntegerField	用来存储 0 到 2 147 483 647 之间的正整数
PositiveSmallIntegerField	用来存储 0 到 32 767 之间的正整数
SmallIntegerField	用来存储-32 768~32 767 之间的整数
TextField	用来存储大量文字内容的类型
TimeField	只存储时间的类型，对应到 datetime.time
URLField	用来存储 URL 的类型，如果不指定最大长度，默认长度值为 200

下表则是在类型设置中比较常用的特性值。

特性	说明
blank	是否允许该字段为空值
default	指定该字段的默认值
primary_key	设置该字段为 Primary Key
unique	指定该字段为整个表格的唯一值，即确定此项数据不会有重复的记录项
max_length	最大长度
min_length	最小长度

按照上述的格式在 models.py 中创建 class，存盘后，接着执行以下命令，以确定所有设置的正确性：

```
python manage.py check
```

一切都正确无误之后，接着就可以进行 makemigrations 的操作了。指令如下：

```
python manage.py makemigrations myclass
```

以上的操作如果顺利完成，就可以在程序中以 Python 操作数据的方式来设计程序，而不用去留意数据库的处理细节。所有和数据库的操作，都会由 Django 替我们完成。

接下来（14-4-2 小节），我们就以一个转网址网站的内容来作为操作和说明的示范。

14-4-2　建立模型

第一步就是创建 class urlist：

```
from django.db import models

# Create your models here.

class urlist(models.Model):
    src_url = models.URLField()
    short_url = models.CharField(max_length=20)
    count = models.PositiveIntegerField()

    def __unicode__(self):
        return self.short_url
```

在上述模型中，src_url 是用来记录要被转址的网址，因此要以 URLField 的类型来存储，我们不指定长度，因此会使用默认的 200 个字符的长度，一般的情况下都够用了。short_url 用来作为短网址的 id，因此只要 20 个字符以内就可以，太长没有什么意义。最后，count 则是用来记录这个网址被转换了多少次，既然是存储次数，就不会有负数的情况出现，因此在这里用的是 PositiveIntegerField，表示只要存储成正的整数就可以了。

另外，每一个记录在显示时应该要能够在访问网页的时候直接看出它的内容，这个功能我们交给_unicode_这个函数来处理。定义了这个函数，当我们在程序的交互环境中显示这个数据项（对象）的时候，就不会只用一个没有意义的<object>显示，而是以我们指定的名称来显示。在这个例子中，我们以 short_url 作为要显示的名称，这个设置在后面使用 admin 数据管理界面的时候会用到。

上述的文件存盘之后，接下来要检查设置是否正确：

```
(venv) E:\dj\venv\mysite>python manage.py check
System check identified no issues (0 silenced).
```

然后做 makemigrations，要留意，makemigrations 后面加上的内容就是我们之前新增的 APP ugo，具体示例如下：

```
(venv) E:\dj\venv\mysite>python manage.py makemigrations ugo
Migrations for 'ugo':
  0001_initial.py:
    - Create model urlist
```

然后再 migrate 一次数据库的变更：

```
(venv) E:\dj\venv\mysite>python manage.py migrate
```

```
Operations to perform:
  Apply all migrations: auth, admin, contenttypes, ugo, sessions
Running migrations:
  Rendering model states... DONE
  Applying ugo.0001_initial... OK
```

如果以上都没有出现错误信息，就表示这个数据表已经被创建完成，可以立即拿来使用了。不过一开始都没有什么数据，并不容易示范，而最简单的操作数据的方式，除了使用我们之前在前面的章节中介绍的 SQLite Manager 直接操作 DB.sqlite3 这个数据库之外，启用 Django 预装的 admin 功能是最方便的方法。

14-4-3　admin 后台管理

要启用的方法很简单，只要到 APP（在此例中为 ugo）的目录下找到 admin.py，将我们的数据模型做好注册即可：

```
from django.contrib import admin
from ugo.models import urlist
# Register your models here.

admin.site.register(urlist)
```

此时，执行 http://localhost:8000/admin，就可以看到如图 14-3 所示的登录界面。

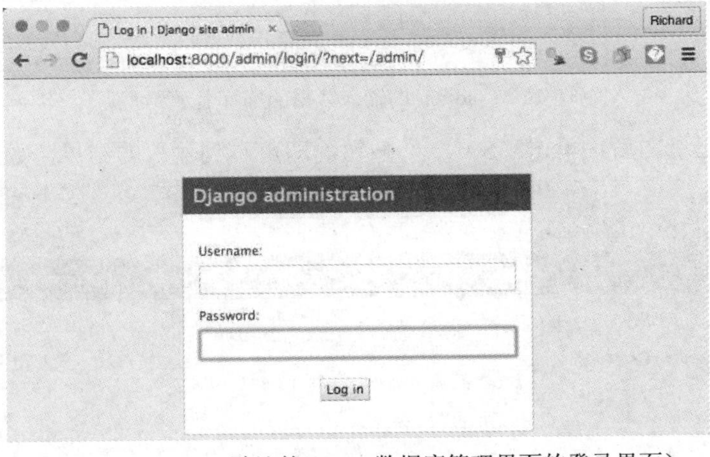

（图 14-3：Django 默认的 admin 数据库管理界面的登录界面）

我们没有编写任何相关的程序代码，但是已经有可以马上使用的数据库后台访问界面了。因为是第一次使用，所以还需要以如下所示的操作来创建一个可以登录的管理员账号：

```
(venv) E:\dj\venv\mysite>python manage.py createsuperuser
Username (leave blank to use 'skynet'): admin
Email address: skynet.tw@gmail.com
Password:
Password (again):
Superuser created successfully.
```

在输入管理员账号和密码之后,可以看到如图 14-4 的 admin 主界面。

(图 14-4:admin 主界面)

单击"+Add"之后,输入数据的界面如图 14-5 所示。

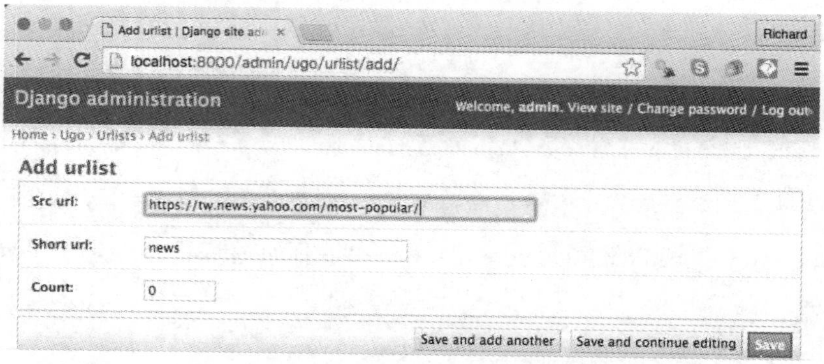

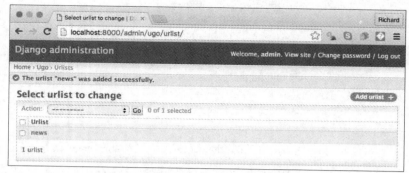

(图 14-5:admin 的输入数据的屏幕显示界面)

在新增一笔记录之后,单击"SAVE"按钮,即可看到输入的结果,如图 14-6 所示。

(图 14-6:新增一笔数据之后的屏幕显示界面)

新增多笔数据之后,每一笔数据都会被逐一列出来,如图 14-7 所示。

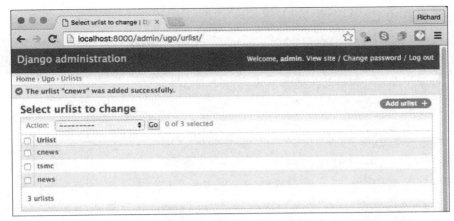

（图 14-7：admin 界面中输入 3 笔数据后的屏幕显示界面）

每一笔都可以分别进行编辑和删除，在 Action 中可以指定要进行的操作，只要在每一笔数据项前面的复选框中打钩即可进行批次或单笔处理。编辑界面如图 14-8 所示。

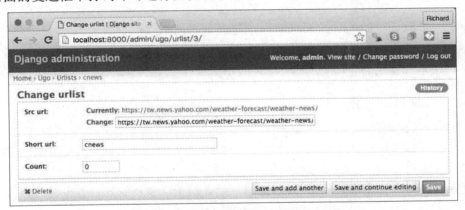

（图 14-8：编辑单一记录的屏幕显示界面）

当前我们的网站只设计给自己使用，所以还不会牵涉到用户认证的问题，所有用户的认证只有 superuser 一个人而已，因此我们就直接把 admin 作为输入数据的界面。至于要如何在网站上读取在 admin 中输入的数据，将在下一小节中说明。

14-4-4　读取数据库中的数据

在 14-4-3 小节的例子中，我们一共输入了 3 笔网址的数据，那要如何读取再交由网页来显示呢？答案是使用 models 模块中的 objects.get()和 objects.all()这两个方法（函数）。

因为我们的网站中主要是在 views.py 中定义要存取对应网址的函数，所以在 views.py 中需要先以 from ugo.models import urlist 把之前定义的模型 urlist 导入 views.py 中，接着就可以在 views.py 的任一函数中使用 urlist.objects.get()和 urlist.objects.all()了。

以本节打算要完成的转址网站为例，为了完成所有的功能，把 urls.py 中的网址对应，再进一步增加如下内容：

```python
from django.conf.urls import include, url
from django.contrib import admin
from ugo.views import index, gourl, notfound, listall

urlpatterns = [
    url(r'^admin/', include(admin.site.urls)),
    url(r'^list/$', listall),
    url(r'^notfound/(\w*)', notfound),
    url(r'^$', index),
    url(r'^(\w+)$', gourl),
]
```

在上述的网址对应中，除了原有的/admin/以及根路径之外，还要再加上用来列出所有现有数据的 listall、用来显示无法找到短网址的 notfound 以及真正用来转网址的 gourl。"r'^notfound/(\w*)'"表示要查找的网址样式为根网址后是 notfound/再加上任一字符（0 个或 0 个以上），而"r'^(\w+)$'"则表示要查找的网址的样式除了上面所指定的以外，只要是在主网址后存在任何一个字母所组成的字符组合（1 个或 1 个以上）均可。

接下来，再去 views.py 中分别定义 gourl、notfound 以及 listall。以下是 listall 函数的定义：

```python
def listall(request):
    template = get_template('listall.html')
    all = urlist.objects.all()
    now = datetime.now
    html = template.render(locals())
    return HttpResponse(html)
```

主要操作到数据的部分为 all = urlist.objects.all()这一行。此函数用来把所有在 urlist 中的数据项全部返回，把它放在 all 变量中，即表示此时 all 中可能会有超过一个以上的数据项。这些数据项直接传到模板中，让模板去把它们显示出来。

在此假设数据库一定不会是空的，所以就不设计用于在找不到任何数据时的错误处理程序代码了。在此函数中分别利用 template 模板以及两个局部变量 all 和 now，使用 html = template.render(locals())来实际应用模板，最后再使用 HttpResponse(html)把应用好的网页 HTML 代码返回给网页服务器，最后再转给用户的浏览器。

真正负责转址的 gourl 函数定义如下：

```python
def gourl(request, short_url):
    try:
        rec = urlist.objects.get(short_url = short_url)
        target_url = rec.src_url
        rec.count = rec.count + 1
        rec.save()
    except:
        target_url = '/notfound/' + short_url
    return redirect(target_url)
```

上述的程序代码中有几个重点，其一就是使用 urlist.objects.get(short_url = short_url)来获取指定的短网址在数据库中的那一笔记录。其中，short_url 是从 urls.py 对比网址之后传过来的，我们以这个为搜索的关键去查找数据库的内容。由于可能会发生找不到的情况，因此必须要使用

try/except 机制避免因为找不到指定的数据而发生例外。我们的设计是，如果找得到，就处理转址的操作，如果找不到，就让它转到/notfound/short_url 网址，使其执行的控制流程转移到 notfound 函数（按照 urls.py 中的设置操作），显示出在数据库中找不到短网址的信息。

如程序中所描述的，假如找到数据，就把数据的记录放在 rec 中，取出 rec.src_url 作为要前往的网址（目标网址 target_url），因为可以在 Django 中使用 redirect 直接处理转址，所以在这个函数中就不需要再应用模板了。为了记录被转址的数据，在程序中把 rec.count 加 1，且使用 rec.save()以确保最新的数据会被写入到数据库中。

如果找不到，程序流程就会被转移到 notfound 函数：

```
def notfound(request, id):
    template = get_template('notfound.html')
    now = datetime.now
    html = template.render({'id':id, 'now': now})
    return HttpResponse(html)
```

也是很简单明了，就是获取 now 和 id 这两个变量，id 也是由 urls.py 中对应之后传过来的，存储的内容就是找不到的短网址。其他部分交由模板去处理即可。

14-4-5 短网址转址网站模板的内容

根据 MTV 的原则，在 views.py 中负责的是获取所有显示需要的数据以及安排网站的控制流程，而真正要显示出的结果网页则是交由模板 Template 来处理。此网站分别使用了 base.html、index.html、listall.html、notfound 这几个模板。其中，base.html 是基础模板，放置了本站所有网页共同的部分，方便其他 3 个模板继承之用。base.html 内容如下：

```
<!-- base.html -->
<!DOCTYPE html>
{% load staticfiles %}
<html>
    <head>
        <title>{% block title %} {% endblock %}</title>
    </head>
    <body>
        <header>
            <a href='/'>
                <img src='{% static "images/logo.png" %}' width=150 />
            </a>
        </header>
        <h1>{% block message %} {% endblock %}</h1>
        <nav>
            【<a href='/'>HOME</a>】·
            【<a href='/list/'>现有网址列表</a>】·
            【<a href='/admin/'>网址管理网页</a>】
        </nav>
        <hr>
        {% block main %} {% endblock %}
        <hr>
        <h2>
```

```
            <h3>现在时刻：{{ now }}</h3>
        </h2>
    </body>
</html>
```

在此基础模板中，预留了 title、message 和 main 这 3 个可自定义的 block，让其他 3 个模板可以修改这些部分。另外，因为在 base.html 中使用到了 now 这个变量，其他的模板在继承之后，也会把 now 这个变量传进去才行。其中，index.html 定义如下：

```
<!-- index.html -->
{% extends 'base.html' %}
{% block title %}这是一个Django 所制作的练习网站{% endblock %}
{% block message %}欢迎光临本网站{% endblock %}
{% block main %}
        <p>
            本网站提供短网址转址的功能。<br>只要在数据库中建立短网址和实际网址之后</br>，以后在主网址后面加上短网址名称，<br>即会自动帮你转到指定的网站。欢迎使用。
        </p>
{% endblock %}
```

index.html 基本上就只是用来呈现一些简单信息的网页，没有特别需要说明的地方。读者可以细看继承模板实际的编写格式。

以下则是用来显示找不到短网址信息的 notfound.html：

```
<!-- notfound.html -->
{% extends 'base.html' %}
{% block title %}找不到指定的网址{% endblock %}
{% block message %}找不到你指定的网址{% endblock %}
{% block main %}
        <h3>
            你指定的网址：{{ id }}<br>
            在数据库中找不到，请前往
            <a href='/admin/'>管理</a>网页 中新增数据
        </h3>
{% endblock %}
```

在 notfound.html 中，除了继承原有的 base.html 之外，另外还使用了一个 id 变量，要从 views.py 所对应的函数中传过来。

以下是 listall.html 的内容：

```
<!-- listall.html -->
{% extends 'base.html' %}
{% block title %}列出所有数据库中的短网址{% endblock %}
{% block message %}所有短网址列表{% endblock %}
{% block main %}
<table border=1>
    <tr><td>短网址</td><td>转址次数</td><td>原始网址</td>
    {% for item in all %}
        <tr>
            <td>{{ item.short_url }} </td>
            <td>{{ item.count }} </td>
            <td>{{ item.src_url }} </td>
```

```
        </tr>
    {% endfor %}
</table>
{% endblock %}
```

在 listall.html 中，因为我们要显示所有的短网址列表，所以需要通过{% for ... %}循环来读取所有在 all 变量中的数据。而且，因为有许多笔数据，所以在这个网页中我们以<table>表格来显示其内容。

留意以上细节，详细设置 models.py、urls.py、views.py 以及相对应的 templates，网站就可以顺利地运行了。图 14-9 是本网站的首页界面。

（图 14-9：短网址转址网站的首页界面）

当单击"现有网址列表"链接时，会列出所有在数据库中的网址以及被转址的次数，如图 14-10 所示。

（图 14-10：列出所有的网址以及转址次数信息的界面）

如果使用的网址没有在数据库中，例如输入 http://localhost:8000/noway，就会出现如图14-11 所示的提醒界面。

（图 14-11：找不到短网址时的提醒界面）

那如果找得到呢？当然是直接转到该网站，接下来用户根本就不会再看到自己这个网站的任何界面。因此，如果把这个网站的内容安装在一个具有很短的网址（例如 tar.so、yabi.me 等）的主机上，那么要前往某新闻摘要网页只要输入"tar.so/news"，或是用来把一些新浪的网址改为自己的短网址，是不是非常方便呢？详细的设置方法请看下一章的说明。

14-5 习 题

1. 请比较 Flask 和 Django 两个 Web Framework 的优缺点。
2. 除了 Flask 和 Django 之外，你还看过哪些 Python based 的 Web Framework？请至少列出 2 个例子来说明。
3. 请列表比较 MVC（Model-View-Control）和 MTV（Model-Template-View）。
4. 在 14-4-2 定义模型中，请再新增一个 name 字段，让此字段可以显示出短网址所要转址的网站名称。
5. 按照上题所述的新模型，重新修改后续的相关程序。

第 15 章

程序设计所需要的基础知识

设计好的网站，就是要放在网络主机上才能够提供给网友们浏览。然而，在网络主机上的部署操作其实有许多的细节要留意，至于如何让网站主机能够顺利地执行到我们的 Django 网站，不同的主机也有不同的设置方法，整个过程并不太容易。在本章中，我们将给读者提供一个开发、测试网站以及部署主机的学习方向，以及在不同计算机中开发网站需求时的可行解决方案。最后，再以作者最常使用的云计算 VPS 主机 DigitalOcean 为例，示范如何让网站顺利地在云计算主机中执行起来。

15-1　网站的测试与调整
15-2　网站开发环境的部署
15-3　云虚拟机部署方法
15-4　习　题

15-1　网站的测试与调整

在第 14 章中，我们完成了 Django 的第一个简单的网站，通过网址的输入可以协助用户把短网址转换成完整的网址（200 个字符以内的网址都没有问题），并直接前往该网站，同时我们也可以通过 admin 的界面新增、编辑以及删除指定的短网址记录。然而，到当前为止，程序都还在自己的计算机中，并没有实用性。在本章中，我们就来把这个网站实际上线到网络主机上，让网络上所有的用户都可以使用。首先来看一些上线前的前置工作。

15-1-1　上线前的前置工作

相信在设计网站的过程当中，读者们一定会有程序不小心写错了，然后看到在网页上出现了一大堆错误信息的经历。典型的网页程序错误所产生的显示界面如图 15-1 所示。

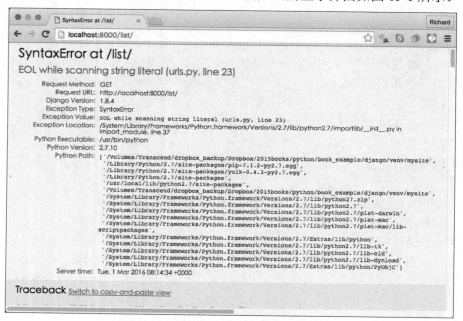

（图 15-1：网页程序错误所呈现的调试界面）

在网页中呈现了丰富的调试信息，让网站开发者可以很容易地找出其中的错误以便于修正，这在开发的过程中是非常重要的。然而，如果这是已经放在主机上开放给大众使用的网站，显示出这些信息不仅对网友来说观感不佳，对于有心人士，这等于是打开了"后窗给别人看屋内"的情况，徒增了网站的风险。

所以，在网站自行测试无误打算上线使用时，关闭调试模式显然是最重要的一件工作。方法是到 settings.py 中找到 DEBUG 这个开关，把它从 True 改为 False 即可，而我们之前没有提到的语言选项和时区（大部分都是放在 settings.py 这个文件的最后面），也可以同时把它们改掉。修改完毕再回到 admin 网页，就会发现 admin 的管理界面自动改为中文的了。

```
DEBUG=False
...
LANGUAGE_CODE = 'zh-cn'
TIME_ZONE = 'Asia/Beijing'
```

除此之外，在开发时使用的静态文件放置方式和真正在主机时的静态文件处理方式也是不同的（基于性能和安全上的考虑），而且在不同的主机服务器操作的方法也不太一样，读者只要知道静态文件要另行处理，至于如何处理，等到相关章节时再针对该部署环境说明。

15-1-2　网站的部署策略

在自己的计算机上完成网站的开发之后，要把网站放在哪一种主机上呢？会特别指出这个问题的原因在于，Django 项目所建立的网站和一般常见的 WordPress 这一类的 CMS 系统所需要的主机并不一样。

WordPress 乃至于 Joomla、OpenCart 都是以 PHP+MySQL 编写而成的，这种组合对于大部分的虚拟主机来说是直接就支持，也就是系统不需要进行任何的设置，只要把 PHP 文件放到网页目录（一般都是 htdocs 或是 public_html）下，就可以马上被 Apache 等网页服务器接受并执行。但是，这样的环境并没有办法直接执行 Python 程序，当然更不用说是 Django 了。

如之前章节所说明的，要让 Apache 或是 Nginx 这些主流网页服务器可以执行 Python，要通过 WSGI 网关的设置才行，而大部分共享式 Shared Web Host 均无此能力（而它们也都不能进入其命令提示符模式，连要操作 python manage.py 都没有办法），以至于平时我们申请用来安装 WordPress 这种虚拟主机，也没有办法在上面部署 Django 项目。

因此，想要在虚拟主机上部署 Django 网站，主要有两种选择。其中之一就是申请比 Shared Web Host 更高一级的 VPS（Virtual Private Server）项目，如 HostGator（http://tar.so/hostgator）或是 Cloud Server 的 DigitalOcean（http://tar.so/do），通过一个可以完全让网站设计者控制的 Linux 虚拟机，自行部署 Apache 服务器，并把 Django 设置上去。此种方法的好处是，花一次的费用买下一台完整的虚拟机，你要在上面放多少服务和网站都可以。只要熟悉 Linux 服务器的设置，就可以发挥该台 VPS 最大的效用（其实没有你想象的贵，像是 DigitalOcean 最便宜的方案，一个月也才 5 美元）。另外一种方式则是以各云计算平台的 APP 为主，不用购买一整台虚拟机，而是以网站为单位（把网站当作一个 APP），只把网站部署上去，略过中间的虚拟主机的设置工作。只要你的网站能够符合该云主机（Heroku、Google Cloud Computing、Amazon EC2 或 Microsoft Azure）的规范，通过它们的工具程序就可以把网站部署上去。此种方法的好处就是不需要做 Linux 主机的额外管理工作，缺点是相比起来，如果同时有许多网站，价格上会贵不少，因为每一个网站都要单独计算价钱。

两种方式的部署方法完全不同，在后面的章节中将会列举一些实例让读者可以充分练习。

15-1-3　网址的购买和选用

网站除了 IP 地址之外，最重要的就是网址了。不同的网络主机或云计算平台提供的网址或 IP 地址的方法不尽相同，但是不管是提供什么，最好的方式就是自己购买一个，然后再以 DNS 设置的方式把设置好的网络域名指向我们的主机或云计算平台上。

至于要购买什么网址，由于现在网址注册成熟且开放，各种各样的域名都可以使用，因此建议不要把自己的网址局限在本地的网络域名中，想要什么都可以，重点是要短而且好记，如果还能够有意义，那就太好了。除了网址向中国本地的网络域名注册商购买最便宜划算外，笔者也经常到 http://tar.so/dns 去看看有没有促销中的便宜网络域名，有时候一些促销的网址，第一年的促销价格甚至不到 10 元（人民币），买来暂时使用看看也不错。

有了自己的网络域名，就可以轻松地使用网络域名商所附的网址管理界面，使用 CNAME 或是 A 记录把子域的网址转换到我们新部署好的网站上。在后续的章节中会有更多的说明。

15-2　网站开发环境的部署

对于在不同场所有多台计算机甚至是不同操作系统（例如，家里是 Windows 10，工作场所是 Linux，笔记本电脑是 Mac OS）的朋友来说，要开发网站不同于编写程序只有几个文件需要同步，一个 Django 网站下（包含虚拟环境），往往有超过好几百甚至上千个文件（放心，大部分都是系统文件）。这些文件如果在不同的计算机间同步，不仅可能会花很多的时间，更糟的是如果因为没有完成同步就在另外一台计算机开始编辑，还有可能会造成文件的冲突，非常麻烦。解决这种问题的方法有许多种，对于一个只有自己在维护的项目来说，把网站直接放在云上开发也是一个很好的解决方案。在这一节中，笔者会教读者如何以 cloud9 IDE 作为云开发的平台，让网站的开发在云上进行，彻底解决文件不同步的情况。

15-2-1　利用 ngrok 随时连线你的网站

在使用云开发环境之前，先来说明一个很有趣的应用 ngrok，一个让你可以直接把自己计算机中的网站上线的服务。ngrok 要解决的问题很直截了当，就是当我们在自己的计算机（台式机或笔记本电脑都可以）中启动网页服务器时，不管是使用 WAMP 或是 MAMP，或是任何个人计算机端网页服务器应用程序，还是像我们之前在测试网站时使用的 python manage.py runserver，只要网站在本地执行起来，可以接受 http://localhost:8000 或是任何端口的浏览，就可以使用 ngrok 接受来自外网的连线，无论你是使用何种形式连上因特网（工作场所的网络、路边的 WiFi，家中的 ADSL，手机移动网络）都可以。

也就是说，ngrok 其实是一个网络代理服务，它会给我们的计算机提供一个对外的网址，当有人浏览了那个网址之后，所有的浏览行为就会导向到我们的个人计算机中，只要我们的计算机中启动了网页服务器的服务，用户就可以看到在我们计算机中网站的内容。

由于网站是在我们的计算机中（此例为 Django 的网站），因此在使用此服务的时候，自己的计算机一定要开着才行。此外，由于它是通过代理的方式来访问我们的个人计算机上的网站，网络的速度以及执行的性能会非常受限，因此这个服务并不适用于正式的网站部署，主要的用途仅限于把你的网站成果拿来给朋友、同事或老板测试或检查。

要使用此服务，首先需到 ngrok 网站（https://ngrok.com/download）下载代理程序，不同的操作系统需要不同的程序，只有安装正确方可在本地计算机中顺利运行，如图 15-2 所示。

第 15 章　程序设计所需要的基础知识

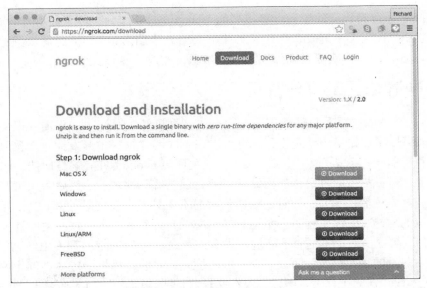

（图 15-2：下载 ngrok 的网站）

　　按照你的计算机所使用的操作系统下载程序（压缩文件）之后，在任何一个目录下完成解压缩即可使用。以 Mac OS 为例，下载后的文件是 ngrok-stable-darwin-amd64.zip，使用 unzip 程序解压缩之后得到执行文件为 ngrok，直接执行 ngrok 即可。图 15-3 为执行的示意图。

（图 15-3：ngrok 的应用示意图）

　　如图 15-3 所示，在界面的左侧我们共开了 2 个终端程序（在 Windows 中使用命令提示符即可）窗口（上下各一），然后右边是浏览器界面。先执行左下角的 python manage.py runserver，把 Django 的网站启动起来，接下来执行左上角的 ./ngrok http 8000，这一行指令会告诉 ngrok 的代理服务器关于本地网站的端口号。

　　在 ngrok 和它们的主机连接之后过一会儿，就会在终端程序上显示可以接受对外连接的网址，在此例中为 http://abc44d46.ngrok.io。也就是说，在此时此刻，任何人都可以在它的浏览

355

器使用这个网址连接到我们的个人计算机端的 Django 网站，与图 15-3 右侧的浏览器一样。

善用此服务，在网站的开发测试阶段如果需要给同事朋友、客户或是老板浏览网站开发的进度，就可以省去先上传或部署到外部主机的步骤，省时、省钱又省力。

15-2-2　申请 Cloud9 IDE 账号

在 15-2-1 小节的情况是我们使用同一台个人计算机开发网站，如果需要提供外部浏览，使用 ngrok 就可以了。如果想要更方便，也可以在不同的计算机中开发同一个网站，若同时还想要网站一执行就可以被外部浏览到，那么云开发环境 Cloud9 可能就是最佳的选择。

顾名思义，云开发环境就是你的网站从一开始就放在云主机上，然后利用浏览器登录的方式进行编辑和网站内容的设计。既然是放在云上而不是某一台特定的计算机上，当然就不会有所谓版本同步的问题。不管你在哪一个地方使用哪一台计算机，连接到网站的开发环境都是同一个地方，一次解决所有的问题，连环境的设置与系统软件的安装也都不用伤脑筋，达到随时随地进行网站开发的最高境界（不过，唯一的问题是，你的计算机一定要能够上网，才能够连接到 Cloud9 进行开发的工作）。所以，现在就让我们来申请一个 Cloud9 IDE 的账号，并开始开发网站吧。

还没有使用过 Cloud9 的朋友，请直接前往网址 https://c9.io/web/sign-up/free 注册一个新的账号，如图 15-4 所示。

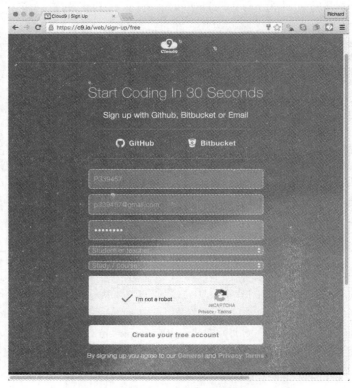

（图 15-4：Cloud9 的注册界面）

在单击"Create your free account"（创建账号）按钮之后，回到电子邮件信箱中收取激活邮件，单击激活链接之后即可进入 Cloud9 的管理界面，如图 15-5 所示。

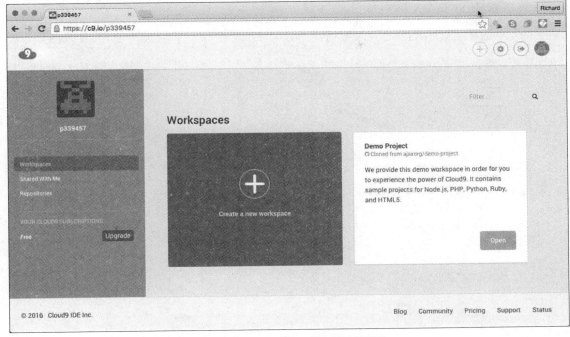

（图 15-5：Cloud9 的工作区管理界面）

免费的 Cloud9 账号中可以拥有许多公开的工作区和一个私人的工作区。每一个工作区其实就是一台 Linux 虚拟机，除了 Cloud9 所提供的编辑和执行功能外，还可以执行大部分的 Linux 设置工作。如果你对于 Linux 的管理非常熟悉，使用起来一定会非常得心应手，如果不熟悉，也不失为一个学习 Linux 主机管理的好机会。

在 Dashboard（控制台）的左侧有两个比较重要的选项：一个是 Workspaces，用于工作区管理，也是一开始进入的地方；另外一个是 Repositories，则是用来链接网络上几个著名的程序代码版本控制的服务，如 GitHub 以及 BitBucket 等，让你可以直接从这些现有的项目中把内容导入 Cloud9 中。

15-2-3 建立 Cloud9 开发环境

接下来，我们就利用 Cloud9 来建立一个 Django 的开发环境。请在 Dashboard 中单击那个大的"+"号，创建一个新的工作区（Create a new workspace），并按照图 15-6 所示进行设置。

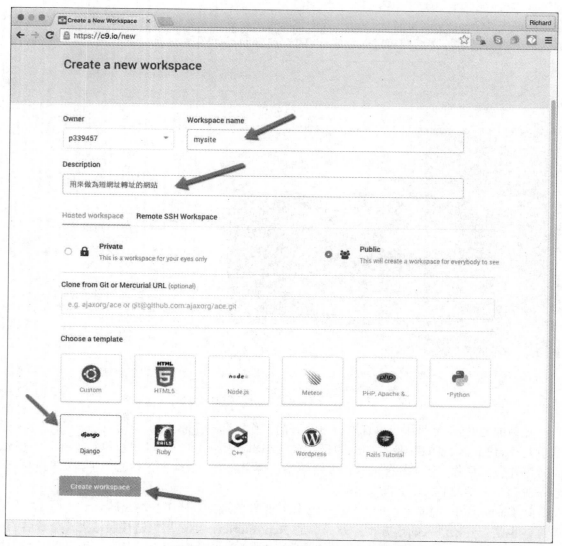

（图 15-6：建立新的工作区所需做的设置）

  在箭头处指出了几个需要设置的地方，分别是工作区的名称 mysite、工作区的描述与说明以及要创建的是哪一种工作区，在这里我们选用了 Django。你可以发现，除了 Django 之外，还有许多其他的程序设计语言和 Framework 可以选用。全部设置完成之后，单击"Create workspace"按钮，等一段时间，就可以看到创建好的工作区了，如图 15-7 所示。

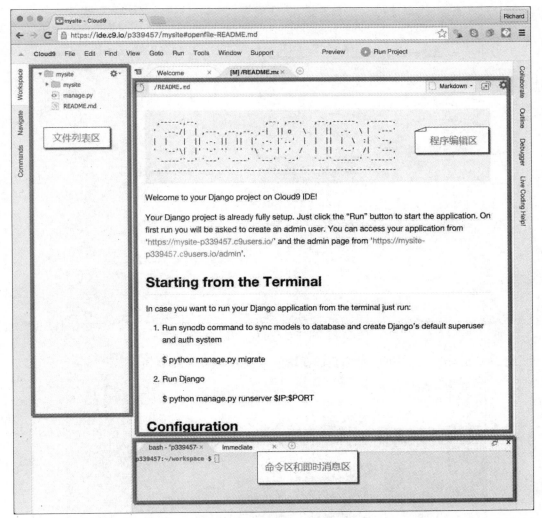

（图 15-7：Cloud9 新创建好的工作区）

环境上看起来有些复杂，其实不用担心，我们会用到的主要为 3 个区，分别是左侧的文件列表区、最大块的程序编辑区以及下方的命令区和即时消息区。看起来和一般的程序开发 IDE 环境非常类似。先选择"Quit Cloud9"回到之前的 Dashboard，如图 15-8 所示。

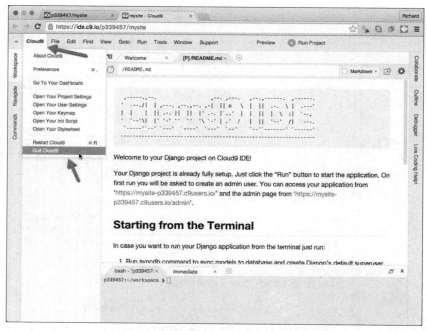

（图 15-8：离开 Cloud9 工作区的方法）

回到 Dashboard，立即可以看到我们新增的工作区，如图 15-9 所示。

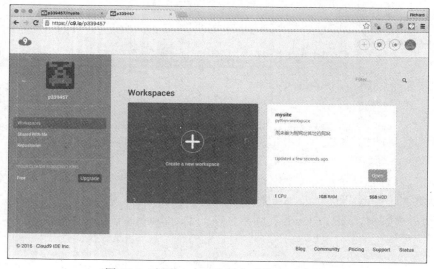

（图 15-9：新增 1 个工作区之后的 Dashboard）

在新增的工作区中可以看到，这个工作区其实就是一台 Linux 虚拟机（精确地说，是 Ubuntu 版本的 Linux 操作系统），具有一个 CPU，1GB RAM 以及 5GB 的硬盘空间可以使用。

要再进入工作区时，只要单击右侧的 "Open" 按钮，过一会儿就会回到上次结束时的状态。回到工作区之后，我们先到 bash 处输入一些指令练习一下。

首先，在工作区的 bash 命令行界面输入 lsb_release -a 命令，就可以看到此操作系统的相关版本号内容：

```
p339457:~/workspace $ lsb_release -a
No LSB modules are available.
Distributor ID: Ubuntu
Description:    Ubuntu 14.04.3 LTS
Release:        14.04
Codename:       trusty
```

几乎所有的 Linux 指令都可以在 bash 中执行，意思是说，如果你想要知道 python 的版本号码以及 Django 的版本号码，也可以分别执行 python --version 以及 django-admin --version：

```
p339457:~/workspace $ python --version
Python 2.7.6
p339457:~/workspace $ django-admin --version
1.9
```

使用 tree 命令，可以得知当前 Cloud9 在工作区中为我们准备好的目录：

```
p339457:~/workspace $ tree
.
├── README.md
├── manage.py
└── mysite
    ├── __init__.py
    ├── settings.py
    ├── urls.py
    └── wsgi.py

1 directory, 6 files
```

因为之前我们设置的网站名称为 mysite，所以看到的就是以 mysite 为名称的网站项目。因此，我们就不需要再使用 django-admin start project mysite 来创建项目了，因为 Cloud9 已经为我们创建好了。下一小节我们将把第 14 章所建立的网站搬移过来。

15-2-4　测试与执行 Django 网站

首先，也是到 bash 的命令执行处，执行 Django 创建 APP 的指令，请留意此处使用的 APP 名称要和第 14 章所使用的一模一样才行，在此例为 ugo：

```
p339457:~/workspace $ python manage.py startapp ugo
p339457:~/workspace $mkdir templates
p339457:~/workspace $mkdir static
p339457:~/workspace $ tree
.
├── README.md
├── manage.py
├── mysite
│   ├── __init__.py
│   ├── __init__.pyc
```

```
│   ├── settings.py
│   ├── settings.pyc
│   ├── urls.py
│   └── wsgi.py
├── static
├── templates
└── ugo
    ├── __init__.py
    ├── admin.py
    ├── apps.py
    ├── migrations
    │   └── __init__.py
    ├── models.py
    ├── tests.py
    └── views.py

5 directories, 15 files
```

因为是 Linux 操作系统，所以接下来所有的指令都必须是 Linux 的指令才行。而且，由于是 Ubuntu 的操作系统，因此如果你发现有些好用的工具程序找不到，就可以使用 sudo apt-get install 把它们安装进去。

使用 tree 指令之后，有没有发现看到了一些熟悉的文件？同样的目录结构也会被实时反应到左侧的文件列表区。我们可以使用鼠标双击选定的文件，界面中间的编辑区就会出现该文件的内容，并为可编辑状态，如图 15-10 所示，而中间的编辑区其实就是一个文本编辑器，也就是程序开发用的文本编辑器，非常好用。

（图 15-10：在 Cloud9 中编辑 urls.py）

接下来的工作就很简单了，所有需要操作的命令（例如，使用 python manage.py createsuperuser 创建管理员密码等）均可在 bash 界面中输入执行，而需要编辑文件时，使用 IDE

界面把文件打开编辑即可。在此例中,我们使用编辑的方式打开 settings.py,把一些我们在前一章中所修改的内容也在此文件中进行修改(此文件不能使用全覆盖的方式,因为 Cloud9 在执行 startproject 时的环境以及版本和我们在个人计算机中使用的不一定是一样的)。其他的文件如 urls.py、admin.py、models.py、views.py 则使用全覆盖的方式,把第 14 章同一文件的内容完全覆写过去即可。

templates 和 static 下的文件呢?用上传的就可以了。在 File 菜单中有一个 Upload Local Files 选项,如图 15-11 所示。

(图 15-11:在 Cloud9 上传文件)

而在上传文件时,别忘了要确定上传的目录位置,如图 15-12 所示。

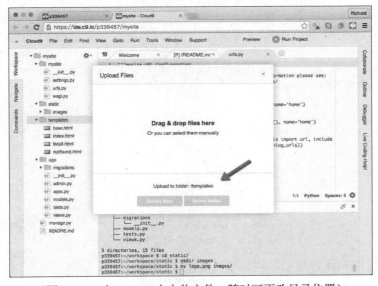

(图 15-12:在 Cloud9 中上传文件,随时可更改目录位置)

在所有的文件都更改完毕之后，别忘了在 bash 界面下执行以下指令以同步数据库、创建系统管理员 admin：

```
p339457:~/workspace $ python manage.py makemigrations ugo
Migrations for 'ugo':
  0001_initial.py:
    - Create model urlist
p339457:~/workspace $ python manage.py migrate
Operations to perform:
  Apply all migrations: admin, contenttypes, ugo, auth, sessions
Running migrations:
  Rendering model states... DONE
  Applying ugo.0001_initial... OK
p339457:~/workspace $ python manage.py createsuperuser
Username (leave blank to use 'ubuntu'): admin
Email address: p339457@gmail.com
Password:
Password (again):
Superuser created successfully.
```

最后，单击右上角的"Run Project"，如图 15-13 所示。

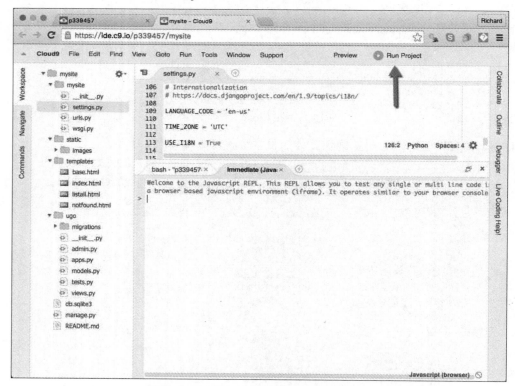

（图 15-13：在 Cloud9 中启动网站的方法）

过一会就可以顺利执行我们的网站了，如图 15-14 所示。

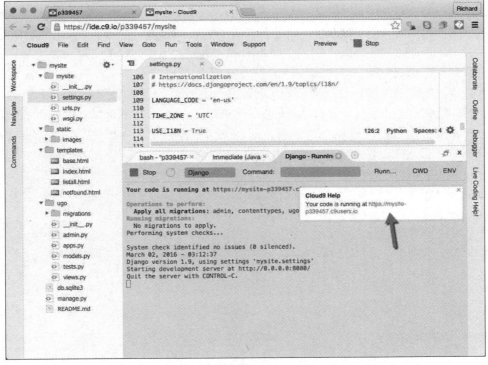

（图 15-14：Django 网站启动之后的屏幕显示界面）

如图 15-14 所示，在网站执行的时候，使用浏览器浏览这个项目的固定网址，就可以看到网站的内容了，顺利的话会和第 14 章所呈现的一模一样，这个网址就是可以被网络上所有用户浏览的公开网站对应的网址了（此例为 https://mysite-p339457.c9users.io）。

由于 Cloud9 会保持项目的执行状态，因此只要不停止此项目的执行，就算是我们退出了 Cloud9 的账号，甚至把本地的计算机关闭，该网站依旧会持续运行，就像是在网站主机上一样。

不过，这是一个开发测试用的环境，并非正式的网站主机，因此并不建议直接使用此状态作为上线用的网站。15-3 节所介绍的 DigitalOcean 才是正式的可作为网站运营用的虚拟主机。

15-3 云虚拟机部署方法

熟悉了 Cloud9 的操作之后，相信读者对于如何在 Linux 主机下建立 Django 网站有了更进一步的了解了。在这一节中，我们将介绍一个商用的虚拟主机服务 DigitalOcean（http://tar.so/do），在此服务中所建立的网站即可为正式的网站对外提供服务。

15-3-1 DigitalOcean 简介

简单地说，DigitalOcean 所提供的就是一个以 Linux 操作系统为主的虚拟机（Virtual Machine）服务，也可以看成是虚拟主机公司的 VPS（Virtual Private Server）项目。但是和一般如 Hostgator（http://tar.so/hostgator）这一类的主机公司不一样的地方在于，DigitalOcean 所提供的方案就只有虚拟机一种选择，能够自定义的是操作系统的版本、CPU 性能、RAM 的大小以及磁盘驱动器的容量等，按照这些性能和容量的等级来计费，而且是以小时来计算费用的，用多少算多少，最低的方案可以设计在一个月大约 5 美元的花费，对于网站开发以及小型网站来说是非常划算的选择。

使用虚拟机的好处在于，它就是一台 Linux 机器，为我们提供以网页浏览或是 SSH 终端程序连接的方式管理虚拟机，只要熟悉 Linux 系统的管理与操作，你可以在同一台虚拟机上启动任何你想得到的服务，可以发挥最大的效用，就性价比而言非常划算。当然，一台 Linux 虚拟机只要在上面做好设置，要建立几个 Django 网站都可以，也可以是完全不同网络域名的网站，一般网友根本看不出来它们是放在同一台主机上的网站。

现在就教大家来申请使用。DigitalOcean 的网站如图 15-15 所示。（可使用短网址 http://tar.so/do 前往。）

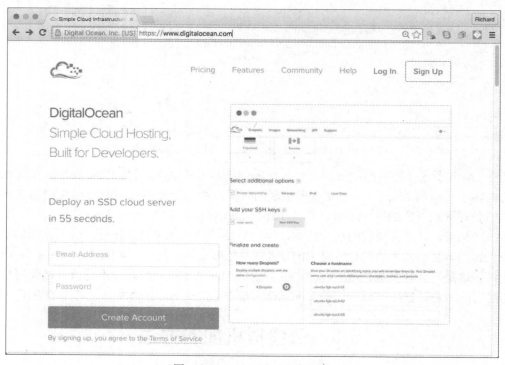

（图 15-15：DigitalOcean 主网站）

在右上角选择"Sign Up"注册新的账号，就会出现如图 15-16 所示的屏幕显示界面。

第 15 章 程序设计所需要的基础知识

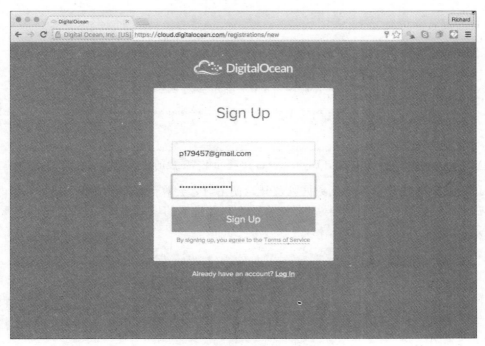

（图 15-16：DigitalOcean 的注册界面）

密码只有一次输入的机会，要留意自己输入的内容。单击"Sign Up"按钮之后，就会出现如图 15-17 所示的步骤指示界面。

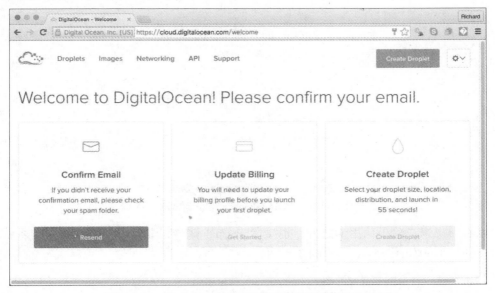

（图 15-17：DigitalOcean 注册步骤说明的屏幕显示界面）

这时就是收激活邮件的时候了。如果你使用的是本站的网址（http://tar.so/do）前往注册，除了激活邮件外，还会收到一封 10 美元的免费额度，如图 15-18 所示。

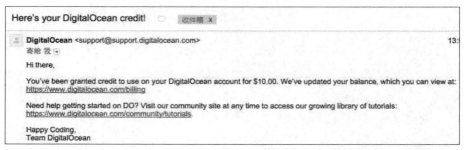

（图 15-18：DigitalOcean 10 美元免费额度的通知邮件）

不过，这要等你设置好付款数据以及开始使用时才会算到现有的额度中。

单击激活链接再一次登录网站，就会有一个付款数据的填写窗体，这个部分也是要完成之后才算是正式激活此账号，如图 15-19 所示。

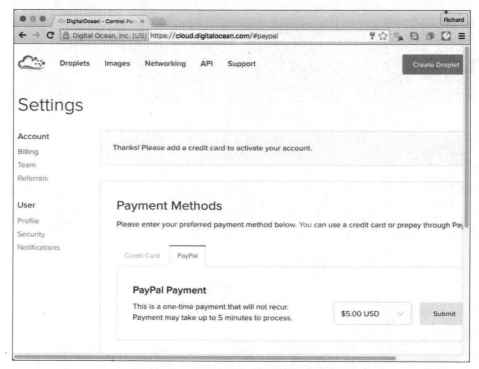

（图 15-19：在 DigitalOcean 中设置付款信息）

可以看得出来，除了信用卡之外，也接受 Paypal 账号，非常方便。激活完成之后，回到主网页，即可看到如图 15-20 所示的主界面。

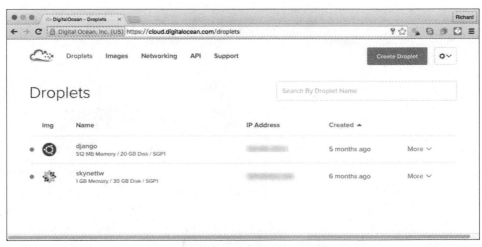

（图 15-20：DigitalOcean 主管理的屏幕显示界面）

在 DigitalOcean 中，所有运行中的虚拟机都叫作 Droplet（水滴）。在图 15-20 中，因为作者已有两台虚拟机在上面运行，所以可以看到两台虚拟机的基本数据。例如，第 1 台叫作 django，使用 512MB 的内存以及 20GB 的硬盘，该机器位于新加坡的 1 号机房（SGP1），后面还有 IP 地址以及是多久以前建立的，看名称就知道是一个 Django 的网站；而第 2 台则是笔者用来放置视频教学的网站（使用 Clipbucket 系统）以及 WordPress 的网站。

15-3-2　创建 Ubuntu 虚拟机

单击右上角的"Create Droplet"即可创建另外一台新的虚拟机，如图 15-21 所示。

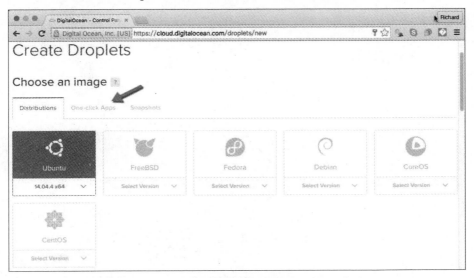

（图 15-21：选择要创建的虚拟机使用的 Linux 版本）

有非常多的 Linux 版本可以选用，我们选择最多人使用的 Ubuntu 14.04LTS 版本。此外，也可以按照要使用的网络应用种类来选取，如图 15-22 所示。

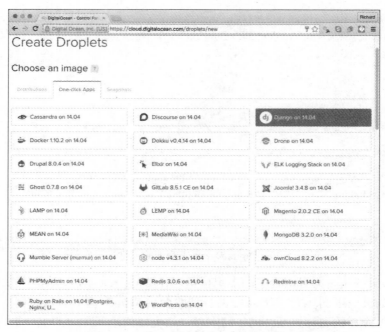

（图 15-22：按照应用的种类来选择虚拟机）

不过，在图 15-22 的例子中，它会在该虚拟机中直接帮我们安装好 Django 的相关文件，但是这些内容并不一定是我们所需要的版本，所以我们还是使用 Ubuntu 14.04 那个 Image，而对于 Django，我们自己动手来安装就行。接下来往下滚动屏幕，还要选择每个月的预算以及主机放置的区域，如图 15-23 所示。

（图 15-23：设置每个月的预算以及主机的放置区域）

我们选用最便宜的每个月 5 美元的版本，以及放在新加坡的机房。再往下就要设置主机名了，如图 15-24 所示。

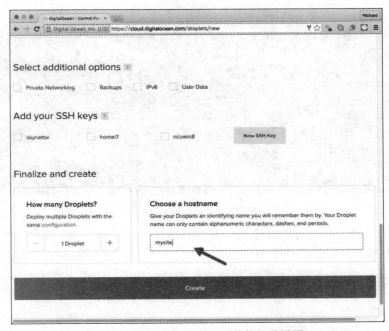

（图 15-24：选定主机名以及其他细节设置）

其他的部分我们都使用默认值，并把主机名设置为 mysite，再单击"Create"按钮，就可以看到虚拟机在创建过程中的界面。在创建完成之后，在其右侧即可使用 Access Console 登录此主机了，如图 15-25 所示。

（图 15-25：新创建虚拟机的登录选项）

单击"Access Console"之后，就会出现终端程序的界面，如图 15-26 所示。

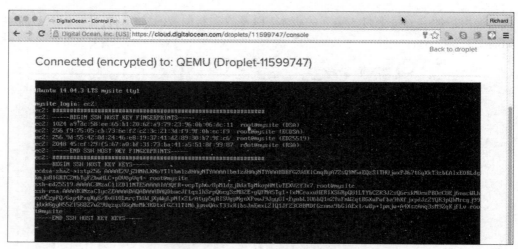

（图 15-26：第一次登录虚拟机时的屏幕显示界面）

在图 5-26 中，要先按下【Enter】键，然后以 root 账号登录，第一次登录使用的账号和密码在新创建好虚拟机之后就会通过电子邮箱（密码挺长的，输入时要有一些耐心）发送给申请者。首次登录之后，系统就会强制要求重新设置另外一组密码，接下来就可以自由地操作此虚拟机了。

如果没有收到密码，也可以到控制面板中找到"Reset Root Password"按钮，重新让系统发送一组新的密码，如图 15-27 所示。

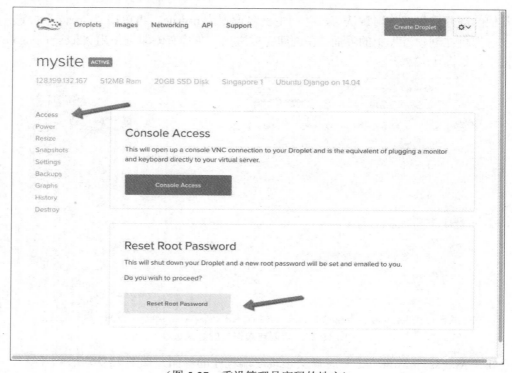

（图 5-27：重设管理员密码的地方）

除了使用它所提供的 Console 来连接（说真的，并不好用）之外，还可以使用 Putty 或 Mac 的终端程序来连接，使用起来就比较顺利了。不过，连接之前要先设置一下连接用的 Public Key。

15-3-3　安装、设置 Apache 服务器和 Django Framework

现在我们拿到的是一台运行着 Ubuntu Linux 的空机，要让 Django 网站可以动起来，需要再做一些设置。首先需要进行系统更新，并安装 Apache 网页服务器以及启动 Django 用的 libapache2-mod-wsgi，指令如下：

```
apt-get update
apt-get upgrade
apt-get install apache2 libapache2-mod-wsgi
```

顺利完成安装之后，使用浏览器连接到此虚拟机所绑定的 IP 地址，就可以看到如图 5-28 所示的 Apache 首次安装完成后的欢迎界面。

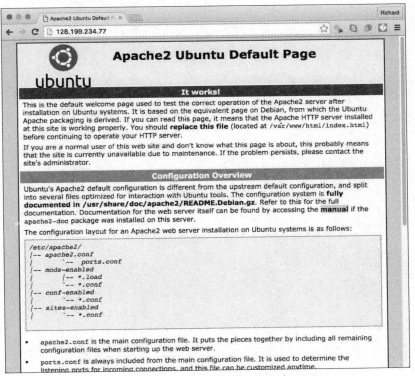

（图 15-28：Apache2 安装完成之后的屏幕显示界面）

如果没有出现此界面，请使用 service apache2 restart 指令重启 Apache，看看问题出在哪里。接下来安装 Python 的 pip 以及 django：

```
apt-get install python-pip
pip install django
```

为了简化部署的流程，我们在这里示范的网站直接使用原有的 db.sqlite 数据库，同时也不使用虚拟环境，因此接下来只要把我们在个人计算机上开发好的网站直接上传，再做些调整即可启用网站了。

15-3-4 上传文件和网站上线

Ubuntu 默认并没有可以上传文件的服务，所以要上传文件还需要先安装 vsftpd，指令如下：

```
apt-get install vsftpd
```

安装完毕之后，就可以在我们的个人计算机中使用 FileZilla 或是 WS_FTP 等客户端 FTP 软件把我们做好的所有文件都上传到想要存放网站的文件夹下了。在默认的情况下，Apache2 会把原有的网页放在 /var/www/html 下，在此范例中，我们打算把所有的文件都放在 /var/www/django 之下（此目录必须自己创建），接着使用 FTP 软件把 Django 制作好的网站上传上去，最终的目录结构以及文件内容如下：（在/var/www/django 之下）

```
.
└── mysite
    ├── db.sqlite3
    ├── manage.py
    ├── mysite
    │   ├── __init__.py
    │   ├── __init__.pyc
    │   ├── settings.py
    │   ├── settings.pyc
    │   ├── urls.py
    │   ├── urls.pyc
    │   ├── wsgi.py
    │   └── wsgi.pyc
    ├── static
    │   └── images
    │       └── logo.png
    ├── templates
    │   ├── base.html
    │   ├── index.html
    │   ├── listall.html
    │   └── notfound.html
    └── ugo
        ├── admin.py
        ├── admin.pyc
        ├── __init__.py
        ├── __init__.pyc
        ├── migrations
        │   ├── 0001_initial.py
        │   ├── 0001_initial.pyc
        │   ├── __init__.py
        │   └── __init__.pyc
        ├── models.py
        ├── models.pyc
        ├── tests.py
        ├── views.py
        └── views.pyc

7 directories, 28 files
```

其实那些*.pyc 是不用上传的，那是 Python 执行.py 的文件之后所产生的编译文件，是用来加速执行速度的。

接着，使用以下指令配置文件的拥有者以及数据库文件的访问权限：

```
root@mysite:/var/www/django# chmod 644 mysite/db.sqlite3
root@mysite:/var/www/django# chown -R www-data:www-data mysite
```

然后就可以使用以下指令先测试看看是否可以像本地计算机一样顺利执行：

```
root@mysite:/var/www/django/mysite# python manage.py makemigrations ugo
No changes detected in app 'ugo'
root@mysite:/var/www/django/mysite# python manage.py migrate
Operations to perform:
  Apply all migrations: admin, contenttypes, ugo, auth, sessions
Running migrations:
  Rendering model states... DONE
  Applying admin.0002_logentry_remove_auto_add... OK
  Applying auth.0007_alter_validators_add_error_messages... OK
root@mysite:/var/www/django/mysite# python manage.py runserver 128.199.234.77:8000
Performing system checks...

System check identified no issues (0 silenced).
March 02, 2016 - 16:44:31
Django version 1.9.3, using settings 'mysite.settings'
Starting development server at http://128.199.234.77:8000/
Quit the server with CONTROL-C.
```

此时，使用 http://128.199.234.77:8000（其中 128.199.234.77 是在创建虚拟机时配给的，读者的 IP 地址不会和笔者的一样）即可顺利浏览到网站，但是此时 http://128.199.234.77/ 仍然是 Apache2 的默认网页，因为我们还没有让 Apache2 接手网站。

请按【Ctrl + C】组合键结束 runserver 的执行程序，使用你熟悉的编辑软件（初学者可以使用 nano，如果没有这个软件，就执行 apt-get install nano）进行 000-default.conf 这个文件的编辑：

```
nano /etc/apache2/sites-available/000-default.conf
```

该文件的重点是要把下列这些内容放到<VirtualHost></VirtualHost>两个标签之间：

```
Alias /static /var/www/django/mysite/static
<Directory /var/www/django/mysite/static>
Require all granted
</Directory>

<Directory /var/www/django/mysite/mysite>
<Files wsgi.py>
      Require all granted
</Files>
</Directory>

WSGIDaemonProcessmysite python-path=/var/www/django/mysite:/usr/local/lib/python2.7/site-packages
```

```
WSGIProcessGroupmysite
WSGIScriptAlias / /var/www/django/mysite/mysite/wsgi.py
```

请特别留意文件的位置是否和主机的位置一致。例如 wsgi.py 这个文件是否存放于 /var/www/django/mysite/mysite 之下等。确定无误之后，再执行：

```
service apache2 restart
```

重新启动 Apache 服务器，之后进入网站 http://128.199.234.77/ 就可以看到 Django 网站在 DigitalOcean 上顺利上线了。

以上只是网站开发模式的部署，如果要进入产品模式，还有几个地方需要处理，如下所示。

1. 把 settings.py 中的 DEBUG 从 True 设置改为 False。
2. 把 settings.py 中的 ALLOWED_HOSTS 后面改为['*']。
3. 在 settings.py 的最后一行加上 STATIC_ROOT = '在服务器中要放置静态文件的路径'，此路径不能和 STATICFILES_DIRS 中的一样。而且，这个路径也要事先创建好。由于此处我们在/var/www/django/下另外创建了一个目录，名为 mysite_static，因此 STATIC_ROOTS 就必须设置为'/var/www/django/mysite_static/'才行。
4. 到命令行下执行 python manage.py collectstatic 指令，并确定是否已顺利执行完毕。
5. 最后以 service apache2 restart 重启 Apache 服务器，网站就可以正常运行了。

使用 IP 的方式作为网站的网址并不理想，如果你已经有网址，只要进入域名管理的地方创建一个 A 记录，就可以顺利地把该网址转移到我们主机所对应的 IP 处了。这里以从 PCHOME 买网址为例进行介绍。先登录其管理网址的界面，如图 15-29 所示。

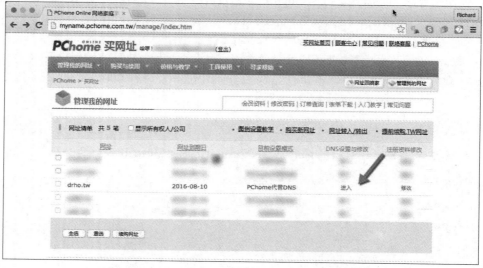

（图 15-29：PCHOME 买网址的网址管理界面）

请选择"PChome 代管 DNS"，然后进入网址设置的界面，如图 15-30 所示。

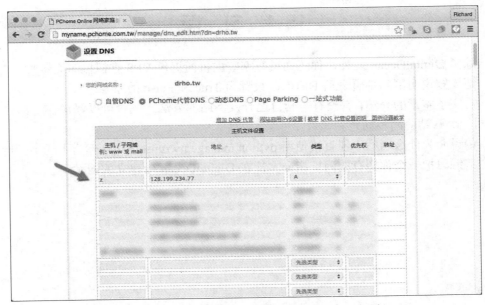

（图 15-30：在 PCHOME 管理网址处新增一个 A 记录）

在其界面中新增一个 A 记录，前面设置要使用的子域名称，若是使用根域，则前面的字段可以空着，后面是在 DigitalOcean 所得到的 IP 地址，再单击"存储"按钮，之后过不了多久，就完成网址 IP 的对应关系了。以后，只要使用 http://z.drho.tw（此范例的设置），就可以顺利使用我们的网站服务了，如图 15-31 所示。

（图 15-31：使用了网址的 Django 网站）

如果你获取了更短的网址，如 tar.so、ppt.cc 等，就等于是可以自己提供缩短网址的网站服务了。

15-4 习题

1. 除了 DigitalOcean 之外,你还知道有哪些主机商提供 VPS 虚拟机的服务吗?
2. 请比较说明网站部署之后 DEBUG 设置为 True 和 False 的差别。
3. 看完了本章的介绍,有没有一套自己开发网站的方法?是否可以解决在不同计算机之间开发同一个网站的同步问题?
4. 请说明为什么网站不能直接使用 python manage.py runserver 来作为上线用的网站。
5. 请练习把一个你拥有的网址指向本次在 DigitalOcean 中建立的网站中。

第 16 章

提升 Python 能力的下一步

终于来到本书的最后一章了。经过前面几章的学习以及程序演练之后,相信读者已经能掌握大部分 Python 程序设计的初阶技巧,也可以运用这些学习到的技术应用于解决生活上的问题,甚至在前两章中还学会了如何利用 Python 的 Web Framework 制作可以链接数据库的动态网站!

在学习完本书之后,接下来要如何增加实力呢?除了看更多的学习资料之外,为自己设置一些练习的目标,让原本一个一个的小程序成为比较大型的项目,做更多的练习才是不断提升自己的关键。当程序代码越来越长,文件越来越多,甚至以后有机会和别人一起开发项目时,如何进行程序设计的协作以及程序代码版本的控制就显得越来越重要了。在本书的最后一章,将以业界最常使用的程序代码版本控制系统 Git 以及程序代码云存储库 BitBucket 为介绍的起点,并实际运用这些指令把网站部署到知名云主机 Heroku 上。期待看到读者们学习之后的丰硕成果。

16-1 程序代码的版本控制
16-2 云 APP 主机的部署
16-3 提升学习的下一步

16-1　程序代码的版本控制

经过前面 15 章的洗礼，相信你的计算机里应该有许多程序了吧！有时学到了新内容，是否又会回头去改写之前的程序呢？另外，是否已经通过 Django 建立好了几个网站？不知道是否像作者一样，经常会使用不同的计算机编写同一份程序项目？有时候在台式机修改程序，但是使用笔记本电脑修改同一份程序代码的时候，会不会不小心忽然不知道到底哪些改了哪些没改？如果程序长一点，要加入新的功能，不小心整个改错了，如何才能够恢复到原来的状态？

以上的种种情况在程序数量越来越多的时候就会开始发生，尤其是在编写 Django 这一类网站时问题会更严重，因为牵涉到的网站数量越来越多，而且其中有固定的文件结构不能随便更改。以上问题如果能够通过适当的版本控制流程，就可以解决大部分的问题了。在这一节，将介绍最受欢迎的版本控制系统 Git，让读者朝着成为高级程序设计师的方向再迈进一步。

16-1-1　Git 简介

Git 是版本控制中的一个应用系统。所谓的版本控制系统（Version Control System），简单地说就是提供一个或数个文档库来放置我们的程序代码，而且会记录每一次的内容，把每一次记录的内容视为不同的版本，并记录所有存取的历史数据。

最简单的版本控制方式相信大家都会使用，就是在编写了某程序或项目告一段落之后（其实大部分的朋友在编辑文件资料时也会这么做）会找一个文件夹把这个项目的文件都保存起来，使用日期或时间来作为文件夹的名称，以备不时之需。日后如果程序或项目需要进行改版或修正错误时并不会改动到保存起来的内容，万一本次改版发生失误，所有的程序或数据都无法恢复时，我们还有一份原先的保存版本可以拿来使用。

这样的方法对于个人使用来说还算可以接受，但是如果你的项目需要几个人共同维护或是要分享，此种方法就不再适用了。为了能够更有效率地共享与协作程序项目，有许多新的版本控制系统被提出，而属于分布式版本控制系统的 Git 则是当前最多人使用的系统，也是当前的主流，包括 Linux 操作系统核心的版本控制（因为 Git 是 Linux 之父 Linus Torvalds 发明的），以及许许多多的网站服务，甚至连 Python 的许多模块也都使用 Git（严格来说，是放在 GitHub 这个以 Git 为基础的云文档库中）来作为其保存或使用程序代码的基础，而且 Git 在 Mac OS 以及 Linux 操作系统下都不用安装就可以使用，非常方便。

基本上 Git 的原理很简单（但是实际协作时的情况还是很复杂的，所幸我们当前只针对个人对项目的管理和控制，所以可以先不要去管那么多。此外，Windows 的用户要另外安装 Git 应用程序），它是以本地目录为基础，当我们处于某一个目录下时，使用 git init 进行初始化的操作，它就会在此目录下另外再创建一个叫作.git 的隐含目录，并把所有需要保存的数据都以专属的形式放在其中，而且创建好必要的索引以供查阅以及后续的操作。

在还没有跟远程的文档库服务（如 GitHub 或是 BitBucket）进行连接之前，所有 git 的指令都是以.git 中的内容为操作目标，系统会根据每一个对应到的文件所处的不同状态分别加以处理，并在适当的地方加上标记以供我们做进一步的合并或恢复操作。例如，我们一开始就把某些文件加入文档库并确认之后，如果在后续的修改程序过程中不顺利，想要恢复重来，只要使用 git 指令让当前的指针回到前一个状态，所有的文件就会按照之前存储的样子全部恢复，只要几个简单的指令就可以了。

Git 把资料（目录以及文件）分成 3 种区（存放区，也可以作为一个状态），分别是当前的工作目录区（Working Area）、暂存区（Staging Area）以及文档库区（Repository）。当前的工作目录区就是当前正在使用以及编辑的目录和文件；而暂存区则是一些编辑告一段落，放在那边等着要被放进文档库的文件及目录；至于文档库区，当然就是最终的保存场所了。一开始使用 git init 之后，所有在同一个目录下的文件和目录都是处于当前工作区的状态，而当使用了 git add 之后，被指定的文件和目录就会被放到暂存区去，直到使用了 git commit 之后，文件或目录才会真正被放到文档库中保存起来。若要还原，则是使用 git checkout。

几个比较常见的 git 指令分别如下。

git 指令	说明
git init	将当前目录初始化为 git 目录，创建本地文档库
git config	设置当前所在的系统信息
git add <file>	把文件<file>转换到暂存区
git rm <file>	把文件<file>从暂存区移出
git commit -m msg	把在暂存区的文件或目录放到文档库中，并存储一段 msg 信息，以记录此次 commit 的目的，通常都会注明本次修改的主要对象和内容是哪些
git branch <b>	开一个名为<b>的新分支
git checkout <b>	将文档库中分支为<b>的内容取出还原到工作目录
git merge <b>	把<b>这个分支合并回来
git status	查看当前各目录的状态
git reset	指定重置某一个版本
git log	查看 commit 的历史记录
git clone	从远程的文档库（GitHub 或是 BitBucket）复制整份到当前所在的目录下
git push	把本地 Commit 的内容推送到远程的文档库
git pull	把远程文档库的内容拉取更新到本地的目录中

如果读者使用的是 Windows 操作系统，那么在默认的情况下是无法支持 Git 的，需要去 git for windows（网址为 https://git-for-windows.github.io/）下载安装文件，而且在操作上也较不直觉（因为 Git 指令还是以 Linux 的操作环境为主），所以建议初学者先利用 Cloud9 的 bash 环境进行练习，待日后熟悉之后再回 Windows 安装 GitBASH 来使用。Cloud9 的 bash 练习环境如图 16-1 所示。

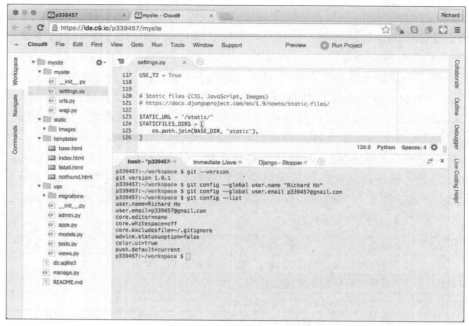

（图 16-1：在 Cloud9 的 bash 界面中操作 git 指令）

如图 16-1 所示，我们输入了以下指令来设置 git 的用户信息以及查看系统当前的设置：

```
p339457:~/workspace $ git --version
git version 1.9.1
p339457:~/workspace $ git config --global user.name "Richard Ho"
p339457:~/workspace $ git config --global user.email p339457@gmail.com
p339457:~/workspace $ git config --list
user.name=Richard Ho
user.email=p339457@gmail.com
core.editor=nano
core.whitespace=off
core.excludesfile=~/.gitignore
advice.statusuoption=false
color.ui=true
push.default=current
```

接着，在同一个目录之下，只要输入 git init，就可以开始对这个 Cloud9 工作区开始进行版本控制了。

16-1-2　Git 实践操作

续接 16-1-1 小节，在该工作区中输入 git init 指令，就会出现已建立文档库的信息，同时命令提示符也会有所改变，多了一个"(master)"的字样：

```
p339457:~/workspace $ git init
Initialized empty Git repository in /home/ubuntu/workspace/.git/
p339457:~/workspace (master) $
```

此时，使用 git status，可以检查当前 git 的状态：

```
p339457:~/workspace (master) $ git status
On branch master

Initial commit

Untracked files:
  (use "git add <file>..." to include in what will be committed)

        README.md
        db.sqlite3
        manage.py
        mysite/
        static/
        templates/
        ugo/

nothing added to commit but untracked files present (use "git add" to track)
```

由上述的信息可以发现系统列出当前目录下所有的文件以及子目录，都显示在"Untracked files"中，因为我们还没开始管理和控制这些文件，所以只要执行"git add ."指令，就可以把它们都放到暂存区域中：

```
p339457:~/workspace (master) $ git add .
p339457:~/workspace (master) $ git status
On branch master

Initial commit

Changes to be committed:
  (use "git rm --cached <file>..." to unstage)

        new file:   README.md
        new file:   db.sqlite3
        new file:   manage.py
        new file:   mysite/__init__.py
        new file:   mysite/settings.py
        new file:   mysite/urls.py
        new file:   mysite/wsgi.py
        new file:   static/images/logo.png
        new file:   templates/base.html
        new file:   templates/index.html
        new file:   templates/listall.html
        new file:   templates/notfound.html
        new file:   ugo/__init__.py
        new file:   ugo/admin.py
        new file:   ugo/apps.py
        new file:   ugo/migrations/0001_initial.py
        new file:   ugo/migrations/__init__.py
        new file:   ugo/models.py
```

```
             new file:   ugo/tests.py
             new file:   ugo/views.py
```

再一次检查文件状态时,就全部变成"new file"而且都在"Changes to be committed"的列表中了。最后,使用"git commit -m 'my first commit'"指令即可。

```
p339457:~/workspace (master) $ git commit -m 'my first commit'
[master (root-commit) 1d01f34] my first commit
 20 files changed, 368 insertions(+)
 create mode 100755 README.md
 create mode 100644 db.sqlite3
 create mode 100755 manage.py
 create mode 100644 mysite/__init__.py
 create mode 100644 mysite/settings.py
 create mode 100644 mysite/urls.py
 create mode 100644 mysite/wsgi.py
 create mode 100644 static/images/logo.png
 create mode 100644 templates/base.html
 create mode 100644 templates/index.html
 create mode 100644 templates/listall.html
 create mode 100644 templates/notfound.html
 create mode 100644 ugo/__init__.py
 create mode 100644 ugo/admin.py
 create mode 100644 ugo/apps.py
 create mode 100644 ugo/migrations/0001_initial.py
 create mode 100644 ugo/migrations/__init__.py
 create mode 100644 ugo/models.py
 create mode 100644 ugo/tests.py
 create mode 100644 ugo/views.py
p339457:~/workspace (master) $ git status
On branch master
nothing to commit, working directory clean
p339457:~/workspace (master) $ git log
commit 1d01f34ff86fc8fee924cff7ecea6675a6f910c9
Author: Richard Ho <p339457@gmail.com>
Date:   Thu Mar 3 01:37:20 2016 +0000

    my first commit
```

这时可以发现,在使用 git status 检查时,会出现"nothing to commit, working directory clean"的信息,表示当前的工作区和文档库中所存的内容是一致的了。我们也可以使用 git log 去检查历史记录。

现在,假设我们更新了 README.md(原本打开 Cloud9 项目时就附在 workspace 下的预设文件,使用 Cloud9 本身提供的程序编辑器编辑和修改即可),从如图 16-2 所示的内容改为如图 16-3 所示的结果。

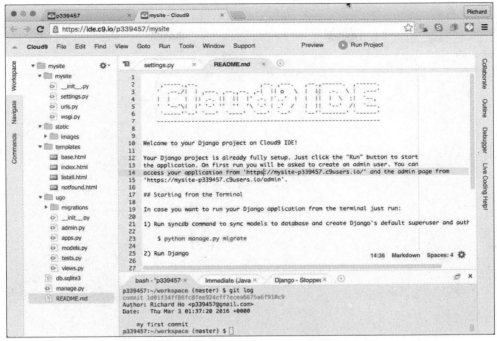

（图 16-2：修改之前 Cloud9 的预设 README.md）

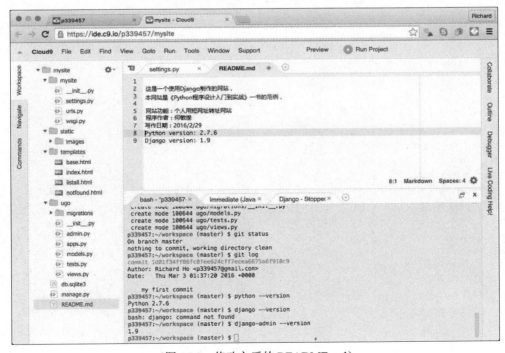

（图 16-3：修改之后的 README.md）

在把 README.md 这个文件存盘之后，再执行 git status，就可以看出此文件的相关信息：

```
p339457:~/workspace (master) $ git status
On branch master
Changes not staged for commit:
  (use "git add <file>..." to update what will be committed)
  (use "git checkout -- <file>..." to discard changes in working directory)

        modified:   README.md

no changes added to commit (use "git add" and/or "git commit -a")
```

如果此时再使用 cp 指令把文件复制一份，就可以看到更多的信息：

```
p339457:~/workspace (master) $ cp README.md README.bak
p339457:~/workspace (master) $ git status
On branch master
Changes not staged for commit:
  (use "git add <file>..." to update what will be committed)
  (use "git checkout -- <file>..." to discard changes in working directory)

        modified:   README.md

Untracked files:
  (use "git add <file>..." to include in what will be committed)

        README.bak

no changes added to commit (use "git add" and/or "git commit -a")
```

从 git status 信息中可以看出，原来被 commit 的 README.md 被修改了，回到工作区，而新增的 README.bak 则是未追踪的文件，也是在工作区中。

同样地，先使用 git add 和 git commit，然后再以 git status 和 git log 查看，结果如下：

```
p339457:~/workspace (master) $ git add .
p339457:~/workspace (master) $ git commit -m 'modify README.md'
[master fb6137e] modify README.md
 2 files changed, 18 insertions(+), 42 deletions(-)
 create mode 100755 README.bak
 rewrite README.md (99%)
p339457:~/workspace (master) $ git status
On branch master
nothing to commit, working directory clean
p339457:~/workspace (master) $ git log
commit fb6137e3beafc02b01928eeba6ad7ba99b21090e
Author: Richard Ho <p339457@gmail.com>
Date:   Thu Mar 3 01:57:16 2016 +0000

    modify README.md

commit 1d01f34ff86fc8fee924cff7ecea6675a6f910c9
Author: Richard Ho <p339457@gmail.com>
Date:   Thu Mar 3 01:37:20 2016 +0000
```

```
my first commit
```

可以从 git log 返回的信息中看到 2 次的 commit 信息，第一次叫作"my first commit"，第 2 次叫作"modify README.md"。如果我们发现这些修改是不必要的，要强制回到上一个状态，只要下达"git reset --hard HEAD^"指令就全部恢复了：

```
p339457:~/workspace (master) $ git reset --hard HEAD^
HEAD is now at 1d01f34 my first commit
p339457:~/workspace (master) $ git log
commit 1d01f34ff86fc8fee924cff7ecea6675a6f910c9
Author: Richard Ho <p339457@gmail.com>
Date:   Thu Mar 3 01:37:20 2016 +0000

    my first commit
```

此时，你会发现所有的内容都会恢复到前一次 commit 的状态，包括当前工作目录中我们对 README.md 的修改以及新增的 README.bak 都会消失，因此使用此指令时要千万注意。一般来说，会把--hard 改为--soft 或是--mixed，这两个均不会改动到当前的工作目录区，还有后悔的机会。

至此，我们已经学会了如何在自己的计算机中管理文档库了，当然 Git 的版本控制还有很多要学习的部分，尤其是在许多人共同维护以及开发的项目中还有很多要注意的地方。详细的内容不在本书的讨论范围内，请读者自行参考相关资料。网络上有一个非常著名的 15 分钟教学，有兴趣的朋友可以前去学习，网址为 https://try.github.io/levels/1/challenges/1。

另外一个重点是，要把自己计算机中的这些文档库放到远程的文档库服务中，增加开发上的弹性，让你既可以在不同的计算机和环境中开发同样一份项目，也可以和其他人协同合作此项目。

16-1-3 BitBucket 的申请使用

Git 使用的远程文档库中当属 GitHub 最具名气，但是它的免费账号中只能使用公开文档库，也就是所有的人只要有你的文档库网址就可以看到里面所有的内容，也可以自由地下载，因此除非是 Open Source 的项目或是其他服务非链接 GitHub 不可（例如 PhoneGap），不然的话，笔者都是使用 BitBucket 来建立自己的文档库。GitHub 上大部分的功能在 BitBucket 上都有，但是使用的人数差很多，如果你的项目想要有更多人的关注，就直上 GitHub，如果只是私人或少数人的项目，那么使用 BitBucket 就好了。

BitBucket 的网址为 https://bitbucket.org/，网站首页如图 16-4 所示。

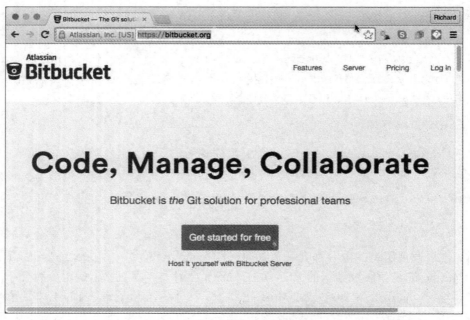

（图 16-4：BitBucket 网站首页）

单击中间的"Get started for free"按钮，即可进入注册界面，在注册界面中只要填入自己的电子邮件地址，填写账号的相关信息（名称以及密码），最后再到自己的电子邮件信箱中激活即可，因为过程很简单，在此就不再附上操作界面了。

激活完成再登录后，屏幕显示界面如图 16-5 所示。

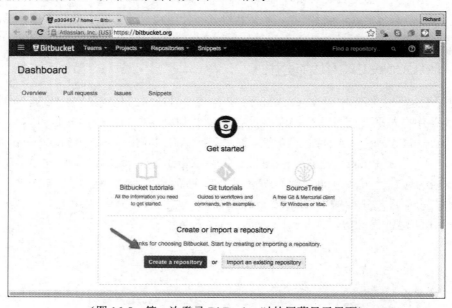

（图 16-5：第一次登录 BitBucket 时的屏幕显示界面）

如图 16-5 所示，第一次进入 BitBucket，可以选择各种使用的教学，但在此我们关心的是如何建立一个可以用于远程存储数据的文档库，因此请直接单击"Create a repository"按钮。另外，BitBucket 支持中文显示，需要中文的朋友可以单击右上角的个人账号处，进入 settings 的选项进行设置。

在我们选择建立第一个文档库（repository）时会出现如图 16-6 所示的界面。

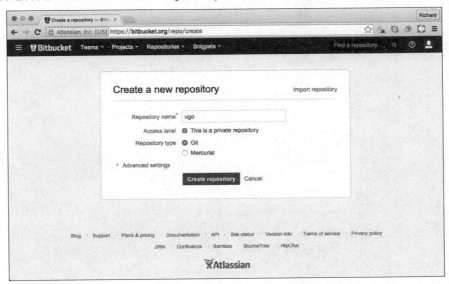

（图 16-6：在 BitBucket 中建立一个文档库）

如图 16-6 所示，只要填入文档库的名称（此例为 ugo）再单击"Create repository"按钮即可，如图 16-7 所示。

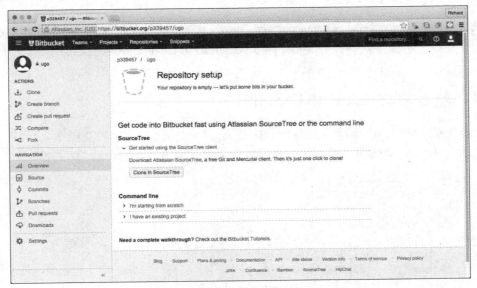

（图 16-7：文档库操作界面）

在图 16-7 中有一个"Command line"选项，只要使用鼠标在"I'm starting from scratch"

项目上面单击一下，就会有一个简单的说明，教我们如何把程序代码上传到此文档库中，如图 16-8 所示。

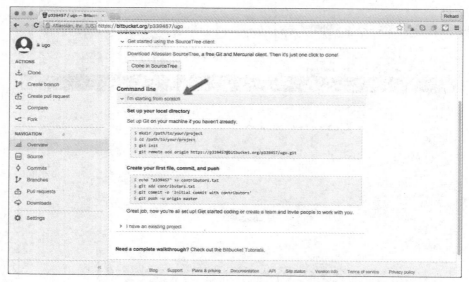

（图 16-8：在 BitBucket 中上传教学说明）

内容如下：

```
mkdir /path/to/your/project
cd /path/to/your/project
git init
git remote add origin https://p339457@bitbucket.org/p339457/ugo.git
```

其实最重要的就是那一行 git remote add 指令，它把这个文档库的远程网址指向这个文档库，届时只要我们的程序代码提交之后，再以 "git push -u origin master" 上传即可。其中，origin 是 git 默认的远程文档库名称，master 则是当前所指向本地文档库的最新内容。

16-1-4　整合 BitBucket 和 Cloud9

回到 Cloud9 的 bash 界面，因为我们在之前已经初始化了本地的文档库，而且也做好了 commit，接下来只要执行如下所示的指令即可完成上传至 BitBucket 文档库的操作。

```
$ git remote add origin https://p339457@bitbucket.org/p339457/ugo.git
p339457:~/workspace (master) $ git push -u origin master
Password for 'https://p339457@bitbucket.org':
Counting objects: 29, done.
Delta compression using up to 8 threads.
Compressing objects: 100% (26/26), done.
Writing objects: 100% (29/29), 111.46 KiB | 0 bytes/s, done.
Total 29 (delta 1), reused 0 (delta 0)
To https://p339457@bitbucket.org/p339457/ugo.git
 * [new branch]      master -> master
Branch master set up to track remote branch master from origin.
```

在做此操作之前一定要确定（可以使用 git config --list）当前的设置值中用户名称以及用户 email 和 BitBucket 中的账号设置值是相同的，否则无法进行认证。在准备上传之前，系统会先要求我们输入密码，只有输入正确才可以进行上传的操作。另外，在 Linux 下输入密码是不会有任何符号产生的，对于 Windows 的用户来说会有一些不习惯。

在完成了 push 的操作之后，再回到 BitBucket 中，就可以看到如图 16-9 所示的摘要界面。

（图 16-9：执行过 git push 指令之后的 ugo 文档库摘要）

之前的一些 commit 记录也都可以在图 16-9 的摘要界面右侧看到相关的信息。前往界面左侧的菜单中有一个 Source 链接，用鼠标单击进去之后，就可以看到所有的目录结构以及文件。你会发现，其内容和我们在 Cloud9 工作区中看到的一模一样，如图 16-10 所示。

（图 16-10：查看在 BitBucket 中 ugo 文档库的文件内容）

至此，我们已经把 Cloud9 中的所有文件顺利地备份在 BitBucket 上了，以后如果我们需要在另外一台计算机上编辑这个网站内的文件，只要使用 git pull 拉取到本地的目录中就可以进行编辑。在编辑工作告一段落的时候再使用 push 推到 BitBucket 中，等于是在 BitBucket 上保存了一份最新的版本，而且因为是使用 git 来维护，所以也可以随时恢复到任何指定的状态，而不用担心发生版本冲突的问题（就算发生了也可以解决）。由于这是私人的项目，因此在 pull 的时候也要输入密码才行，不用担心这个项目会被私下下载了。

16-2　云 APP 主机的部署

在第 15 章中介绍了如何通过创建 Linux 虚拟机的方式在上面部署我们的 Django 网站。这个方法的最大优点是具有弹性以及功能多样化。只要管理员熟悉 Linux 操作系统的操作与管理，就可以把虚拟机发挥到最大的功能，所以相比起来在价格上会比较实惠。然而对于不熟悉主机管理的朋友，本来只是要把网站上传到主机上，那么还有其他的选择，就是使用 Platform as a Service（平台即服务）的云计算系统。

PaaS 把网站视为一个执行单元，通过它们提供的接口，调整网站的设置之后交由主机去帮你编译以及运行。好处是网站的开发者只要专注于自己网站的开发而不需要再去管主机的杂事，甚至连网站运作的过程中，如果流量增加到原执行单元无法负载时，它们的主机也会自动配置更多的资源给你的网站，全部都自动化，不用网站的开发者去担心（不过配置更多的资源当然要多收费了）。当前提供这一类服务的厂商包括 Google、Azure、Amazon 和 Heroku 等，其中 Heroku 提供了免费的方案，因此我们就以此为练习，把我们短网址网站部署到 Heroku 上。

16-2-1　Heroku 简介

Heroku（网址为 https://www.heroku.com/）是一家创立于 2007 年的 PaaS 的云计算公司，早期是为了支持 Ruby 项目部署而提供的服务，但是由于其设计提供了网站开发者不错的使用经验，因此使用人数众多，而且也开始支持各种各样的程序设计语言平台，当然包括了 Python 的 Django 项目。对于初学者来说，最棒的是他们提供了免费的方案让我们自由使用，方案内容如图 16-11 所示。

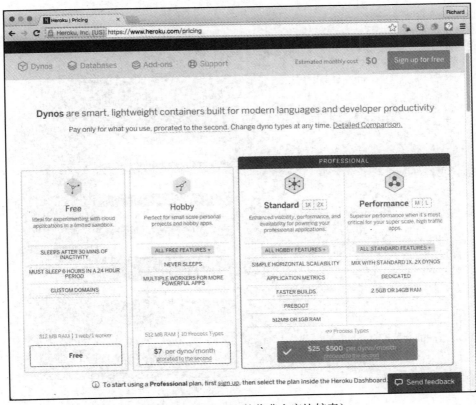

（图 16-11：Heroku 的收费方案比较表）

其中，在免费的项目中，最基本的限制就是如果你的网站在 30 分钟内都没有活动，就会进入 Sleep 状态，就算是一直有活动，每 24 小时也至少需要 Sleep 6 小时，但是对练习的朋友来说，这样就够用了。需要正式部署的时候，再升级账号方案即可。它的计费方式是以所谓的 dyno 为单位的（dyno 数越多，运行的性能越好），可以在付费时进行设置，而且会随着网站的流量进行调整。

16-2-2 创建 Heroku 账号

要使用 Heroku 的服务，当然要先完成注册。图 16-12 是 Heroku 的注册界面。

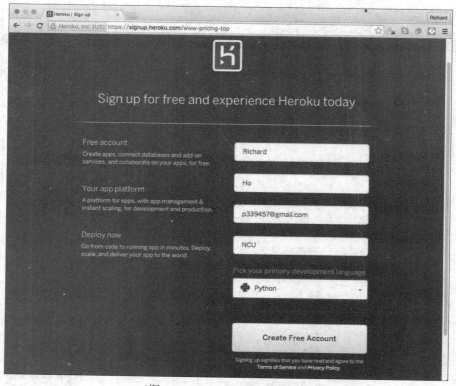

（图 16-12：Heroku 的注册界面）

按序填入姓名、电子邮件账号、工作单位以及默认使用的程序设计语言，再单击"Create Free Account"按钮，即可等候激活邮件。在激活之后，可以再设置连接的密码。全部完成之后，即可进入主界面，如图 16-13 所示。

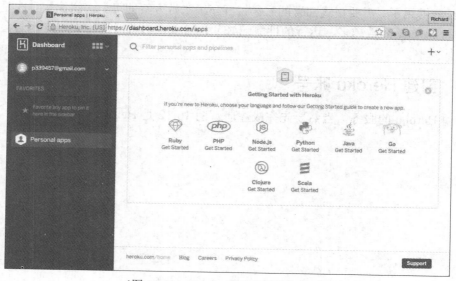

（图 16-13：Heroku 登录之后的主界面）

在主界面中一开始的那些选项，其实就是一些程序设计语言部署的教学，因为我们还没有任何的项目在上面，所以这些教学先不用看，直接进入下一小节，一步一步来说明如何在 Cloud9 中使用 Heroku，并试着把在 Cloud9 中的网站项目部署到 Heroku 中。

16-2-3　整合 Cloud9 和 Heroku

在 Cloud9（其实任何系统都一样）想要部署 Heroku，第一步要先在此系统下安装 Heroku 的客户端工具程序。Windows 以及 Mac OS 均可在官网上下载程序安装，而 Linux（包括 Cloud9）则要使用以下指令自动执行安装：

```
wget -O- https://toolbelt.heroku.com/install-ubuntu.sh | sh
```

安装完成之后，请使用 heroku login 指令登录你在 Heroku 上的账号（第一次登录需要比较久的时间）：

```
(venv)p339457:~/workspace (master) $ heroku login
heroku-cli: Installing Toolbelt v4... done
For more information on Toolbelt v4: https://github.com/heroku/heroku-cli
heroku-cli: Adding dependencies... done
heroku-cli: Installing core plugins... done
Enter your Heroku credentials.
Email: p339457@gmail.com
Password (typing will be hidden):
Logged in as p339457@gmail.com
```

登录之后，即可使用 heroku create <app name> 创建自己的 APP 应用程序（其实就是网站），要先创建，然后才能把我们的文件上传上去。例如，我们要创建 ugo，操作如下：

```
(venv)p339457:~/workspace (master) $ heroku create ugo
Creating ugo... !!!
 ▶    Name is already taken
(venv)p339457:~/workspace (master) $ heroku create ugooo
Creating ugooo... done, stack is cedar-14
https://ugooo.herokuapp.com/ | https://git.heroku.com/ugooo.git
```

想也知道，ugo 这么短的名字一定早就被人拿走了，所以我们再次命名为 ugooo，这次顺利拿到了，网址名称为 https://ugooo.herokuapp.com，而在 git 上的账号则是 https://git.heroku.com/ugooo.git。而此时连接到该网站，就可以看到 Heroku 已经帮我们准备好了空间，等着我们把网站文件部署上去，如图 16-14 所示。

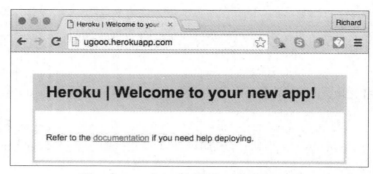

（图 16-14：Heroku 创建好之后的空白网站）

接下来，我们要开始修改在 Cloud9 上的 ugo 网站部分设置以及文件内容，上传之后才能够顺利让此网站正常运行。

16-2-4 在 Heroku 上部署 Django 网站

请留意以下的每一个步骤文件所在的目录。在 Cloud9 中创建了一个主机之后，会自动放在 workspace 这个目录下。我们先到其上层目录建立虚拟环境，建立完成之后启用虚拟环境，然后再切换回 workspace 下，接下来所有的操作都是在 workspace 目录下完成的。此时的目录如下所示。

```
(VENV)p339457:~/workspace (master) $ tree
.
├── README.md
├── db.sqlite3
├── manage.py
├── mysite
│   ├── __init__.py
│   ├── __init__.pyc
│   ├── settings.py
│   ├── settings.pyc
│   ├── urls.py
│   ├── urls.pyc
│   ├── wsgi.py
│   └── wsgi.pyc
├── static
│   └── images
│       └── logo.png
├── templates
│   ├── base.html
│   ├── index.html
│   ├── listall.html
│   └── notfound.html
└── ugo
    ├── __init__.py
    ├── __init__.pyc
    ├── admin.py
    ├── admin.pyc
    ├── apps.py
```

```
    ├── migrations
    │   ├── 0001_initial.py
    │   ├── 0001_initial.pyc
    │   ├── __init__.py
    │   └── __init__.pyc
    ├── models.py
    ├── models.pyc
    ├── tests.py
    ├── views.py
    └── views.pyc

6 directories, 30 files
```

首先安装 virtualenv（虚拟环境）并启用，然后在此虚拟环境中重新安装 Django，过程如下：

```
$ ls
lib/  workspace/
p339457:~ $ virtualenv VENV
New python executable in VENV/bin/python
Installing setuptools, pip...done.
p339457:~ $ source VENV/bin/activate
(VENV)p339457:~ $ cd workspace/
 (VENV)p339457:~/workspace (master) $ pip install django
Downloading/unpacking django
  Downloading Django-1.9.3-py2.py3-none-any.whl (6.6MB): 6.6MB downloaded
Installing collected packages: django
Successfully installed django
Cleaning up...
```

然后安装一些在 Heroku 上执行时需要使用到的软件包，分别是用来处理数据库（Heroku 使用的是 PostgreSQL 数据库）、静态文件以及用来执行主程序的模块：

```
pip install dj-database-url dj-static gunicorn psycopg2
```

再把所有用到的软件包都放在 requirements.txt 中：

```
pip freeze > requirements.txt
```

接着建立一个 Profile。这是一个标准文本文件，主要用来告诉 Heroku 如何启动本网站，要和 requirements.txt 放在同一个目录下，内容如下：

```
web: gunicorn --pythonpath mysite mysite.wsgi
```

另外，还有一个 runtime.txt 文件（此文件也要自行建立）是用来标明本项目使用的 Python 版本的，在本例中为 2.7.6（可以使用 python –version 来查询）：

```
python-2.7.6
```

在 Heroku 中使用的配置文件和在测试时是不一样的，要准备一个专门用于部署的 settings.py，我们把它命名为 prod_settings.py。这个文件要放在 mysite 文件夹之下（跟原来的 settings.py 位于同一个文件夹内），内容如下：

```python
from .settings import *

import dj_database_url
DATABASES = {
    'default': dj_database_url.config()
}
STATIC_ROOT = 'staticfiles'
SECURE_PROXY_SSL_HEADER = ('HTTP_X_FORWARDED_PROTO', 'https')
ALLOWED_HOSTS = ['*']
DEBUG = False
```

此时，位于同一个目录的 wsgi.py 也要进行修正，主要是修正处理静态文件的部分，完整内容如下：

```python
"""
WSGI config for mysite project.

It exposes the WSGI callable as a module-level variable named ``application``.

For more information on this file, see
https://docs.djangoproject.com/en/1.9/howto/deployment/wsgi/
"""

import os
from dj_static import Cling

from django.core.wsgi import get_wsgi_application

os.environ.setdefault("DJANGO_SETTINGS_MODULE", "mysite.settings")

application = Cling(get_wsgi_application())
```

最后，为了避免空间上的浪费，有一些内容是不需要上传的，把这类内容编辑在 .gitignore 文件中即可。记得不要漏掉前面那个句点，那是文件名的一部分。文件内容如下：

```
*.pyc
__pycache__
staticfiles
db.sqlite3
```

基本上，文件的部分算是准备好了，接下来就使用 git 指令做好 commit，准备上传到 Heroku 的操作。

```
(VENV)p339457:~/workspace (master) $ git add .
(VENV)p339457:~/workspace (master) $ git commit -m 'for heroku upload'
[master (root-commit) 7a9a4fe] for heroku upload
 24 files changed, 361 insertions(+)
 create mode 100644 .gitignore
 create mode 100644 Procfile
 create mode 100755 README.md
 create mode 100755 manage.py
 create mode 100644 mysite/__init__.py
 create mode 100644 mysite/prod_settings.py
```

```
create mode 100644 mysite/settings.py
create mode 100644 mysite/urls.py
create mode 100644 mysite/wsgi.py
create mode 100644 requirements.txt
create mode 100644 runtime.txt
create mode 100644 static/images/logo.png
create mode 100644 templates/base.html
create mode 100644 templates/index.html
create mode 100644 templates/listall.html
create mode 100644 templates/notfound.html
create mode 100644 ugo/__init__.py
create mode 100644 ugo/admin.py
create mode 100644 ugo/apps.py
create mode 100644 ugo/migrations/0001_initial.py
create mode 100644 ugo/migrations/__init__.py
create mode 100644 ugo/models.py
create mode 100644 ugo/tests.py
create mode 100644 ugo/views.py
```

设置 Heroku 所需要的环境变量：

```
$ heroku config:set DJANGO_SETTINGS_MODULE=mysite.prod_settings
Setting config vars and restarting ugooo... done
DJANGO_SETTINGS_MODULE: mysite.prod_settings
```

再以下列指令把网站正式上传到 Heroku 主机上：

```
(VENV)p339457:~/workspace (master) $ heroku config:set
DJANGO_SETTINGS_MODULE=mysite.prod_settings
Setting config vars and restarting ugooo... done
DJANGO_SETTINGS_MODULE: mysite.prod_settings

( ... 中间的信息省略 ... )

remote: -----> Discovering process types
remote:        Procfile declares types -> web
remote:
remote: -----> Compressing...
remote:        Done: 32.7M
remote: -----> Launching...
remote:        Released v5
remote:        https://ugooo.herokuapp.com/ deployed to Heroku
remote:
remote: Verifying deploy.... done.
To https://git.heroku.com/ugooo.git
 * [new branch]      master -> master
```

你会发现显示了非常多的信息，这表示 Heroku 正在上传我们的网站，并安装所需要的软件包，以及重新编译所有要执行的内容。完成之后，就会显示 "Verifying deploy.... done"。看到这个信息，就表示安装成功了。打开网站 http://ugooo.herokuapp.com，即可看到效果，如图 16-15 所示。

（图 16-15：网站在 Heroku 顺利部署后的屏幕显示界面）

但是，再前往"现有网址列表"链接时，出现了如图 16-16 所示的界面。

（图 16-16：初始网站遇到数据库访问的问题）

不用担心，这是因为我们的网站刚部署完成，还没有对数据库做 migration。只要再执行以下 3 行指令：

```
heroku run python manage.py makemigrations ugo
heroku run python manage.py migrate
heroku run python manage.py createsuperuser
```

就会连 admin 用户一并建立完成。操作过程如下所示。

```
(VENV)p339457:~/workspace (master) $ heroku run python manage.py makemigrations ugo
Running python manage.py makemigrations ugo on ugooo... up, run.8173
No changes detected in app 'ugo'
(VENV)p339457:~/workspace (master) $ heroku run python manage.py migrate
Running python manage.py migrate on ugooo... up, run.7365
Operations to perform:
  Apply all migrations: contenttypes, admin, sessions, auth, ugo
Running migrations:
  Rendering model states... DONE
  Applying contenttypes.0001_initial... OK
  Applying auth.0001_initial... OK
  Applying admin.0001_initial... OK
  Applying admin.0002_logentry_remove_auto_add... OK
  Applying contenttypes.0002_remove_content_type_name... OK
  Applying auth.0002_alter_permission_name_max_length... OK
  Applying auth.0003_alter_user_email_max_length... OK
  Applying auth.0004_alter_user_username_opts... OK
  Applying auth.0005_alter_user_last_login_null... OK
  Applying auth.0006_require_contenttypes_0002... OK
  Applying auth.0007_alter_validators_add_error_messages... OK
  Applying sessions.0001_initial... OK
```

```
 Applying ug0.0001 initial... OK
(VENV)p339457:~/workspace (master) $ heroku run python manage.py createsuperuser
Running python manage.py createsuperuser on ug000... up, run.9068
Username (leave blank to use 'u22810'): admin
Email address: p339457@gmail.com
Password:
Password (again):
Superuser created successfully.
```

上述指令顺利完成之后，再回到刚才的网页，就可以顺利看到界面了，如图 16-17 所示。

（图 16-17：可以顺利进行数据库操作的网站）

但是你会发现，原有的数据内容是空的，原因是 Heroku 上面使用到的数据库和我们在自己的计算机上开发时使用的不是同一个数据库，所以上线之后数据就得重新输入。这是需要留意的地方。回到 Heroku 网站，就可以看到这个网站 APP 的相关数据了，如图 16-18 所示。

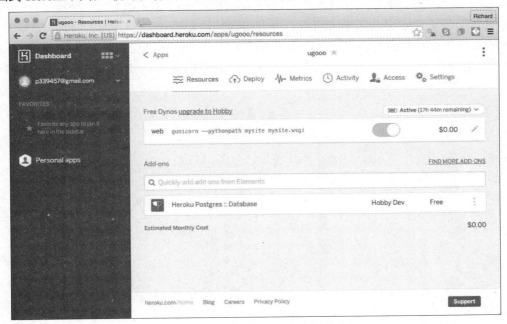

（图 16-18：网站在 Heroku 上的相关信息）

之后，还可以在网站上设置自有的网址以及其他的相关操作，这些细节就请读者们直接参考官网上的说明了。

现在，你已经学会了如何使用 Django 制作网站了。别忘了，这也是 Python 语言所设计出来的。因此，在本书中教给你的所有应用程序都可以拿到你的网站进行测试，只是要留意在网站输入时就不能直接使用 input 了，而是要使用网址的编码或是窗体的方式，而网站输出时则不能直接使用 print，而是要通过模板的方式来进行网页的输出。

16-3　提升学习的下一步

恭喜你一路阅读到此，跟着本书的练习，相信你已经知道什么是 Python 程序设计语言以及学会了如何通过 Python 编写一些可以应用于日常生活的程序，包括计算数值、搜索网络上的数据并提取下来应用、连接网络实时数据库 Firebase、绘制图表、读写文件、存取数据库、处理图像文件、自动化执行某些程序，甚至你还会使用 Python 设计网站（这点很酷吧！），并把网站上传到远程的主机正式部署上线，让你的亲朋好友们都可以看到你辛苦工作的成果！

因为篇幅的限制，有一些功能可能在本书中只是点到为止，然而拜网络普及所赐，在学习的过程有非常多的资料都可以在网上查询到，甚至有许多的教学视频可供在线学习，对于有意增加"功力"的朋友，一定不要错过阅读在线资料的机会。

本书一开始写作的目的就是为了避免让读者因为一开始学习时的一些繁杂而又无聊的语法表达式以及程序设计注意事项、精巧的设计技术等内容而却步，所以总是以解决问题为主题，使读者可以在解决问题的过程中学习解决问题的方法，以及"加码"学习可以应用上的程序技巧。秉持着此种精神，如何让程序设计"功力"再进一步提升呢？答案就是给自己一个挑战！

你有什么想法想要通过程序来完成的？有没有想过要设计一个自己的网站？你有什么点子要把它实现出来呢？想要自己设计一个手机的 APP 吗？这些都可以把 Python 作为是实现它们的工具。结束本书的阅读之后，开始着手计划一个有趣的点子，让它在因特网上实现出来吧！